全国高职高专食品类专业"十二五"规划教材

休闲食品加工技术

路建锋　陈春刚　赵功玲　主编

中国科学技术出版社

·北京·

图书在版编目（CIP）数据

休闲食品加工技术/路建锋，陈春刚，赵功玲主编．
—北京：中国科学技术出版社，2012.8（2022.8重印）
全国高职高专食品类专业"十二五"规划教材
ISBN 978－7－5046－6189－0

Ⅰ.①休…　Ⅱ.①路…②陈…③赵…　Ⅲ.①食品加工－高等职业教育－教材　Ⅳ.①TS219

中国版本图书馆CIP数据核字（2012）第193535号

策划编辑	符晓静
责任编辑	符晓静
封面设计	孙雪骊
责任校对	孟华英
责任印制	徐　飞

出　版	中国科学技术出版社
发　行	中国科学技术出版社有限公司发行部
地　址	北京市海淀区中关村南大街16号
邮　编	100081
发行电话	010－62173865
传　真	010－62173081
网　址	http://www.cspbooks.com.cn

开　本	787mm×1092mm　1/16
字　数	435千字
印　张	18.75
版　次	2012年8月第1版
印　次	2022年8月第5次印刷
印　刷	北京长宁印刷有限公司
书　号	ISBN 978－7－5046－6189－0/TS·43
定　价	48.00元

（凡购买本社图书，如有缺页、倒页、脱页者，本社发行部负责调换）

全国高职高专食品类专业"十二五"规划教材编委会

顾　问　詹跃勇
主　任　高愿军
副主任　刘延奇　赵伟民　隋继学　张首玉　赵俊芳　孟宏昌
　　　　张学全　高　晗　刘开华　杨红霞　王海伟
委　员　（按姓氏笔画排序）
　　　　王海伟　刘开华　刘延奇　邢淑婕　吕银德　任亚敏
　　　　毕韬韬　严佩峰　张军合　张学全　张首玉　吴广辉
　　　　郑坚强　周婧琦　孟宏昌　赵伟民　赵俊芳　高　晗
　　　　高雪丽　高愿军　唐艳红　栗亚琼　曹　源　崔国荣
　　　　隋继学　路建锋　詹现璞　詹跃勇　樊振江

本书编委会

主　编　路建锋　陈春刚　赵功玲
副主编　梁新红　韩芬霞　李　斌
编　委　(按姓氏笔画排序)
　　　　李　斌　陈春刚　赵功玲　梁新红
　　　　韩芬霞　路建锋　路　源

出版说明

随着我国社会经济、科技文化的快速发展，人们对食品的要求越来越高，食品企业也迫切需要大量食品专业高素质技能型人才。根据《国家中长期教育改革和发展规划纲要（2010—2020年）》的精神，职业院校的发展目标是：以服务为宗旨，以就业为导向，实行工学结合、校企合作、顶岗实习的人才培养模式。以食品行业、食品企业的实际需求为基本依据，遵照技能型人才成长规律，依靠食品专业优势，开展课程体系和教材建设。教材建设以食品职业教育集团为平台，行业、企业与学校共同开发，提高职业教育人才培养的针对性和适应性。

我国食品工业"十二五"发展规划指出，深入贯彻落实科学发展观，坚持走新型工业化道路，以满足人民群众不断增长的食品消费和营养健康需求为目标，调结构、转方式、提质量、保安全，着力提高创新能力，促进集聚集约发展，建设企业诚信体系，推动产业链有效衔接，构建质量安全、绿色生态、供给充足的中国特色现代食品工业，实现持续健康发展。根据我国食品工业发展规划精神，漯河食品职业学院与中国科学技术出版社合作编写了本套高职高专院校食品类专业"十二五"规划教材。

本套教材具有以下特点：

1. 教材体现职业教育特色。本套教材以"理论够用、突出技能"为原则，贯穿职业教育"以就业为导向"的特色。体现实用性、技能性、新颖性、科学性、规范性和先进性，教学内容紧密结合相关岗位的国家职业资格标准要求，融入职业道德准则和职业规范，着重培养学生的职业能力和职业责任。

2. 内容设计体现教、学、做一体化和工作过程系统化。在使用过程中做到教师易教，学生易学。

3. 提倡向"双证"教材靠近。通过本套教材的学习和实验能对考取职业资格或技能证书有所帮助。

4. 广泛性强。本套教材既可作为高职院校食品类专业的教材，以及大中小型食品加工企业的工程技术人员、管理人员、营销人员的参考用书，也可作为质量技术监督部门、食品加工企业培训用书，还可作为广大农民致富的技术资料。

本套教材的出版得到了河南帮太食品有限公司、上海饮技机械有限公司的大力支持和赞助，在此深表感谢！

限于水平，书中缺点和不足在所难免，欢迎各地在使用本套教材过程中提出宝贵意见和建议，以便再版时加以修订。

全国高职高专食品类专业"十二五"规划教材编委会

2012年5月

前　言

随着人们生活水平的日益提高，国民的饮食结构也由温饱型向营养化、健康化和文化化方向转变，因此具有现代理念的休闲食品也越来越受到人们的青睐。这种被誉为 21 世纪市场热点的产品，已被越来越多的消费人群接受，尤其是在国内的大中城市，购买休闲食品已成为一种时尚，它渗透在人们食品消费的方方面面，无论是人们外出旅游、朋友相聚、日常休闲都少不了这类食品的身影。作为食品从业人员，必须也应该了解、掌握一定的休闲食品相关的理论和技术知识。

本书是面向高等职业学校的食品类专业教材，由河南省漯河食品职业学院组织编写，可供全国高职高专食品专业学生使用，也可作为从事食品科学相关研究及生产技术人员的参考书。全书内容共分九章，第一章主要介绍休闲食品加工基础，包括食品加工中所用的原辅料、添加剂、加工原理及食品卫生知识；第二章主要介绍谷类休闲食品的加工方法及要点；第三章主要介绍薯类休闲食品的加工；第四章主要介绍豆类休闲食品的加工；第五章主要介绍坚果类休闲食品的加工；第六章主要介绍果蔬类休闲食品的加工；第七章主要介绍肉类休闲食品加工；第八章为蛋类和乳类休闲食品的加工；第九章为其他类休闲食品加工；最后一部分为实验部分。每一章后面附有一定的参考题，以帮助学生自学和进一步的提高。

本书内容丰富，注重实用性。对第一章休闲食品加工基础内容的编写则注重语言的通俗易懂和内容的及时更新。在编写过程中，始终从读者的角度出发，启发读者提高分析和解决问题的能力。

本书由河南科技学院路建锋、陈春刚、赵功玲担任主编，河南科技学院梁新红、韩芬霞、李斌担任副主编，参编人员有河南科技学院路源。全书编写分工为：绪论、第一章的第三节由路建锋编写；第一章的第一、第二节和第九章的第二、第三节由陈春刚编写；第四章、第五章由赵功玲编写；第二章的第一节、第三、第六、第八章由梁新红编写；第七章和第九章第一节由韩芬霞编写；第二章的二、三、四节，第九章的四、五、六节由李斌编写；第一章第四节和实验部分由路源编写。

本书的完成，得到了众多专家的支持和指点。在此致以衷心的感谢！本书编写过程中参考了大量国内外文献资料和相关专业网站资料，有些未能列出，在此向这些文献资料的作者表示感谢！

食品休闲技术是一门注重实用的学科，涉及内容、种类非常广泛，内容更新较快。限于篇幅，某些休闲食品的种类没有列于书中。由于编者水平有限，书中疏漏、不当之处恳请读者批评指正。

编 者

2012 年 5 月

目 录

绪 论 …………………………………………………………… (1)

第一章 休闲食品加工基础 ………………………………… (4)
　第一节 休闲食品常用原辅料及其特性 ………………… (4)
　第二节 休闲食品常用的食品添加剂……………………… (28)
　第三节 休闲食品常用的加工原理与方法………………… (47)
　第四节 休闲食品的生产卫生……………………………… (77)

第二章 谷物类休闲食品……………………………………… (83)
　第一节 麦类休闲食品加工………………………………… (84)
　第二节 稻米类休闲食品加工……………………………… (90)
　第三节 杂粮类休闲食品加工……………………………… (98)
　第四节 其他谷物类休闲食品加工………………………… (104)

第三章 薯类休闲食品加工…………………………………… (112)
　第一节 马铃薯类休闲食品加工…………………………… (112)
　第二节 甘薯类休闲食品加工……………………………… (118)

第四章 豆类休闲食品加工…………………………………… (124)
　第一节 大豆类休闲食品加工……………………………… (124)
　第二节 杂豆类休闲食品加工……………………………… (131)

第五章 坚果类休闲食品……………………………………… (137)
　第一节 瓜子类休闲食品加工……………………………… (137)
　第二节 花生类休闲食品加工……………………………… (147)
　第三节 核桃类休闲食品加工……………………………… (168)
　第四节 栗子、杏仁类休闲食品加工……………………… (173)
　第五节 其他坚果类休闲食品加工………………………… (175)

第六章　果蔬类休闲食品 …………………………………………（180）
　　第一节　果蔬糖渍类 ………………………………………（180）
　　第二节　干制果蔬类 ………………………………………（188）

第七章　肉类休闲食品加工 …………………………………（197）
　　第一节　禽肉类休闲食品 …………………………………（197）
　　第二节　牛肉类休闲食品加工 ……………………………（201）
　　第三节　猪肉类休闲食品加工 ……………………………（209）
　　第四节　羊肉类休闲食品加工 ……………………………（216）
　　第五节　兔肉类休闲食品加工 ……………………………（221）

第八章　蛋类与乳类休闲食品加工 …………………………（232）
　　第一节　蛋类休闲食品加工 ………………………………（232）
　　第二节　乳类休闲食品加工 ………………………………（239）

第九章　其他类休闲食品加工 ………………………………（245）
　　第一节　糖果类休闲食品加工 ……………………………（245）
　　第二节　果冻类休闲食品加工 ……………………………（257）
　　第三节　冷饮类休闲食品加工 ……………………………（260）
　　第四节　菌类休闲食品加工 ………………………………（262）
　　第五节　花类休闲食品加工 ………………………………（266）
　　第六节　海洋休闲食品加工 ………………………………（270）

实验部分 …………………………………………………………（278）

参考文献 …………………………………………………………（288）

绪 论

一、休闲食品加工的研究对象和研究内容

休闲食品是近年来的新提法，过去把它归属在小食品类中，近年来由于这一类食品的品种有较大发展，在消费上有了新的认识和定位，因此，人们从消费概念上定名这类产品为休闲食品。小食品和休闲食品没有绝对的界限，互相包含，消费对象完全相同，只是产品特点、消费用途和观念有所不同。进入21世纪以来，我国休闲食品仍呈快速发展态势。

在我国，由于人们生活水平不断提高，原来以温饱型为主体的休闲食品消费格局，正在向风味型、营养型、享受型甚至功能型的方向转化。尤其随着市场的不断扩大，休闲类食品市场开始快速发展，而且呈现出一片前所未有的繁忙景象。不断扩大的市场份额已经表明，休闲食品已经形成了一个完整的产业，正在吸引着越来越多的食品生产企业。

休闲食品的产品细小繁多，花色复杂。这些产品投资少，见效快，有手工生产、半机械化和机械化生产，产品易于更新换代。休闲食品的最大特点是食之方便，并且保存期一般较长，深受广大人民群众的喜爱。目前休闲食品还没有统一的、规范的分类方法。通常可按其原料加工制作的特点进行分类。

目前，我国休闲食品大致可分为如下几类，即谷物膨化类、果仁类、瓜子类炒货、油炸糖食类、果蔬类、鱼类休闲食品。其中，糖果、蜜饯、膨化、谷物类是休闲食品行业起步最早，也是发展最为成熟的品类，已经形成了强势的领导品牌梯队。

1. 果仁类休闲食品

以果仁和糖或盐制成的甜、咸制品。分油炸的和非油炸的。这类制品的特点是坚、脆、酥、香，如鱼皮花生、椒盐杏仁、开心果、五香豆。

2. 谷物膨化休闲食品

以谷物及薯类为原料，经直接膨化或间接膨化，也可经过油炸或烘烤加工成的膨化休闲食品。有一部分是我国传统的产品，如爆米花、爆玉米花，更多的是近年来传入的外来食品，如用现代工艺制作的日本米果。

3. 瓜子类炒货休闲食品

以各种瓜子为原料，辅以各种调味料经炒制而成，是我国历史最为悠久的、最具传统特色的休闲食品。

4. 糖制休闲食品

以蔗糖为原料制成的小食品应归类于休闲食品，这类制品由于加工方法和辅料不同，其各品种在外观口味上有独特风味。如豆酥糖、桑葚糖等。

5. 果蔬制休闲食品

以水果、蔬菜为主要原料经糖渍、糖煮、烘干而成的制品，如杏脯、果蔬脆片、话梅等。

6. 鱼、肉类制休闲食品

以鱼、肉为主要原料，用其他调味料进行调味，经煮、浸、烘等加工工序而生产出的熟制品，如各种肉干、烤鱼片、五香鱼脯等。

除此之外，手撕牛肉、豆干、瓜子、米饼、馍片、锅巴、卤肉等传统风味小吃经过企业不断创新，再加上营销思路上的改进，它们也有了一大批拥趸，成为新兴的休闲食品市场。在这个广阔的市场里，中国休闲食品创新空间还很大，很多品类都有待进一步细分。以往传统手工作坊型休闲食品，将逐渐淡出消费者的视野，取而代之的将会是越来越多的品类和口味，现代工艺和生产，将全面释放中国休闲食品市场。

二、休闲食品加工在国民经济中的地位

近几年，随着我国国民经济发展和居民消费水平的提高，人们消费方式日益多元化、休闲化，休闲食品俨然已经成为国人日常食品消费中的新宠。可以预见，未来几年，我国休闲食品行业将迎来快速发展的黄金期。

相关资料显示，美味零食能减轻人的心理压力，并能帮助使用者缓解自身情绪，保持心情舒畅。正因为如此，在人们的日常开支中，美味休闲类零食的开支也是必不可少的一部分。随着我国经济水平的提高及旅游业的兴盛，我国休闲食品市场需求量呈持续增长势头，种类逐渐多样化。近几年，我国休闲食品市场每年需求额超过千亿元，市场规模正在以几何级的速度增长，消费市场也在快速增长，年增幅在25%左右。2009年，我国休闲食品市场容量虽然已高达400亿元以上，但人均消费量仅为23.6g，远低于发达国家每年人均消费3.2kg的水平。随着我国经济水平的提高及人们消费水平、购买能力的不断提高，休闲食品市场仍将会以20%以上的速度增长，仅休闲食品企业注册一项就已高达10多万家，这些数据无疑都昭示着我国休闲食品企业在未来具有巨大的发展潜力和生存空间。

除此之外，我国休闲食品市场已呈现出由低端到高端的发展态势，国民消费能力的提升对高端需求的拉动效果十分明显，使高端休闲食品市场发展旺盛，中国本土高端消费群体也已开始浮出水面，也由此促成一批高端休闲食品品牌的诞生。

消费高端化时代的到来，对各方面发展尚不成熟的休闲食品企业而言，不仅是一个

巨大挑战，更是前所未有的发展机遇。

一方面，我国休闲食品企业尽管发展速度快、数量多，但整个行业的历史积淀薄，整体实力依然较弱。各休闲食品生产企业想以最快速度缩短与国际品牌之间的差距，需要在产品研发创新和营销思路拓展上下功夫，这对于处于发展起步阶段的中国休闲食品企业而言，是一大挑战。另一方面，中国休闲食品市场潜力巨大，年市场需求高达千亿元，国内企业如果能抓住这一战略机遇期，将会迎来企业的高速发展和快速突破，这对于多数企业而言，是难得的发展机遇。

三、休闲食品的发展展望

(1) 休闲食品市场仍将持续扩大，产品品种将进一步丰富，逐渐朝健康化方向发展；全球的休闲食品生产厂商正在宣传休闲食品可以成为健康平衡膳食的一部分——低热量、低脂肪、低糖的休闲食品。在西方国家，低油马铃薯食品和以水果蔬菜为原料的休闲食品受到青睐，销售势头越来越好，天然健康休闲食品市场持续扩大。

(2) 中高端市场将进一步扩大。相对外资品牌而言，我国休闲食品企业多集中在低端市场，中高端市场的开发将是今后发展的一个方向。

(3) 健康类休闲食品发展潜能巨大。调查数据显示，58.4%的人对新品牌和新产品兴趣浓厚，会经常尝试。尤其在食品的营养和健康方面，他们更关注食品的绿色、天然和健康，此外对富含维生素及具有其他功能特性的食品也非常感兴趣。

休闲食品一直是以口味为主要卖点的，如果休闲食品企业能在口味创新的同时，兼具到营养和健康两个因素，这一市场空间释放出的销售势能将是不可估量的。

总之，虽然中国休闲食品的市场规模近几年一直以几何级的速度在增长，但面对世界经济的一体化，我国的休闲食品却略显底气不足，在面临高速发展机遇的同时，也面临着严峻的挑战。

四、学习本课程的基本要求

应从如下两个方面去掌握本课程的学习。

一是理论方面。通过该课程理论教学内容的学习，使学生能够掌握常见休闲食品的种类；各种休闲食品的加工的基本原理以及加工方法；能正确分析影响休闲食品品质的因素，并能找到正确解决的方法。

二是实验方面。本课程是一门实践性很强的学科，因此学生要在学好理论的同时，一定要注重实验教学，注意观察休闲食品生产的工艺，观察实验过程中出现的质量问题，并能找到原因。在实践教学前，要课前认真预习，明确实验目的和要求，了解实验的内容、方法和基本原理包括实验内容涉及的一些基本操作，实验中要认真操作，仔细观察各种现象，根据现象认真地分析问题、解决问题，写出实验报告。

第一章 休闲食品加工基础

1. 熟悉休闲食品常用原辅料及其特性；
2. 熟悉休闲食品中常用的食品添加剂；
3. 掌握休闲食品常用的加工原理和加工方法；
4. 了解休闲食品生产卫生的重要性、基本要求以及防止措施。

尽管休闲食品种类繁多，所采用的基本原辅料、添加剂差异也很大，但其基本的加工方法却不超出以下几种：油炸、脱水干燥、食品膨化、焙烤、糖渍、腌制、熏制、调味，因此本章主要对休闲食品加工所需的原辅料、添加剂、加工方法的原理以及影响食品安全的卫生原理进行介绍。对不同休闲食品具体的加工，将在后续章节做详细介绍。

第一节 休闲食品常用原辅料及其特性

一、常用原料及其特性

（一）果蔬类原料

蔬菜和果品简称果蔬。蔬菜有根菜类、茎菜类和果菜类。果品分仁果类、核果类、浆果类、柑橘类和瓜类等。为了使果蔬在加工后色、香、味、形充分得到保持，使产品的外观形态更加诱人，就要了解果蔬的主要成分，及其在加工中的化学变化。果蔬含有多种化学成分，它们的含量及组成比例，直接决定着果蔬的营养价值和风味特点，并且与果蔬的储藏、运输和加工等也有密切关系。

果蔬中主要含有糖、淀粉，有机酸、含氮物质、果胶、色素、多酚类化合物（如单宁）、芳香物质、矿物质、纤维素、酶和水分等。果蔬的水分一般含量在 40% ~ 90%。

果蔬含水量多，不易运输，易遭损坏；微生物易繁殖，使果蔬腐烂变质，也不利于加工果脯。果蔬中的有机酸在果脯加工中，具有调节口味，促进蔗糖转化成还原糖的功能。不同的果蔬品种，酸的含量不同，加工时要根据含酸量来调整糖与酸的比例，调整果脯、蜜饯的风味。但果蔬的甜味强弱，不仅取决于糖的种类和含量，而在很大程度上受酸和单宁的影响，当果蔬中糖和酸的含量相等时，只感觉到酸味而很少感觉到甜味，只有在糖量相对增加或酸量减少时，才会感觉到甜味。单宁的含量增加时，果蔬的酸味就会格外明显，因此，糖酸比的适度决定果蔬或果蔬制品的风味。

果蔬中氮含量过高，易与还原糖发生反应，使果制品色泽变暗。另外，果胶物质与钙、铝离子反应可使果蔬保脆，果蔬中的酶、单宁物质，均与果蔬加工制品有关。

（二）谷类与薯类原料

1. 面粉

面粉是食品行业生产原料的主体，面粉质量的优劣对一些食品品质起着决定的作用。目前我国生产的面粉主要分为富强粉、标准粉、次等粉、全麦粉四个等级，标准粉最大限度保存了面粉中的营养成分，即100kg小麦至少磨出85kg面粉，同时又不影响面粉的感官性质和消化吸收。

面粉中的主要成分有蛋白质、糖、脂肪、矿物质和维生素。面粉中的部分蛋白质吸水后能膨胀，形成面筋。根据面粉中面筋含量的多少将面粉分为低筋粉、中筋粉、高筋粉。在食品生产中根据不同的产品，选择面筋含量不同的小麦面粉，一般面筋含量低的面粉其蛋白质含量也低。面粉蛋白质中赖氨酸的含量很低，这会影响面粉的营养价值，所以在用于儿童食品生产时应添加强化剂——L-赖氨酸盐，以提高面粉的营养价值。

面粉中糖的含量为最多，而脂肪的含量较低，在2%以下，矿物质含量约为1%左右，维生素B_1的含量较多。

一般面粉在储存中应保持标准含水量，水分超过13.8%就容易产生霉变、发热和结块现象。同时要使仓库内相对湿度不超过70%，温度保持在10℃左右。堆放面粉的仓库要清洁卫生，干燥，防止带刺激性的异味物与其堆放在一起。实行先进先出，堆码分垛。堆放时，面粉袋不宜直接堆放在地面上，也不要紧靠墙壁，以免受潮结块。面粉在储存过程中还要采取有效的防治措施，避免遭到仓库害虫的侵害。

2. 大米及米粉

大米分为粳米、籼米和糯米3种。粳米粒形短圆，颗粒丰满，米色蜡白，多为透明和半透明，涨性中等，略有黏性。籼米粒形细长，颜色灰白或蜡白，涨性比粳米大，黏性比粳米差；籼米又可分早籼和晚籼两种，晚籼米质量比早籼米佳。糯米可分粳糯和籼糯两种，粳糯的粒形同粳米，籼糯的粒形同籼米，色泽蜡白或乳白，多数为不透明，涨性小，黏性大。

大米中主要含有蛋白质、糖类、脂肪和矿物质。食品工业中，为了使加工的产品的感官性质良好，一般都选用粳米和糯米及其磨制的粉。

大米及米粉应是洁白、纯净、无杂物，其水分控制在10%~20%，以防米粉受潮结块及大米霉变。已发生霉变的大米绝对不能作为食品生产的原料，已霉变的原料对儿童危害极大。

糯米粉的加工，要求比较严格，一般先放在水中搓洗、浸泡，经炒后再磨制成粉，粉磨得越细越好。在保管中特别要防止虫蛀、鼠咬的损害。

(三) 坚果类原料

1. 花生原料

花生又名"长生果"，是我国的主要油料作物之一，在许多地区均有栽培，年产量居世界第二位。花生中不仅含有丰富的油脂，而且蛋白质含量较高，易于消化吸收。花生蛋白质中含有全部必需氨基酸，具有较高的营养价值，其主要氨基酸含量为：精氨酸9.9%，缬氨酸8%，亮氨酸7%，苯丙氨酸5.4%，异亮氨酸3%，赖氨酸3%，组氨酸2.1%，苏氨酸1.5%，蛋氨酸1.2%，色氨酸1%。花生蛋白还含有较多的谷氨酸和天门冬氨酸，这两种氨基酸对促进脑细胞发育和增强记忆力有良好作用。与大豆相比，含有比大豆更少的抗营养因子，使人们对其中的营养成分利用率更高。

长期以来，各种花生食品以其种类多，且各具特色备受广大消费者青睐。但与我国总产量相比，花生系列制品的开发方面仍做得很不够，因为大部分花生以原料出口，每年仅有10%~15%的花生用于加工成花生制品，并且品种少，产品档次低，加工技术、设备落后，多以传统制品为主。因此，在我国，开发花生系列食品具有极为广阔的发展前景。

我国花生产地遍及全国，其中四川、山东、辽宁、河北、河南、江苏为主要产区，又以四川、山东产的最好，含油脂较多。花生仁一般分为大粒和小粒两种，花生的品质依种类及培植条件的优劣而分级，质量好的花生仁颜色新鲜，颗粒饱满整齐，果皮表面细致、光滑、无霉斑点；质量较次的花生颗粒不饱满，果皮皱缩，色暗。经常食用花生仁及其制品能健脾胃。因黄曲霉菌在花生中产毒最高，故使用前必须严格挑选，并做好保管工作。保管时应做好以下几点：

(1)入库时要加强验收，干燥的花生米方可入库，新花生米和潮湿的必须摊开晾干，切忌暴晒。

(2)花生米不宜存放在适热的铁皮顶的仓库或席橱里，最好储存在水泥或砖木结构，地势高，干燥通风，门窗严密的无虫无鼠的仓库里。

(3)加强温湿度的管理，根据气候变化，适当调节气温，花生宜在30℃以下存放，花生米在农历小寒后才能干燥，但到翌年二三月份花生米本身又会出水分，这时就要通风倒垛，否则花生会变软而生出霉斑。

(4)花生米的包装以采用麻袋为好，堆垛应采取交叉通风垛的方法。装卸搬运时不能重摔或踩踏麻袋包，以防花生仁破碎而降低等级。

(5)花生仁要炒熟去皮后方可使用，色泽乳白至微黄，性脆味香。炒过的花生仁含水分约3%，蛋白质约26.5%，糖约20%，油脂42%，粗纤维2.7%，无机盐3.1%，发热量很高，可达24.58kJ/kg。

2. 瓜子原料

(1)葵花子。葵花子是向日葵的籽实，简称葵子，俗称香瓜子。葵花子的产地在瓜子原料中最广，全国各地都有出产。东北和内蒙古占比例最大，品质也好，统称东北子；产于云南、贵州、四川等省的葵花子，籽粒较小，统称西南子；产于河北、山西、陕西、甘肃、新疆等省区的葵花子统称西北子。葵花子按壳色分为黑子、花子和白子三种。黑子品质最好，花子次之，白子最差。

(2)白瓜子。白瓜子是南瓜、角瓜、倭瓜、葫芦瓜、玉白瓜等籽粒的统称。但因大部分取南瓜，所以习惯上称南瓜子。白瓜子几乎在各省都有出产，产量较多的有黑龙江、吉林、山西、浙江、云南、贵州、河北、河南等省。生坯白瓜子的品种按形状分为光板、毛板和葫芦子三种。光板的壳面平洁，有自然光泽，片粒较狭长，是角瓜和倭瓜的籽粒。毛板的壳面较糙，瓜子四周有较毛的边，片粒较阔，是南瓜的籽粒。葫芦子是葫芦瓜和玉白瓜的籽粒，片粒厚，壳黄白色，仁肥大，且有苦味、品质差。白瓜子炒熟后，松脆香浓。

(3)黑瓜子。黑瓜子是子瓜的种子。子瓜是西瓜子的一种，产地亦称打瓜子、大瓜子。黑瓜子产地很广，黑龙江、吉林、辽宁、内蒙古、河北、江西、河南、山西、甘肃、江苏、安徽及新疆等省、区均有出产。黑瓜子按片粒形状，分为大片、中片和小片。大片粒大壳厚，10粒瓜子并列壳面宽度在9.5cm以上，产地亦称大白心、顶心白。中片粒略小，10粒瓜子并列壳面宽度在8.5cm以上，产地又称二心白。壳面色、形与大片相似。小片粒小壳薄，10粒瓜子并列壳面宽度在8cm以下，产地又称一窝蜂，壳色四周乌黑，小心灰白，有的全黑。

3. 蚕豆

蚕豆为一年生或越年生草本植物，属豆科植物。是豆类蔬菜中重要的食用豆之一，它既可以炒菜、凉拌，又可以制成各种小食品，是一种大众食物。

蚕豆中含有大量蛋白质，在日常食用的豆类中仅次于大豆，还含有大量钙、钾、镁、维生素C等，并且氨基酸种类较为齐全，特别是赖氨酸含量丰富。

蚕豆的荚果呈扁平筒形，未成熟时豆荚为绿色，荚壳肥厚而多汁，荚内有丝绒状茸毛，因含丰富的酪氨酸酶，成熟的豆荚为黑色。每荚种子2~4粒，种子扁平，略呈矩圆形，种皮颜色因品种而异，有乳白、灰白、黄、肉红、褐、紫、青绿等色，脐色有黑钯与无色两种。

蚕豆按其籽粒的大小可分为大粒蚕豆、中粒蚕豆、小粒蚕豆三种类型：大粒蚕豆宽而扁平，千粒重在800g以上，如四川、青海产的大白蚕豆，品质较好，常作粮食或蔬菜食用；中粒蚕豆呈扁椭圆形，千粒重为600~800g；小粒蚕豆近圆形或椭圆形，千粒重为400~650g，其产量高，但品质较差，多作为畜禽饲料或绿肥作物。

蚕豆按种皮颜色不同可分为青皮蚕豆、白皮蚕豆和红皮蚕豆等。目前市场上的蚕豆主要有崇礼蚕豆、临蚕5号、临蚕204、临夏马牙、临夏大蚕豆、青海3号、青海9号、湟源马牙等不同品种。

蚕豆中含有调节大脑和神经组织的重要成分钙、锌、锰、磷脂等，并含有丰富的胆石碱，有增强记忆力的健脑作用。蚕豆中的钙，有利于骨骼对钙的吸收与钙化，能促进人体骨骼的生长发育。蚕豆中的蛋白质含量丰富，且不含胆固醇，可以提高食品营养价值，预防心血管疾病。如果你是正在应付考试或是脑力工作者，适当进食蚕豆可能会有一定功效。蚕豆中的维生素C可以延缓动脉硬化，蚕豆皮中的膳食纤维有降低胆固醇、促进肠蠕动的作用。现代人还认为蚕豆也是抗癌食品之一，对预防肠癌有作用。

4. 核桃

核桃，在国际市场上它与扁桃、腰果、榛子一起，并列为世界四大坚果。它的足迹几乎遍及世界各地，主要分布在美洲、欧洲和亚洲很多地方。其产量除美国外，即属中国。享有"万岁子""长寿果""养人之宝"的美称。其卓著的健脑效果和丰富的营养价值，已经为越来越多的人所推崇的食品。

核桃种类很多，按产地分类，有陈仓核桃、阳平核桃；按成熟期分类，有夏核桃、秋核桃；按果壳光滑程度分类，有光核桃、麻核桃；按果壳厚度分类，有薄壳核桃和厚壳核桃。我国各地还有许多优良的核桃品种，如河北的"石门核桃"，其特点为纹细、皮薄、口味香甜，出仁率在50%左右，出油率高达75%，故有"石门核桃举世珍"之誉。

核桃营养丰富，其所含的精氨酸、油酸、抗氧化物质等对保护心血管，预防冠心病、中风、老年痴呆等是颇有裨益的。现代医学研究认为：核桃中的磷脂，对脑神经有良好保健作用。核桃油含有不饱和脂肪酸，有防治动脉硬化的功效。核桃仁中含有锌、锰、铬等人体不可缺少的微量元素。人体在衰老过程中锌、锰含量日渐降低，铬有促进葡萄糖利用、胆固醇代谢和保护心血管的功能。核桃仁的镇咳平喘作用也十分明显。

总之，核桃是食疗佳品：无论是配药用，还是单独生吃、水煮、作糖蘸、烧菜，都有补血养气、补肾填精、止咳平喘、润燥通便等良好功效。

5. 板栗

板栗是中国栽培最早的果树之一。坚果紫褐色，被黄褐色茸毛，或近光滑，果肉淡黄。果实含糖、淀粉、蛋白质、脂肪及多种维生素、矿物质。

中国的板栗品种大体可分北方栗和南方栗两大类：北方栗坚果较小，果肉糯性，适于炒食，著名的品种有明栗、尖顶油栗、明拣栗等。

南方栗坚果较大，果肉偏粳性，适宜于菜用，品种有九家种、魁栗、浅刺大板栗等。树性强健。根系发达，有菌根共生。较抗旱，耐瘠薄，宜于山地栽培。适合偏酸性土壤。多行实生播种，也可嫁接繁殖。中国有几个著名的板栗之乡。北方以河北迁西县的栗子最有名，生长的栗子皮薄，果仁软糯香甜。南方则以湖北罗田县出产的栗子最为有名。

（四）肉类原料

1. 肉的化学组成

化学组成：肉主要由水、蛋白质、脂肪、浸出物、维生素、矿物质和少量碳水化合物组成。

(1)水分。不同组织水分含量差异很大(肌肉、皮肤、骨骼的含水量分别为72%~80%、70%~60%和12~15%)。肉品中的水分含量和持水性直接关系到肉及肉制品的组织状态、品质,甚至风味。①肉中水分的存在形式。结合水:吸附在蛋白质胶体颗粒上的水,约占5%。无溶剂特性,冰点很低(-40℃)。不易流动水存在于纤丝、肌原纤维及膜之间的一部分水,占水分总量的80%。能溶解盐及溶质,冰点:-1.50℃。自由水存在于细胞外间隙中能自由流动的水,约占15%。②肉的持水性。指肉在冻结、冷藏、解冻、腌制、绞碎、斩拌、加热等加工处理过程中,肉的水分以及添加到肉中的水分的保持能力。肉的持水性主要取决于肌肉对不易流动水的保持能力。

影响不易流动水的量的主要因素:①蛋白质凝胶的网状结构的间隙中所封闭的水。②蛋白质分子所具有的引力。③凝胶结构和蛋白质所带净电荷的数量。净电荷是蛋白质分子吸引水的强有力的中心,静电荷使蛋白质分子间具有静电斥力分子结构松弛从而持水性提高。

(2)蛋白质。肌肉中蛋白质约占20%,分为:肌原纤维蛋白(40%~60%)、肌浆蛋白(40~60%)、间质蛋白(10%)。

(3)脂肪。肌肉内脂肪的多少直接影响肉的多汁性和嫩度,脂肪酸的组成则在一定程度上决定了肉的风味。家畜的脂肪组织90%为中性脂肪,78%为水分,蛋白质占34%,还有少量的磷脂和固醇脂。

(4)浸出物。除蛋白质、盐类、维生素外能溶于水的浸出性物质,包括含氮浸出物和无氮浸出物。

(5)维生素。肉中主要有B族维生素,动物器官中含有大量的维生素,尤其是脂溶性维生素。

(6)矿物质。肌肉含有大量的矿物质,尤以钾、磷最多。

(7)碳水化合物。含量少,主要以糖原形式存在。

2. 肉的组织构成

从广义上讲,畜禽胴体就是肉。胴体是指畜禽屠宰后除去毛、皮、头、蹄、内脏(猪保留板油和肾脏,牛、羊等毛皮动物还要除去皮)后的部分。因带骨又称其为带骨肉或白条肉。从狭义上讲,原料肉是指胴体中的可食部分,即除去骨的胴体,又称其为净肉。

肉(胴体)主要由肌肉组织、脂肪组织、结缔组织和骨组织四大部分构成。这些组织的构造、性质直接影响肉品的质量、加工用途及其商品价值,它依动物的种类、品种、年龄、性别、营养状况及各种加工条件而异。在四种组织中,肌肉组织和脂肪组织是肉的营养价值所在,这两部分占全肉的比例越大,肉的食用价值和商品价值越高,质量越好。结缔组织和骨组织难于被食用吸收,占比例越大,肉质量越低。

(1)肌肉组织。肌肉组织是构成肉的主要组成部分,可分为横纹肌、心肌和平滑肌三种,占胴体50%~60%。横纹肌是附着在骨骼上的肌肉,也叫骨髓肌。横纹肌除由许多肌纤维构成外,还有少量的结缔组织、脂肪组织、腱、血管、神经纤维和淋巴等。

（2）脂肪组织。脂肪组织在肉中的含量变化较大，占5%～45%，取决于动物种类、品种、年龄、性别及肥育程度。

（3）结缔组织。结缔组织是构成肌腱、筋膜、韧带及肌肉内外膜、血管和淋巴结的主要成分，分布于体内各部，起到支持、连接各器官组织和保护组织的作用，使肉保持一定硬度，具有弹性。结缔组织由细胞纤维和无定形基质组成，一般占肌肉组织的9%～13%，其含量的嫩度有密切关系。结缔组织的纤维主要有胶原纤维、弹性纤维、网状纤维三种，以前二者为主。

（4）骨组织。骨组织占猪胴体的5%～9%，牛的15%～20%，羊的8%～17%，兔的12%～15%，鸡的8%～17%。骨由骨膜、骨质及骨髓构成。骨髓分红骨髓和黄骨髓两种。红骨髓为造血器官，幼龄动物含量多，黄骨髓主要是脂肪，成年动物含量多。

3. 肉的性质

肉的性质包括物理性质与化学、生物化学性质以及营养性质，其化学、生物化学以及营养性质主要取决于肉的化学组成。肉的物理性质主要指肉的容重、比热、导热系数、色泽、气味、嫩度等。这些性质与肉的形态结构、动物种类、年龄、性别、肥度、部位、宰前状态和冻结程度等因素有关。

（1）肉的颜色。肉的颜色对肉的营养价值影响不大，但在某种程度上影响食欲和商品价值。微生物引起的色泽变化则会影响肉的卫生质量。①影响肉颜色的内在因素：影响肉颜色的内在因素包括动物种类、年龄及肌肉部位、肌红蛋白及血红蛋白含量。②影响肉颜色的外部因素：影响肉颜色的外部因素包括环境中的氧含量、湿度、温度、pH值及微生物。

（2）肉的风味。肉的风味指生鲜肉的气味和加热后肉制品的香气和滋味，它是肉中固有成分经过复杂的生物化学变化，产生各种有机化合物所致。其特点是成分复杂多样，含量甚微，用一般方法很难测定。除少数成分外，多数无营养价值。

（3）肉的热学性质。肉的比热和冻结潜热随含水量、脂肪比率的不同而发生变化。一般含水率越高，比热和冻结潜热越大；含脂肪越高，则比热和冻结潜热越小。

冰点以下开始结冰的温度称作冰点，也叫冻结点。它随动物种类、死后所处环境条件的不同而不完全相同。另外还取决于肉中盐类的浓度。盐浓度越高，冰点越低。

通常猪肉和牛肉的冰点在-0.6～1.2℃。

肉的导热性弱，大块肉煮沸0.5小时，其中心温度只能达到55℃，煮沸几小时亦只能达到77～80℃。

肉的导热系数大小取决于冷却、冻结和解冻时温度升降的快慢，也取决于肉的组织结构、部位、肌肉纤维的方向和冻结状态等。它随温度的下降而增大，这是因为冰的导热系数比水大两倍多，故冻结之后的肉类更易导热。

（4）肉的嫩度。肉的嫩度指肉在咀嚼或切割时所需的剪切力，表明肉在被咀嚼时柔软、多汁和容易嚼烂的程度。影响肉嫩度的因素很多，除与遗传因子有关外，主要取决于肌肉纤维的结构和粗细、结缔组织的含量及构成、热加工和肉的pH等。

肉的柔软性取决于动物的种类、年龄、性别，以及肌肉组织中结缔组织的数量和结构形态。例如，猪肉就比牛肉柔软，嫩度高。阉畜由于性特征不发达，其肉较嫩，幼畜由于肌纤维细胞含水分多，结缔组织较少，肉质脆嫩。役畜的肌纤维粗壮，结缔组织较多，因此质韧。研究证明，牛胴体上肌肉的嫩度与肌肉中结缔组织胶原成分的羟脯氨酸有关，羟脯氨酸含量越高，肉的嫩度越小。

（5）肉的保水性。肉的保水性即持水性、系水性，是指肉在压榨、加热、切碎搅拌时保持水分的能力，或向其中添加水分时的水合能力。这种特性对肉品加工的质量有很大影响。

肌肉的系水力决定于动物的种类、品种、年龄、宰前状况、宰后肉的变化及肌肉的不同部位。家兔肉保水性最好，依次为牛肉、猪肉、鸡肉、马肉。就牛肉来讲，仔牛好于老牛，去势牛好于成年牛和母牛。成年牛随体重的增加而保水性降低，不同部位的肌肉系水力也有差异。肌肉的系水力在宰后的尸僵和成熟期间会发生显著的变化。刚宰后的肌肉，系水力很高，几小时后，就会开始迅速下降，一般经过24~28小时系水力会逐渐回升。

影响肉系水力的因素包括pH及尸僵和成熟时间。

pH对肌肉系水力的影响实质上是蛋白质分子的静电荷效应。蛋白质分子所带的静电荷对系水力有双重意义，一是静电荷是蛋白质分子吸引水分子的强有力的中心；二是由于静电荷增加蛋白质分子间的静电排斥力，使其网格结构松弛，系水力提高。静电荷数减少时，蛋白质分子间发生凝聚紧缩，使系水力降低。肌肉pH接近等电点pH为5.0~5.4时，静电荷数达到最低，此时肌肉的系水力也最低。

4. 肉的成熟

（1）肉的成熟过程。包括三个阶段：僵直前期、僵直期、解僵期。①僵直前期。肌肉组织柔软，但因糖原通过糖酵解EMP途径生成乳酸，刚屠宰时的正常生理pH为7.0~7.4降低到屠宰后的酸性极限值5.4~5.6。影响pH下降速度的因素：动物的种类、个体差别、肌肉部位、屠宰前的状况、环境温度。环境温度越高，pH下降越快。②僵直期。肌肉pH下降至肌原纤维主要蛋白质肌球蛋白的等电点时，因酸变性而凝固，导致肌肉硬度增加，且变僵硬僵直期的长短与动物种类、宰前状态等因素相关。僵直期肉的持水性差，风味低劣；在僵直期，肉的持水性差，风味低劣，不宜作为肉制品的原料。禽肉的僵直期远短于畜类。③解僵期（僵直完成期）。这是肉类成熟过程的后期阶段。在僵直前期形成的乳酸、磷酸积聚到一定程度后，导致组织蛋白酶的活化而使肌肉纤维发生酸性溶解，并分解成氨基酸等具有芳香、鲜味的肉浸出物，肌肉间的结缔组织膨胀、软化，从而导致肌肉组织重新回软。在僵直期形成的肌苷酸（IMP）经磷酸酶作用后变为肌苷，肌苷进一步被核苷水解酶作用而生成次黄嘌呤，使肉的香味增加。随着僵直的解除，肉的持水性逐渐回升。

（2）加速成熟的方法。①抑制宰后僵直发展。通过宰前给予胰岛素、肾上腺素等，减少体内糖原含量。②加速宰后僵直发展。用高频电或电刺激，可在短时间内达到极限pH和最大乳酸生成量，从而加速肉的成熟。③加速肌肉蛋白分解。宰前静脉注射蛋白酶，使肌肉中胶原蛋白和弹性蛋白分解从而使肉嫩化。④机械嫩化法。利用机械力的作用使肉嫩化。根据作用方式不同可分为滚揉嫩化法,绞碎嫩化法,再成型嫩化法。滚揉嫩化法利用滚筒旋转,使肉块由筒的上方落至下方,或利用轴上装有叶片打击肉块,通过破坏肌纤维,提高嫩度,此方法在欧洲肉品加工业中普遍采用处理较坚实的肉类,许多滚筒装备有真空系统,减低空气导入及增加腌渍液的扩散。绞碎嫩化仅适用于灌肠、香肠类制品。再成型嫩化即为重组嫩化,即将肉粒减小为颗粒或改变其形态,用食盐、磷酸盐混合搅匀再成型而成。此方法可利用嫩度较差的肉,适用于各类肉,但较耗时耗能。

5. 肉类在加工过程中的变化

(1) 在腌制过程中的变化

1) 色泽变化。在加工过程中添加硝酸盐(钠或钾)或亚硝酸盐后,硝酸盐在细菌硝酸盐还原酶的作用下,还原成亚硝酸盐。亚硝酸盐在酸性条件下会生成亚硝酸。在常温下,也可分解产生一氧化氮(NO),此时生成的一氧化氮会很快与肌红蛋白反应生成稳定的、鲜艳的、亮红色的亚硝化肌红蛋白。故使肉可保持稳定的鲜艳。其作用过程如下所示:硝酸盐→还原→亚硝酸盐→HNO_2→分解产生 NO→NO + Mb(肌红蛋白)→NO - Mb(鲜红)。

2) 持水性变化。食盐和聚合磷酸盐形成一定离子强度的环境使肌动球蛋白结构松弛,从而提高肉的持水性。

(2) 在加热过程中的变化

1) 风味变化。加热导致肉中的水溶性成分和脂肪发生变化。

2) 色泽变化。肉中的色素蛋白肌红蛋白(Mb)的变化,及焦糖化和美拉德反应等引起色泽变化。

3) 肌肉蛋白质变化。肌纤维蛋白加热变性凝固,汁液分离、肉体积缩小。

4) 浸出物变化。汁液中含有的浸出物溶于水,易分解,赋予煮熟肉特征口味。煮制形成肉鲜味的主要物质是谷氨酸和肌苷酸。

5) 脂肪的变化。部分脂肪→加热熔化→挥发性物质释放。然后在氧气的作用下,发生氧化、聚合、缩合、水解等复杂的过程。

6) 维生素和矿物质的变化。维生素 C 和维生素 D 受氧化影响较大,其他维生素都不受影响。水煮过程,矿物质损失较多。

(五) 海洋类原料

海洋占地球表面积的71%,拥有广大的生物资源,为人类提供丰富的食品和巨大的能源,是地球资源的宝库。海洋生物资源有20多万种,其中海洋动物约18万种;海洋植物约2.5万多种。这些海洋生物作为人类食品来源,不仅资源浩大,品种繁多,而且味道鲜美,营养丰富,具有食疗功效,可用来防治多种疾病,也是理想的休闲食品的原料。

自古水产品即被认为营养价值很高的食物,牡蛎、虾类、鳗鱼等甚至被当作补品,而事实上,鱼贝类的确提供给我们适量质佳的蛋白质、脂肪、维生来和矿物质,自古中外都认为水产品可增强性能力，尤其是牡蛎，被国外有人认为"春药"。最近数年，由于鱼油中独有 ω-3 脂肪酸功效的发现，引起国内外医学、营养以及食品专家的兴趣和重视，掀起了一股服用鱼油热潮。

海洋水产资源是食物的来源，从营养观点看，其特点是：①具有优质蛋白，在氨基酸组成上接近人体需要，人体可均衡吸收利用。②含高不饱和脂肪酸，食后有利于降低胆固醇、防止心脏病。③矿物质含量丰富，与肉类比较，鱼贝类钙、锰含量高，对正在发育的小孩、孕妇甚有助益，还含有与陆上动植物无可相比的镁、碘、锌、钛、钼、铜、硒、锗等。④海洋生物是活性物质新来源，如黏多糖、牛磺酸、激素、维生素等。

世界海洋生物资源分为两大区系，一为海洋动物区系，二为海洋植物区系，它们都是研制休闲食品的良好原料来源。

1. 海洋动物区系

可分成两大类型，即脊椎动物与无脊椎动物。脊椎动物包括鱼类和哺乳类，无脊椎动物包括原生动物和软体动物等。

(1) 脊椎动物

鱼类和哺乳类，它们不但食用价值高，而且全身是宝。

1) 鱼肉、海兽肉，含丰富蛋白质、脂肪、多种维生素、矿物质和活性物质，如食大黄鱼、鲐鱼，有滋补强壮、利水消肿，可防治贫血、虚弱、盗汗等疾病。

2) 鱼骨，含钙高，经煅烧后可治腹泻、消化不良等定。有的鱼骨含较高软骨素，它是一种粘多糖，是理想保健食品原料，具有生命防御功能、提高人体免疫力、延缓衰老，还可以使人体肌肤保持细嫩、滑润、使血管增加弹性。

3) 鱼鳍、鱼鳔，含大量胶朊和黏多糖，具有补血、补气、补肾功效，食用鱼鳔可起到加速生成红细胞和血红蛋白的作用。

4) 鱼胆，含有胆酸，可制作牛磺酸，鲸鲨胆汁可治皮肤溃疡、中耳炎等。

5) 肝脏，含有丰富维生素 A、D，可治佝偻病、婴儿手足抽搐，还可治角膜干燥、夜盲症、红斑狼疮等。

6) 鱼卵、鱼精，可提取卵磷脂、脑磷脂和鱼精蛋白，可滋补强壮，主治贫血、肝硬化、肺咳血。

鱼全身是宝，故"无鱼不具保健"作用是有一定根据的。

(2) 无脊椎动物

1) 软体动物，软体动物有数万种之多，是贵重化合物来源，如能合理利用，除得到食品外，还能获得维生素、生物胺、激素、生长素等。

2) 棘皮动物，棘皮动物在海洋中占有很大数量，如海参、海胆等，它们中许多种类具有珍贵的药物特性。在海参代谢物中发现具有抗肿瘤、抗菌的功能。海星、海胆、海百合可以得到多种生物活性物质，如类固醇、丙萜烯的甙等。

3) 海绵动物，在海洋中海绵有数千种之多，遍布于世界各大洋，它是在国民经济上属于利用得最少的海洋生物。海绵动物在它的代谢产物中有能加速成阻碍细胞生长和分解、降低血压、加快伤口愈合等各种物质存在。

4)腔肠动物。海蜇的食用在我国有悠久历史。在海蜇中含有较强生物活性物质,如 5 - 羟色胺、肾上腺激素、正肾上腺激素、丁胺等。

2. 海洋植物区系

从微小的单细胞藻类到长达数十米巨藻,种类繁多。从分析得知,许多海藻含有不同生物活性物质,如褐藻中的苯酚类化合物、甾醇化合物、褐藻糖胶;红藻中的红藻氨酸,一些绿藻维生素 B、C 含量很高,如海人草含有海人草酸、软骨藻的软骨酸、厚网藻的厚网醇、墨角藻中角鲨烯等。另外海带中的碘、甘露醇、微量元素等都是有价值的原料。

海藻中含有亚油酸和亚麻酸等人体必需的不饱和脂肪酸,有防止血栓形成的作用;海藻还富含硒元素,科学研究发现,人体缺硒是患心血管病的原因之一。

海藻具有抗菌现象,它能大量分泌化学物质,抑制其他植物生长;海藻能富集溶于海水中元素;海藻能合成大量化合物,如萜烯、甾族、色素、芳香化合物、皂素、抗生素等。

总之,海洋是地球上有机物质的最大生产者和"聚集地",对海洋水生生物的合理利用意味着增加食品、动物饲料的生产,同时扩大食品的原料来源。对海洋生物中贵重的化学成分,例如蛋白质、类脂、多糖、生物活性物质、稀有的化学物质进一步开发,生产不同需求的休闲食品,海洋将会给人类健康做出更大贡献。

二、常用辅料及其特性

(一) 食用油脂

食用油是一类为人民生活所用的油脂,也是食品生产几大原料之一。油脂是一种很复杂的有机化合物,广泛存在于各种动植物体内。它对于人体有着极其重要的作用。油脂可以供给人体热量,有的食品中加入适量的油脂,不仅可以增加营养,而且还可以改变食品的口味。

食用油种类很丰富,按照其来源可以分为天然油脂和人造油脂。天然油脂又可分为动物油和植物油两大类。这两类油脂,其分子结构不同。动物油主要含饱和脂肪酸,在常温下呈固态,如猪油、羊油、牛油、黄油。植物油主要含不饱和脂肪酸,在常温下为液体,如豆油、菜籽油、花生油、芝麻油、茶油等。

1. 油脂的种类

(1)天然油脂

1)植物油:特点:熔点高,在常温下呈液态。其可塑性较动物油脂差,在使用量多时,易发生"走油"现象。棕榈油、椰子油却与一般植物油有不同的特点,其熔点较高,常温下呈半固态,稳定性好,不易酸败,故常作油炸用油。

种类:有豆油、棉籽油、花生油、芝麻油、橄榄油、棕榈油、菜籽油、玉米油、米糠油、椰子油、可可油、向日葵油。

2）动物油

①黄油（奶油）：a. 含有各种脂肪酸；b. 饱和脂肪酸的软脂酸含量最多，也含有只有4个碳原子的丁酸和其他挥发性脂肪酸；c. 不饱和脂肪酸中以油酸最多亚油酸较少；d. 熔点 28~34℃，口中熔化性好，凝固点 15~25℃；e. 含有多种维生素；f. 具有独特的风味。由于以上特征，它不仅是高级面包、饼干、蛋糕中很好的原材料，还常被用来当作固体油脂的基准。

②猪油：熔点为 35~40℃。猪油的起酥性较好，但融合性稍差，稳定性也欠佳。

③牛油：牛油起酥性不好，但融和性比较好。

(2) 人造油脂

1）起酥油。起酥油范围相当广泛，一般可以理解为动、植物经精制加工或硬化、混合、速冷、捏合等处理使之具有可塑性、乳化性等加工性能的油脂。

2）人造奶油，发明于1869年，是一种乳化剂形式的食品，主要是油包水型。大部分用食用油脂生产得到，不是或者不主要是来源于牛奶。它与起酥油最大的区别是含有较多的水分（20%左右），也可以说是水溶于油的乳状液。

(3) 磷脂

即磷酸甘油酯，分子结构中含有亲水基和疏水基，是一种乳化剂。适用于含油量较低的饼干，加入适量的磷脂，可以增强饼干的酥脆性，不发生粘辊现象。

2. 油脂在焙烤食品中的加工特性

(1) 油脂的可塑性

1）可增加面团的延伸性，使面包体积增大。这是因为油在面团内，能阻挡面粉颗粒间的黏结，而减少由于黏结在焙烤中形成坚硬的面块。油脂的可塑性越好，混在面团中油粒越细小，越易形成一连续性的油脂薄膜。

2）可防止面团的过软和过黏，增加面团的弹力，使机械化操作容易。

3）油脂与面筋的结合可以柔软面筋，使制品内部组织均匀、柔软，口感改善。

4）油脂可在面筋和淀粉之间形成界面，成为单一分子的薄膜，对成品可以防止水分从淀粉向面筋的移动，所以可防止淀粉老化，延长保存时间。

(2) 油脂的融合性

1）油脂可以包含空气或面包发酵时产生的二氧化碳，使蛋糕和面包体积增大。

2）由于能形成大量均匀的气泡，所以使制品内相当色泽好。

3）由于油脂融和性的作用，有稳定蛋糕面糊的功效。如面糊未搅入适量空气，呈现稀薄易流散的性质，尤其是高糖量的配方，面筋结构会更加脆弱，缺乏筋力。油脂的融合性越好，气泡越细小，均匀，筋力越强，体积不但能发在，组织也好。对面包也有类似效果。而且均匀气泡的形成使得焙烤时传热均匀，透热性良好，风味好。

(3) 油脂的起酥性

饼干、酥饼等焙烤食品中，油脂发挥着重要的起酥性作用。这样的食品，油脂含量一般都比较高。油脂的存在可以阻碍面团中面筋的形成，也可伸展成薄膜状，阻止淀粉与面筋之间的结合，并且由于大量气泡的形成使得制品在烘烤中因空气膨胀而酥松。猪油、起酥油、人造奶油都有良好的起酥性，植物油效果不好。

(4)油脂的风味和营养

各种油脂可以给食品带来特有的香味。油脂本身是很好的营养源。各类油脂都具有约39.71kJ/g的热量，是食品中能量最高的营养素，热量的主要来源。同时油脂内含有油溶性维生素，随油脂被食用而进入体内，使食品更富营养。

(5)乳化分散性

油脂在与含水的材料混合时的分散亲和性质。制作蛋糕时，油脂的乳化分散性越好，油脂小粒子分布会更均匀，制作的蛋糕也会越大、越软。乳化分散性好的油脂对改善面包、饼干面团的性质，提高产品质量都有一定作用。

(6)稳定性

稳定性是油脂抗酸败变质的性能。其评价指标常见的有过氧化值(POV 值)、TBA 值、碘值和酸价等。

(7)其他用途

油脂经硬化处理和其他处理后，可做成夹心饼干、蛋糕、面包等的夹心馅、表面装饰等。

3. 各种不同焙烤食品对油脂的选择

(1)主食面包、餐包

除一些品种外，一般油脂的使用量为5%~6%。选择油脂时主要应考虑以下几点：

1)可塑性，使制品更柔软，更好吃。

2)融和性，增加面团的气体的保留性质。

3)润滑作用，润滑面筋，增加面包体积。

考虑以上要求，以猪油、起酥油最为适合制作面包。

(2)甜面包

这种面包使用油脂量为面粉量的10%左右。为增加面包风味及柔软性，以含有乳化剂的油脂为最好，如氢化油脂、奶油等。

(3)饼干类

饼干类油脂的一般使用量为面粉的7%~10%。要求油脂可塑性好、起酥性好、稳定性好、不易酸败，同时各类饼干用没还要考虑风味影响。因此以氢化油较好，也可部分使用猪油。

(4)蛋糕

蛋糕用油脂主要考虑因素如下：

1)融和性，尤其是糖油拌和法及面粉油脂拌和法制作油脂蛋糕时最为关键。

2)乳化法，尤其是高成分蛋糕含有多量的糖、油、蛋等，由于糖多，必须有多量水才能溶解，若面糊没有乳化作用，则面团中的水与油脂易分离得不到理想的品质。

由以上可知，蛋糕用油脂以含有乳化剂的氢化油最为理想，配上奶油作为调味。奶油只可使用一部分作为调整风味用，不能全部使用。因为奶油融和力差，做出的蛋糕体积小。

(5) 千层酥皮

千层酥皮要求使用起酥性好、可塑性范围大的油。其他特性如融和性、乳化及稳定性并不重要。以脱臭精制的氢化猪油最为理想，其他氢化油也可使用。

(6) 丹麦式甜面包、松饼类

松饼采用裹入用油脂，使用量为面粉的60%~80%。要求：塑性范围大，便于裹入面团后延展层叠；熔点高如高熔点的起酥油、人造奶油。

(7) 油炸面包圈

油炸面包圈要求使用发烟点高的油。一般以氢化棉籽油和氢化精制花生油最好。

(8) 装饰用奶油

装饰用奶油为糖浆、糖粉、油脂、空气的混合物，因而要有好的融和性、可塑性和乳化性。以含有乳化剂的氢化油最佳，另外配上奶油作为调味用。

4. 油脂在焙烤食品中的工艺性能

1) 增强制品的风味和营养。

2) 调节面团的胀润度(反水化作用) – 存在疏水基，形成的油膜限制了小麦粉的吸水，限制了面筋的吸水。

3) 起酥作用。油脂以球状或条状存在于面团中，在这些球状或条状的油内，结合着大量空气。

4) 影响面团的发酵速度 – 注意添加顺序，否则在酵母细胞周围形成一层不透性油膜，妨碍酵母摄取营养物质，影响酵母的正常生长、繁殖，从而影响面团的发酵速度。

5) 润滑作用 – 面筋和淀粉之间的润滑剂

6) 制品中的不稳定性

改善方法：①油脂本身的稳定性 – 选料；②加抗氧化剂和增效剂。

(二) 蔗糖

蔗糖一般称为砂糖，是从甘蔗茎体或甜菜块根中制取的，是制造各种食品最常用的甜味料。市售的食糖一般为蔗糖，有绵白糖和白砂糖。蔗糖的熔点为185~186℃，每千克发热量为16.57kJ。当把糖加热到200℃时，生成一种棕黑色物质的混合物。这种混合物称为焦糖，没有甜味，也不能发酵。

蔗糖是白色的单斜晶系结晶体，晶体有大有小。市售蔗糖有呈粉末状者称为绵白糖，经过脱色和精制的蔗糖称为精制糖，是制造糖果和各种食品的理想甜味料。未经脱色和精制的蔗糖是黄的和褐红的结晶体，这是制糖厂未将蔗糖液汁中的糖蜜、色素及其他杂质去除所致，这类蔗糖称为原糖。原糖在熬制过程中常产生泡沫，容易焦化，以致造成加工困难，并使产品质量低劣。

饱和的蔗糖溶液当其被冷却或其中水分被蒸发时，便成为过饱和的不稳定溶液。在各种条件转变时，如出现机械振荡、温度骤降、晶种存在等因素，则蔗糖从溶液中析出，重变为结晶，这种现象一般称为返砂。

1. 精制和优质绵白糖的感官指标

精制和优质绵白糖的感官指标如下：
(1) 糖的晶粒细小，颜色洁白，质地绵软。
(2) 溶解于清洁的水中，成清晰透明的水溶液。
(3) 糖的晶体和水溶液味甜，不带杂臭味。
(4) 绵白糖中含黑点数量每平方米表面不得多于 10 个。

2. 理化指标

精制和优质蛋白糖的理化指标见表 1-1。

表 1-1　精制和优质白糖的理化指标

项　目	优级	一级	二级
蔗糖含量/不少于	99.75%	96.65%	99.45%
原糖含量/不少于	0.08%	0.15%	0.17%
灰分/不多于	0.05%	0.10%	0.15%
水分/不多于	0.06%	0.07%	0.12%
色值/°St	1.00%	2.00%	3.50%
其他水溶物含量/(mg/kg)/不超过	40%	60%	90%

注：°St 吸光值，纯净的糖应无色；吸光值越大，说明糖的颜色深。

蔗糖易溶于水和稀酒精溶液，不溶于或难溶于纯酒精、甘油等有机溶剂。蔗糖完全不溶于汽油、石油、三氯甲烷等有机溶剂。蔗糖在水中的溶解度随着温度的增高而增大，如表 1-2 所示。

表 1-2　蔗糖在不同温度水中的溶解度

温度(℃)	每百克水中的蔗糖含量(g)	每百克饱和溶液中的蔗糖含量(g)
0	179.2	64.8
10	190.5	65.58
20	203.9	67.09
30	219.5	68.70
40	238.1	70.42
50	260.4	72.25
60	287.3	74.18
70	320.5	76.22
80	362.2	78.36
90	415.7	80.61
100	487.2	82.97

在生产前应对原料食糖的品质加以检验,原料应无结块现象,甜味纯正,不应带有苦焦味、酒酸味和其他杂臭味。不允许含有夹杂物,特别是不允许含有金属夹杂物。食糖如带有酒味、酸味,是严重的变质现象,不宜食用和供食品加工用。

食糖在保管时应加强入库验收,如发现潮包、油包、破包,则应排出另行存放。及时处理。对糖包外面的糖屑要清扫干净,入库堆放前还要做好下垫防潮工作,一般要求在垫木和垫板上铺苇席,中间隔一层油毡。仓库要保持干燥,温度不应超过30℃,相对湿度不超过75%,梅雨季节要做密封和隔离工作。

(三) 饴糖

饴糖是利用发芽的大麦粒内的麦芽酶作用于淀粉,使淀粉糖化后产生的一种中间产物,它是浅黄、黏稠、透明的液体,具有麦芽糖的特殊风味。

饴糖的主要成分为麦芽糖与糊精,饴糖如含糊精量高,则性黏而甜味淡,反之如含麦芽糖量高,则流动性大,黏度低,味更甜,不耐高温,易呈色,产生焦糖。

饴糖如含过多的麦芽糖,显得不稳定,吸水性就相应的增加,致使在保存中容易发烊。

(四) 蜂蜜

植物花蕊中的蔗糖,经蜜蜂唾液的蚁酸水解以后形成蜂蜜,它的种类很多,一般按植物类别和花源的不同分为荔枝蜜、槐花蜜、枣花蜜、荆花蜜和龙眼蜜等。

蜂蜜的主要成分是葡萄糖和果糖,约占80%,所以蜂蜜味感极甜。蜂蜜还含有益于人体健康的各种酶、维生素、蛋白质、蜡质、天然香料、有机酸及泛酸钾等,并含有抗生素,能在10小时内杀死痢疾杆菌。每千克蜂蜜的发热量是13659kJ,比牛奶发热量约高5倍,蜂蜜营养全面,具有滋养心肌、保护肝脏、防止血管硬化的作用。加入蜂蜜的食品具有柔软清香,色、香、味兼优的特点。

(五) 蛋品

蛋品在生产中用量很高,最常用的蛋品是鸡蛋。鸡蛋有鲜蛋、冰冻蛋、全蛋粉、蛋黄粉等,一般以鲜蛋为最佳。

每个鸡蛋质量40~60g,其中蛋黄占30%,蛋白占57%。蛋黄中含有卵磷脂,这是一种能够促进脑功能的物质,整个蛋黄的颜色受季节的影响而不同,一般夏季色深,冬季色浅,这主要是饲料中的黄体素与胡萝卜素的缘故。蛋白由浓厚蛋白和稀薄蛋白组成。

表1-3 鲜鸡蛋的化学成分(以可食部分100g计算)

成分名称	水分(g)	蛋白质含量(g)	脂肪含量(g)	碳水化合物(g)	灰分(g)	钙含量(g)
全蛋液	72	14.8	11.6	0.5	1.1	55
蛋白液	88	10.0	0.1	1.0	0.6	19
蛋黄液	54	13.6	30.0	1.0	1.6	134

续表

成分名称	磷含量（mg）	碘含量（mg）	维生素A含量（IU）	维生素B_1含量（mg）	维生素B_2含量（mg）	烟酸含量（mg）
全蛋液	210	2.71	1440	0.16	0.31	0.1
蛋白液	16	0.3	0	0	0.26	0.1
蛋黄液	532	7.0	3500	0.27	0.35	微量

鸡蛋是一种营养极为丰富的物质，其蛋白营养价值高，在人体内的消化率高达98%。每百克的新鲜鸡蛋在人体内的发热量为813kJ。人们需要的各种氨基酸在鸡蛋中都存在，蛋内还含有人体所必需的钙、铁等矿物质，灰分主要集中在蛋黄内，蛋内含有的脂肪成分，更易被吸收利用，吸收率为100%。蛋的维生素也绝大部分分布在蛋黄内，例如：核黄素、维生素B_1、维生素A，所以蛋黄及蛋黄粉是对儿童生长发育很有益处的物质，是儿童食品最常用的原料。

蛋品在生产工艺中还有使制品疏松，易于上色乳化的特性，乳化的作用是促进油和水的融合，使产品结构更为均匀。

表1-4　饴糖的理化指标

干固物	不低于75%
重金属	不超过100mg/kg
酸度	不超过50或50mL0.1mol/L NaOH/100g
熬制温度	至130℃色稍深，不发焦
色泽	淡黄透明，无混浊的棕色
气味	无焦味及酸味
杂质	无肉眼可见杂质

（六）乳品

奶粉是以新鲜的牛奶或羊奶为原料，经过杀菌以后在常压或减压下喷雾干燥，将其水分蒸发，干燥成含水分约3%的粉粒。由于在干燥条件下微生物失去水分，无法繁殖。因此，奶粉便于储存、运输和携带，食用也很方便。

奶粉按其含脂率的不同可分为以下几种：

（1）全脂奶粉。全脂奶粉是用新鲜牛奶喷雾干燥而成的，含有牛奶的主要成分。

（2）脱脂奶粉。将新鲜牛奶分离去掉乳脂，然后喷雾干燥而成。

（3）乳脂粉。用分离的乳脂干燥制成，含脂率极高。奶粉应是白色或略带淡黄色，具有清淡的乳香气。如因保管不善，有霉味、酸味、腥味或苦味，则说明已经变质，不宜食用。正常的奶粉还应松散、柔软、油腻，溶解性良好，溶液中没有沉淀。如果受潮奶粉结块坚硬，或因储存时间太长，溶解后产生水和奶粉分离的现象，则说明奶粉已经变质，不宜食用。

奶粉应储存在干燥、低温、通风良好的仓库中，防止潮气侵袭及阳光照射。

（七）琼脂

琼脂又称洋菜，属海藻类。海藻中含琼脂量在25%～35%。石花菜内含琼脂很多。制造条状琼脂时，用水浸泡石花菜，除去砂粒等杂质，用硫酸或醋酸，在温度120℃，压力98.1kPa，pH为3.5～4.5的条件下加热水解，将水解液过滤净化，在15～20℃下冷却凝固，凝胶切条后在0～10℃下晾干即成。

市售的琼脂呈细长条状，长26～35cm，宽约3mm，末端皱缩成十字形，呈白色或淡黄色，半透明，表面皱缩，微有光泽，质轻柔软而韧，不易折；完全干燥后性脆而易碎，无臭，味淡。含水约20%，粗蛋白质2.5%，粗脂肪0.5%，可溶性无氮物73.5%，粗纤维0.5%，灰分3.5%。

琼脂在沸水中极易分解成溶胶，在冷水中不溶，但能吸水膨胀成胶块状。溶胶液呈中性反应。

琼脂是以半乳糖为主要成分的一种高分子多糖类，这一点类似淀粉，但淀粉又被酶分解成单糖，可作为机体的能源，而琼脂食用时不被酶分解，所以几乎没有营养价值。

琼脂易分解于热水，即使0.5%的低浓度也能形成坚实的凝胶。0.1%以下的浓度不凝胶化而成黏稠状溶液。1%的琼脂溶胶液在42℃固化，其凝胶即使在94℃也不熔化，有很强的弹性。

琼脂凝胶的凝固温度较高，一般在35℃即可变成凝胶，所以在夏季室温下也可凝固，不必特别进行冷却，很方便。

琼脂的吸水性和持水性高，干燥琼脂在冷水浸泡时，慢慢吸水膨润软化，可以吸收20多倍的水，琼脂凝胶的含水量可高于99%，有较强的持水性，琼脂凝胶的耐热性较强，因此加工很方便。琼脂的耐酸性比明胶与淀粉强，但不如果胶。

琼脂在我国食用的历史较久。在食品工业上用于冷饮食品，能改善冰激凌的组织状态，并能提高凝结能力，能提高冰激凌的黏度和膨胀率，防止形成粗糙的冰结晶，使产品组织轻滑。因为吸水力强，对产品融化的抵抗力也强。在冰激凌的混合原料中，一般使用量在0.35%左右。在使用时先用冷水冲洗干净，调制成10%的溶液后加入混合原料中。

食品工业中广泛地应用琼脂，主要用来制造琼脂软糖、羊羹，其用量一般占配方总固形物的1%～1.5%。在使用时先将琼脂切成小块，在接近沸点的热水中浸泡，以加速溶化。然后加入已溶化的糖浆中，搅拌均匀后即可进行成型操作。

在果酱加工中，可用琼脂作为增稠剂，以增加成品的黏度。如制造柑橘酱时每500kg橘肉加琼脂3kg，制造菠萝酱时，低糖度菠萝酱每125kg碎肉加琼脂1kg，高糖度菠萝酱每125kg碎果肉加375g琼脂。琼脂在使用前应浸洗干净。

以小豆馅为主的甜食品，如制造羊羹和栗子羹时，琼脂是一种主要的添加剂。琼脂凝胶的粘着性、弹性、持水性和保型性等特性，对形成制品的感官性状有着重要的作用。其用量随制品的品种而异，一般为小豆馅的1%左右。

三、常用调味料

中华饮食历史悠久，向以营养丰富、制作精巧、色香味俱全而驰名于世界。休闲食品的营养源于原料本质，制作精巧源于工艺，至于色香味则有赖于香辛料和调味品的适当运用，然后才能制出精美可口的休闲食品。香辛料和调味品为制作过程中主要用于调配食物口味的原料，故深入研究香辛料和调味品的来源、性质、特点、作用和应用等方面的资料，对提高休闲食品的加工技术、制作口味完美的食物具有重要意义。

欧美国家在运用香料的历史上，早在古罗马希腊时代就有史迹古籍可考。《圣经》中多处记载肉桂、大蒜、洋葱、丁香等香料。中国早在《周礼》，离骚中就已有用香料烹饪的记载，秦汉以后，香料的运用更为广泛，品种由于海外的引进也变得更为丰富，如胡荽、迷迭香、月桂叶等。直至目前中国各地常用的香料已多达百余种。

香料从字义拆解上来说，可理解为"香气调味料"。但它实际上被运用得非常广泛，自木乃伊制作时的用料到医药疗疾的药材，到祭天贡品驱蛊的物品，均能证明人们对香料的喜爱和重视。

各种香料虽特质各异，但皆含有醇、酚、酮等挥发性化合物，将这些物质混合酒发展出多味香料配方，即在多样有机排列组合下，每一种香料在不同分量比重的混合中，亦产生了风味迥异的变化，而如何达到和谐提味，就成为休闲食品加工中的非常重要的步骤。

香料是由不同部分组成的，如花(丁香、番红花)或者果实(小豆蔻、辣椒)或浆果(黑胡椒、杜松)或籽类(大茴香、香菜、芹菜)，胡荽茎类(姜、黄姜)或根类(当归、山葵、独活草)或叶子(月桂叶、薄荷叶、墨角兰)或核(肉豆蔻)或假种皮(权杖)或皮(肉桂)或球茎类(大蒜、洋葱)或任何香料植物的其他部分。

(一) 辛香料

气味浓烈辛辣的辛香料，取自植物的果实、花、花苞、根茎、树皮。在中国古代，辛辣的调料十分多，重要的有花椒、姜、荥药、桂皮、胡椒、辣椒等。这些辛香调料不仅能为食品加香增味，更有不可替代的食疗作用，尤其对许多疾病都有意想不到的良好防治效果。选购与保存辛香料一般都是干燥品，因为它的芳香和刺激感都比新鲜品更好更强烈。选购时，要选充分干爆且香味浓烈者为佳。

使用富刺激性的辛香料时要注意，每种辛香料的辛辣成分并不相同，用法上自然就有所差异。其中以辣椒的辣味最重，它的特色就是吃在口中火辣辣的，有如烧灼般酷热的辛辣感，但几乎完全没有香味。辣椒的辛辣成分并不会受高温的影响而减弱，因此可以和各式食品相配。其他如胡椒、生姜的辛辣万分受热也能保持稳定，但像辣根(洋山葵)的辛辣成分是由于酵素作用而产生的，就不能和加热食品共用了。

1. 胡椒

胡椒又名黑川、白川，多年生藤本植物，原产热带亚洲，浆果球形，黄红色，依成熟及烘焙度的不同而有绿色、黑色、红色及白色四种，有粉状、碎粒状和整粒三种使用形式，在烹调中有去腥压臊、增味提香的作用。一般将整粒胡椒用在肉类、汤类、鱼类及腌渍类等食品的调味和防腐中，在加入香料和卤汁时用粉状较多。

胡椒味辛温而芳香，可温中散寒、理气止痛、止泻、开胃、解毒，可治胃寒之痛、受寒泄泻，食欲不振。选购时注意以颗粒均匀、饱满、洁净、干燥者为佳，胡椒及其制品胡椒粉，均宜放在干燥及空气流通处，切忌受潮。粉状胡椒的辛香气味易挥发掉，因此保存时间不宜太长。

2. 花椒

花椒属芸香料灌木或小乔木植物，果实呈红色，种子黑色，果实为花椒，含挥发油，性热，味辛香，作为中国特有的香料，在明末辣椒传入中国以前，花椒就已与姜、茱萸并称为中国民间三大辛辣调料。

花椒味辛性温、能温中散寒，在烹调中具有异味增香味的效用，还能与辣椒、盐等调料综合形成一种麻辣醇厚的复合味。花椒除了味道好可作为调味料之外，其药用功效也很重要，如开胃、健脾、理气、止泻、驱除蛔虫、治风湿、关节炎、呕吐、感冒、牙痛，对多种细菌有明显抑制作用，能局部麻醉止痛，可促进性机能作用、抗衰老、增强内分泌腺机能等。

选用花椒时注意以粒大均匀、气味麻香浓郁，籽少或无籽全干品为佳。购买花椒时，买整粒的比买粉末要好，因为磨成粉末的花椒香味容易散失。整粒的在使用前，先放在干燥的锅里用最小火加温烘炒，花椒里的油质因遇热挥发出来，再碾碎或磨粉以烹调菜肴。

花椒最忌潮湿，宜用透气性能好的麻布袋存在干燥通风处，颗粒在密封状态下可储放两年之久。

3. 姜

姜又称生姜，原多年生草本植物，一年生栽培，块茎肥大，呈不规则掌状，灰白或黄色，可做蔬菜、调料，亦可用药，姜一切开就有香气，来源在于成分中的挥发油类，辣味成分则为姜辣素，姜在不同生长期，其姜辣素所含比例也不同，导致生姜和干姜吃起来味道有异。生姜偏重发汗、止呕和解毒，烘干或晒干的干姜则能温中散寒，夏季产的子姜是姜的嫩芽，适合切丝生食。

姜含有挥发性姜油酮和姜油酚，能驱毒祛邪，温热中肠，具有适血、祛寒、除湿、发汗等功能，此外还有健胃止呕、辟腥臭、消水肿之功效，故医家和民谚称"家备小姜，小病不慌"，最佳的储存方式是将买回的鲜姜洗净后，埋入盐罐里，可保持较长的时期不干，但要注意，腐烂的生姜中含有毒物质黄樟素，其对肝脏有害，所以一旦发现生姜腐烂就一定不能食用。

4. 辣椒

辣椒是分布最广的香料植物，目前已超过200种。辣椒是辣味调料的代表，除了辣味外，几乎没有其他味道，最辣的部分是籽粒及其旁边的白色脉络，至于辣的程度，则因品种而异。辣椒未成熟时外表为绿色，成熟后转红、杏、黄、紫等不同颜色，外形有长有圆，大小亦不一，其中以手指大小的鲜红色为最普遍食用。辣椒干制后可压成粗碎、片状、粉末状，制成烹调香料，如辣椒粉、辣椒油、辣椒酱等加工品，具有杀菌去腥的效果。

辣椒味辛，能温中下气、开胃祛寒、散风活血，对于抵御潮湿、受凉等气候引起的疾病，有独特功效。

选购辣椒时，以成熟、干爽、坚硬、重身、表面光滑无瑕的为优质，保存时可把辣椒洗净吹干后用纸巾包裹，放进冰箱，可储存2~3个星期。

5. 丁香

丁香又叫鸡舌、丁子香，是丁香树结的花苞在未开花之前采摘下来，经干燥后做成的香料。丁香很适合于甜或浓味的食物，美国人常用来撒在烧烤类食物上；而欧洲人喜欢把丁香插在柑橘上，用丝带绑起吊挂在衣橱内以熏香衣物；非洲人喝咖啡时，喜欢加入丁香同煮。丁香还不止这些用途，举凡烹调肉类、腌泡菜、烘焙糕点、调制甜酒，全都可以加入丁香香料，但一定注意用量，一般应控制在1~2g以内，千万不可多用。

丁香油可作为消毒剂和止痛剂，调稀的丁香油可做漱口剂，将精油擦在齿龈上可解除牙痛。购买丁香时，最好是买整粒的，因粉状丁香的香味极易氧化散失，不易保存，买整粒的就可除去这些缺点，丁香最好的品质外观通常是大粒、圆胖、深咖啡色微带红黄，富含油质，茎梗不超过0.5寸为佳。

6. 肉豆蔻

公元16世纪时，肉豆蔻不仅是欧亚间主要商品之一，在中国和阿拉伯地区更是治疗消化病症的药材。整颗肉豆蔻用擦菜板擦碎后，是汉堡等绞肉食品常用的调味料。肉豆蔻有着坚硬的核仁，可保存较长时间，而其浓烈的香气，在食品中只要放一点就味道十足。一般来说肉豆蔻粉可保存8个月之久，而原颗粒则可储放2年以上。被覆在肉豆蔻黑色外壳上的深红色网状假种皮，就是豆蔻皮，经日晒后，和肉豆蔻一样当作香料使用，两者的香味十分相似，但豆蔻皮的香味要清淡许多，常用于绞肉食品、香肠、甜甜圈等食物当中。

7. 肉桂

肉桂又称为丹桂或桂皮，是最早被人类使用的香料之一。全世界的肉桂树大约有上百种，其中两种居领导地位且甚具商业价值的是锡兰肉桂和中国肉桂。锡兰肉桂比较软甜、风味绝佳，桂皮呈浅棕色而且比较薄。中国肉桂香味比较刺激，树皮较肥厚，颜色较深，芳香也较前者略逊一筹。肉桂的味道芳香而温和，适用于甜和浓味菜肴，特别适合用来煮羊肉，也可以用来做蜜饯水果（特别是梨）、巧克力甜点、糕饼和饮料。肉桂除了有树皮卷成的所谓肉桂棒、肉桂粉外，还有肉桂油出售。新鲜肉桂粉香气比肉桂棒浓重许多，在加工时，如果不想味道太重，或是不想使食物中有肉桂粉末颗粒，则可使用肉桂棒烹煮后丢弃。深爱肉桂香的人，可以自制肉桂茶，只要用250mL的开水浸泡约1g重的肉桂树皮丝10分钟，即可饮用。

买回的肉桂无论皮或粉，只要密封放在干燥，阴凉，黑暗且通风的地方，就可保持1~2年，品质、香气不会逸散变质。

8. 大蒜

大蒜属百合科植物，味辛性温，有强烈的气味及味道，可用作蔬菜、调味菜或香料，有促进食欲的作用，其所含的蒜辣素有杀菌去腥的作用。大蒜的鳞茎干燥后，气味和刺激性不像新鲜的蒜头那样浓烈，香味又能长期保存，使用时很方便。可加工成蒜片、粗蒜粒、蒜粉、蒜泥等制品，可依据需要分别使用。

（二）种子粉

这一类的香料都取自植物的种子或果实，由于气味芳香，可当作香料使用，归在种子粉中。有的香料叶子和种子都可以使用，但这里主要描述的是其种子部分。

种子粉香料要等种子成熟才能采收，而且要尽量在种子飞散前采收，拣去杂质，晒干后保存在阴凉干燥处，最好是密闭容器内。

购买时要注意香料的包装材料，通常以褐色玻璃瓶最优，纸盒装次之，铁盒装又次之，香料以颗粒状最能保持其原有植株之风味；粉末状越细者，容易潮湿、发霉、结块，故保存不易，香气成分容易散失。购买后，储存时应远离光线、湿气、热气等恶劣环境，以确保最佳质量。

多数种子香料天生就芳香扑鼻，是因为含有挥发性强的精油成分，比如茴香、葛缕子、小豆蔻、莳萝等。但有的种子却不然，像芝麻、葵花子等，含有大量不挥发性的植物性油脂，一定要等到加热处理后，才能达到香气四溢的效果。而且，很多种子香料除了可以直接在烹调中使用外，还可以榨油利用，如芝麻、葵花子。有的可以萃取出精油来，用以调制各种香料，甚至成为女孩子喜爱的香水味道中的一部分，芹菜籽就是一例。

1. 八角

八角茴香的种子蕴藏在豆荚里，由8个果荚组成，呈星形地排列于中轴上，故名"八角"。其色泽以棕红、鲜艳有光泽为好，粒大饱满、荚边裂缝较大，能看到荚内籽粒、八角完整不碎者为上品。其香味接近大茴香，但与大茴香并不属于同科植物，其气味稍含丁香和甘草的芳香，味微苦、甜。八角在中餐中扮演相当重要的角色，多用来去腥增香，通常用于炖菜或焖菜中的提味，亦是中国五香粉的主要成分。在南欧地区，除了各式汤类蔬肉的烹调外，八角亦被大量用作甜点酒饮的添香物。

八角性辛，温。具有开胃、下气、散寒、驱虫、兴奋神经的功效。

完整原形的八角大约可密封储藏2年，若是八角粉则约可储放8个月到1年，由于八角的香味很浓，所以使用整个八角是很少见的，一般只放1~2片即可。

2. 小豆蔻

小豆蔻别名白豆蔻、圆豆蔻，生姜科多年生草本植物。原产于印度南部以及斯里兰卡地区的热带雨林。北欧诸国、中东、印度料理经常使用小豆蔻，由于栽培小豆蔻只能在排水良好、适当的阴凉处，而不能在贫瘠的土地上或有强风的土地上，受诸多条件的限制，使得小豆蔻产量不高，加上其干燥的工序也很复杂，因此它是属于比较昂贵的香料之一，在我国较少用到。

小豆蔻的芳香甜美又带刺激性，味道辛辣微苦，有治晕车、失眠、口臭、减肥和增强性功能的功效。在烘制过程中因为色泽的处理而有不同颜色。绿豆蔻为自然风干，白豆蔻以二氧化硫漂白，而印度南部及斯里兰卡等原产地以自然光晒豆蔻，所以色泽为淡黄色。在香气品质上以绿色小豆蔻最能保持此原料的风味，原香中带有柠檬香气的秀雅，而黄白二色小豆蔻气味相近。

三色小豆蔻在不剥开壳并存在密闭容器内时，8~12个月内可保有最佳香气。

3. 大茴香

大茴香属香菜科，一年生草本植物，原产于埃及和中东及印度一带，曾是埃及人制作木乃伊的防腐香料之一，也是印度人用来咀嚼的口腔芳香剂。大茴香有一种类似甘草的特殊香味，有祛痰、镇咳、促食欲、助消化的功效。亚洲人喜欢把大茴香加在汤或炖菜中，欧洲人则常在蛋糕、饼干和甜面包中用它来增添香甜味，如果将大茴香制成酒或加在咖啡里，气味非凡。

大茴香存放时间久了容易变味，使用时要捣碎磨细。储存时应把它放置在阴凉干爽的地方。

4. 小茴香

小茴香别名土茴香，属水芹科，一年生草本植物，原产于地中海沿岸、印度，现在世界各地都有栽种。其叶片呈鲜绿色，呈羽毛状，种子呈细小圆扁平状，味道辛香甘甜，有水芹科特有的刺激香味，像烧焦般的辛辣味。多用作食用调味，有促进消化之功效，可直接或磨成粉末制成酱料，最常见的用法是撒在鱼类冷盘及烟熏鲑鱼上，以去腥添香，也可加入泡菜、汤品或调味酱。叶子与种子的辛香程度有点不同，种子的气味和味道较强烈，较适用于腌渍或为某些菜式引出额外的味道，如黄瓜泡菜、马铃薯、肉类、黑麦面包、咖喱、烤鱼等；叶子的气味及味道较温和，适宜鱼类、海鲜、蔬菜、调味酱。

储存时可将莳萝用塑胶袋包裹，然后放在冰箱，可储存数天。或把它切碎后混入少量水，储放于小容器里。

5. 葛缕子

葛缕子别名葛蒿、胡荽子，是两年生欧芹科草本植物的种子，原产于亚洲、北欧及中欧，现在世界各地广为栽种，但若以消耗量来说，荷兰与德国名列前茅。葛缕子外观很像莳萝（大茴香），尝起来的味道却道却像小茴香，是种很容易让人混淆的香料；尤其在亚洲，时常与小茴香交错使用。葛缕子带有水果般的清甜芳香，咬碎后却有柠檬皮般的辛辣苦涩，通常用作食用调味，是开胃除腻的佳品。其独特的清香很适合用来去除肉腥臭味，当与水果和蔬菜结合时，葛缕子即会产生少许的柠檬香味。葛缕子能助消化、抗微生物、防腐、增进食欲，还能收敛、祛风、利尿、催经、化痰、提神振奋、整肠健胃及滋补驱虫。一般来说无毒无过敏性，但过量使用可能引起皮肤不适。葛缕子原颗保存期约为18个月，细粉为6~8个月。

6. 芫荽子

芫荽别名胡荽、香菜，属水芹科一年或两年生草本植物，原产于东欧、中东，现在全球都有种植。芫荽的英文名Coriander源自希腊语，意指"臭虫"，原因是芫荽的种子未成熟前，茎叶的味道类似甲虫味般不太好闻，待果实成熟后则转变成类似茴香的辛香味。芫荽的气味一般人在第一次接触时较难忍受，尤其是较少使用芫荽的西方国家。但是在中国与东南亚却大受欢迎。不仅芫荽叶可生食，还经常放在食物或酱汁上做除腥提味的香料，芫荽子更是印度咖喱的原料之一，可以说是万能香料。墨西哥菜中也常用到它。

芫荽味道温和酸甜，微含辛辣，近似橙皮的味道，并略含未质清香，以及胡椒的风味。芫荽的茎、根、叶用炒等方法加热后，好像有柑橘的香味，但比之加热前，香味已严重流失。颗粒的芫荽子外壳很薄，所以应尽量以原颗粒保存，时间可长达1年之久。若研成细粉则只6个月的香气有效期。

7. 芹菜籽

芹菜别名荷兰鸭儿芹，伞形科两年生植物。古代的药草记录显示，人类种植芹菜至少有3000年历史，尤其是在古埃及，而公元前5世纪的中国早已懂得使用芹菜了。芹菜自古以来被当作一种蔬菜，一般被使用的部分为果实、根与叶子。

芹菜的花朵很小，芹菜籽就是取自芹菜小小的花朵中，因而种子的体形也非常之小，呈卵形，颜色多为棕褐色或深棕色，具有宜人的浓烈香气，味道微辛而苦。很适合用于制作蔬菜菜肴，尤其在番茄汁中加入少量芹菜籽，可以抵消彼此的生青味。在做汤、炖菜、调酱料、烘焙等料理中，芹菜籽都是不错的香料。

芹菜籽性温味甘、无毒。其所含的多种有效成分，对风温症、风湿关节炎、痛风、高尿酸症等都有舒解作用，也是极佳的利尿剂，对中枢神经系统有镇静安神作用，能舒解胀气及消化不良的毛病，还能起到降血压，降血糖作用。

8. 葫芦巴

葫芦巴别名苦豆、香草，一年生草本植物，为豆科植物葫芦巴的种子。我国的安徽、四川、河南等地多有栽培。葫芦巴可以用来制作咖喱粉。种子呈斜方形，表面黄棕色或红棕色，微有灰色短毛，两侧各有一深斜沟，两沟相接处为种脐。质坚硬、气香、味微苦。种子晒干后可直接生用，或微炒用。磨碎后的种子会产生类似焦糖般的苦味以及芹菜般的甘香。将种子稍微烘烤再磨碎，焦糖般的香味会更明显，但如果将种子放进煮沸的酒里再取出晾干，这种味道就会除净。葫芦巴性温，味苦。可温肾，祛寒，止痛。用于肾脏虚冷、小腹冷痛、小肠疝气、寒湿脚气。

9. 芝麻

芝麻为脂麻科一年生草本植物脂麻的成熟种子，芝麻依其种子外皮的颜色，可分为黑芝麻、白芝麻和黄芝麻，中国常见的是黑白两种，黄芝麻由于全世界的产量不多，因而非常昂贵。芝麻的营养非常丰富，含有脂肪油、蛋白质、蔗糖、卵磷脂等多种营养成分，生嚼、炒食、磨酱、榨油或做糕饼糖果配料皆可。香喷喷的芝麻或做点心吃，或榨油食用，都不失为佳品。通常食用以白芝麻为好，药用则以黑芝麻为佳。

黑芝麻的种子呈扁卵圆形，表面为黑色，味道甘甜，有油香气。黑芝麻比白芝麻香气更浓，但含油量比白芝麻低，主要用制作糕点、芝麻酱等。

白芝麻是种子呈白色的品种，其油脂含量是芝麻中最高的。除了烹调，主要供应榨油。

黄芝麻的种子是金黄色的，也称"黄金芝麻"，是芝麻中香气最强的品种。

10. 芥末

芥末别名芥子、芥菜籽、胡芥。属十字花科，一年生草本植物，原产亚洲。芥末有黑、白、褐三色，其中黑芥末味道较辛辣刺激，白芥末辛辣味相对温和芳香，通常说的芥末即是黑芥末；褐芥末则主要产于印度。

芥菜籽可直接使用或捣成粉末后使用，干芥菜籽并不辣，需加水才会产生辛辣物质，时间越长越辣，但放置太久，香与辣会散失。芥末可用于各种烹调料理中，白芥末尤其得到广泛适用。如牛肉、猪肉、羊肉、鱼肉、鸡肉、鸟肉、沙律、酱料、甜点等，用于去腥提味，还可用于调制香肠、火腿、沙拉酱、糕饼等。

要长久保存芥末酱，可用柠檬汁、酒或葡萄酒等来调制，使其具有酸性，效果很好。

（三）香草

香草一般指开花后干枯、无法成树的植物，有的虽具有药用或园艺的价值，但不一定可以食用，因为有些植物含有毒性，这里仅对可食用而且能当香辛料使用的香草加以说明。大多数的香草都具清爽的香气，闻起来清新畅快，而且带有几分甘甜的香味。可以去腥，增添菜肴香味。

香料如果没有香味就毫无价值可言，至于香味品质的优劣，与其中芳香成分的含量有着密切关系，随着采收期不同，品质也会跟着变化，所以要尽量避免在未成熟或过熟时采收。有时叶片生得太茂盛也会变得几乎没香味，选购时要注意，挑选香味浓郁者为佳。

香草种类繁多，特色和用途也不尽相同，使用上自然有所差异。例如月桂叶或百里香，必须长时间加热，香气和味道才会完全散发出来，但若是茴芹，长时间加热反而会使香味尽失。所以使用时一定要充分掌握每种草的性质，才能发挥最佳功效。

第二节　休闲食品常用的食品添加剂

一、着色剂

（一）胭脂红

胭脂红是一种常用的合成色素，为红色的均匀粉末，溶于水、甘油，微溶于乙醇，不溶于油脂。耐光性、耐酸性良好，耐碱性差，遇碱变成褐色，故不适合与发酵食品混合使用。胭脂红的毒性较低，一般最大使用量为 0.05g/kg。使用方法一般分为混合与涂刷两种：混合法即将要着色的食品与着色剂混合并搅拌均匀，涂刷法可将着色剂预先溶于一定量的溶剂中，而后再涂刷于要着色的食品表面。

（二）柠檬黄

柠檬黄为安全性较高的合成色素，为橙黄色的均匀粉末，无臭，0.1%水溶液呈黄色，溶于甘油、丙二醇，不溶于油脂。柠檬黄耐热、耐光、耐酸、耐盐性均好，耐氧化性较差，遇碱稍微变红，可单独或与其他色素混合使用，最大使用量为 0.3g/kg。

（三）红曲米和红曲色素

红曲米即红曲，具有一定的营养和药理作用，可健脾，有活血的功能。

红曲色素是将红曲用乙醇油提取的液体色素。红曲色素是一种天然色素，安全性很高。红曲色素对 pH 值稳定，耐热性强，加热到 100℃ 也不发生色调的变化，耐光性强，醇溶性的红曲色素对紫外线相当稳定，不受金属离子、氧化剂和还原剂的影响，特别对蛋白质的染着性很好，一旦染着后经水洗也不褪色。

自古以来，我国就将红曲米用于各种饮食物的着色，特别是肉类的着色，现在通常用于各种酱类、腐乳、糕点、香肠、火腿等食品的着色。

红曲米使用量：辣椒酱 0.6%~1%，甜酱 1.4%~3%，腐乳 2%，酱鸡、酱鸭 1%。

（四）日落黄

日落黄为橙红色粉末或颗粒，无臭，易溶于水、甘油、丙二醇，微溶于乙醇，不溶于油脂。本品吸湿性强，水溶液呈橙色，耐光、耐热性强，在柠檬酸、酒石酸中稳定，遇碱变带褐色的红色，还原时褪色。可单独或与其他色素混合使用，最大使用量为 0.3g/kg。

（五）辣椒红（椒红素，辣椒红素）

辣椒红为深红色黏性油状液，有特殊气味，味辣，溶于大多数挥发性油，部分溶于乙醇（油分离），几乎不溶于水，不溶于甘油，乳化分散性好、且耐热，油溶性制品 160℃ 以下不褪色；水分散性制品 100℃ 60 分钟仍残存 95%；耐酸性好，耐光性稍差，Fe^{3+}、Cu^{2+} 可促使褪色，遇铅可形成沉淀，本品熔点为 176℃。

辣椒红参考用量为 0.05%~0.2%，罐头生产中注意包装容器内壁保护性膜的完整，避免产品直接接触铝、铁，以免褪色或发生沉淀。本品多用于生产辣味鸡、椒酱肉罐头，不但色泽红润，且具增香作用。

二、香精香料

食品的香味是很重要的感官性质，香料是具有挥发性的有香物质，按来源不同，可分为天然香料和人造香料两大类。

通常用数种乃至数十种香料调和配制的香料称为香精，所以说香料也是香精的原料。

我国使用的食用香精主要是水溶性香精和油溶性香精两大类。

食用水溶性香精适用于冷饮品及配制酒等食品的赋香，其用量在汽水、冰棒中一般为0.02%~0.1%，在配制酒中一般为0.1%~0.2%，在果味露中一般为0.3%~0.6%。通常的橘子、柠檬香精中含有相当量的天然香料，香气比较清淡，故其使用量可略高一些。

食用水溶性香精一般应是透明的液体，其色泽、香气、香味与澄清度符合各该型号标样，不呈现液面分层或混浊现象。

食用水溶性香精在蒸馏水中的溶解度一般为0.1%~0.15%(15℃)，食用水溶性香精易挥发，不适合在高温操作下的食品赋香之用。

食用油溶性香精一般应为透明的油状液体，其色泽、香气、香味与澄清度符合各该型号的标样，不呈现液面分层或混浊现象，但以精炼植物油作稀释剂的食用油溶性香精在低温时会呈现冻凝现象，而其耐热性比食用水溶性香精高。

食用油溶性香精比较适用于饼干、糖果及其他焙烤食品的加香。其使用量在饼干、糕点中一般为0.05%~0.15%，在面包中为0.04%~0.1%，在糖果中为0.05%~0.1%。

焙烤食品要经高温，因此不宜使用耐热性差的水溶性香精，须使用耐热性比较高的油溶性香精，但是还是会有一定的挥发损失。烤制饼干时，由于饼坯薄，挥发快，故香精使用量应稍高一些。

焙烤食品使用的香精香料都在和面时加入，但使用化学膨松剂的焙烤食品，投料时要防止香精香料与化学膨松剂直接接触而受碱性影响。

生产蛋白糖时，香精香料一般在搅拌后的混合过程中加入。当糖坯搅拌适度时，可将融化的油脂、香精香料加入混合，此时搅拌应调节至最慢速度，待混合后应立即进行冷却。

食品中要获得良好的加香效果，除了选择好的食用香精外，还要注意以下一些问题。

(1)使用量。香精在食品中使用量对香味效果的好坏关系很大，用量过大或不足，都不能取得良好的效果。如何确定最合适的用量，只能通过反复的加香试验来调节，最后确定最合适于当地消费者口味的使用量。

(2)均匀性。香精在食品中必须分散均匀，才能使产品香味一致，如加香不够，必然造成产品部分香味过强或过弱的严重质量问题；

(3)其他原料质量。除香精外，其他原料质量差对香味效果亦有一定的影响，如饮料中水的处理不好，采用古巴砂糖等，由于它们本身具有较强的气味，将会使香精的香味受到干扰而降低质量。

(4)甜酸度配合恰当。对香味效果可以起到很大的帮助作用，甜酸度的配合以接近天然果品为好。

三、防腐剂

(一)苯甲酸钠

苯甲酸钠是一种常用的防腐剂，为白色的颗粒或结晶性粉末，无臭或微带安息香的气味，味微甜而有收敛性。一般使用方法是加适量的水将苯甲酸钠溶解后，再加入食品中搅拌均匀即可。

苯甲酸钠易溶于水。但使用时不能与酸接触，苯甲酸钠遇酸易转化成苯甲酸，若不采取相应措施，可沉淀于容器的底部。因此，在饮料生产中，苯甲酸钠和柠檬酸不能同时加入。在酱油、醋、果汁类、果酱类、果子露、葡萄酒、罐头生产中，最大使用量为1g/kg。汽酒、汽水中的最大使用量为0.2g/kg，低盐酱菜、面酱类、蜜饯类、山楂糕、果味露中的最大使用量为0.5g/kg，浓缩果汁中的最大使用量为2g/kg。

（二）山梨酸

山梨酸为无色针状结晶或白色结晶性粉末；无味，略带刺激性臭味，耐光；耐热；长期置空气中则氧化变色，水溶液加热可随水蒸气挥发。难溶于水，溶于乙醇、丙二醇、花生油、甘油和冰醋酸。山梨酸属酸性防腐剂，在pH值为8以下防腐作用稳定。其抑菌作用比杀菌作用强，对霉菌、酵母、嗜气菌有效，对厌氧菌无效。pH值越低，抗菌作用越强。

山梨酸在使用中应注意：

(1) 适用酸性食品，应于加热结束后添加以免随蒸气挥发。

(2) 扩大使用范围后用于鱼干制品，可掺在调味料内使用或用乙醇、丙二醇溶液直接喷洒使用。溶解时忌用铜、铁容器。

（三）山梨酸钾

山梨酸钾为白色—浅黄色鳞片状结晶、结晶性粉末或粒状；有吸湿性；空气中可被氧化着色。本品易溶于水、5%盐水、25%砂糖水，溶于丙二醇、乙醇；1%水溶液pH为7～8，比重1.363；熔点270℃（分解）。

对腐败菌和霉菌的抑制作用强，且毒性远比其他防腐剂低。酸性条件下防腐作用充分。

山梨酸钾因其低毒、易溶于水而被广泛使用。

（四）丙酸钙

丙酸钙为白色结晶颗粒或结晶性粉末；无臭或带轻微丙酸气味；有吸湿性、对热和光稳定。易溶于水，不溶于醇、醚类。10%水溶液pH为8～10。在酸性条件下产生游离丙酸，其抗菌作用较山梨酸弱。对酵母菌无效。多使用于面包生产，防霉效果好而对酵母无影响，且钙离子有营养强化作用。因钙与膨松剂中碳酸氢钠反应生成碳酸钙，降低CO_2产生，故多不用于西点生产。

（五）乳酸链球菌素

乳酸链球菌素为乳酸链球菌属微生物的代谢产物，系一种类似蛋白质的物质，由氨基酸组成。对酪酸杆菌有抑制作用，可防止干酪腐败；对肉毒梭状芽孢杆菌和其他厌氧芽孢菌作用很强，故在肉类罐头中不仅防腐作用明显，而且可降低灭菌温度和缩短灭菌时间。

GB2760—1996规定其使用范围和最大使用量分别为：

罐装食品、植物蛋白食品　　0.2g/kg；
乳制品、肉制品　　0.5g/kg；
实用中本品常与山梨酸并用，可发挥广谱抑制作用。

四、膨松剂

（一）碳酸氢钠

碳酸氢钠是一种膨松剂，俗称小苏打，为白色粉末状结晶。碳酸氢铵也为白色粉末状结晶，两者对热都不稳定，在空气中易风化，固体在58℃，水溶液在70℃分解出二氧化碳。

碳酸氢钠多与碳酸氢铵合并使用，广泛应用于饼子、糕点生产中，通常在和面过程中加入。当烘烤加工时碳酸氢钠和碳酸氢铵受热分解产生气体使面坯起发，在内部形成均匀的致密的多孔性组织，使产品具有酥脆或蓬松的特性。

碳酸氢钠使用量为0.3%~1%。

（二）钾明矾

化学名称硫酸铝钾，又叫明矾、烧明矾、钾矾、干燥明矾、钾铝矾。

本品为无色透明正八面体等轴晶系结晶，或白色结晶性粉末，无臭、略有甜味和收敛涩味；溶于水（12.2%，25℃；283%，100℃），几乎不溶于乙醇，在甘油中间缓慢溶解；本品1%水溶液pH值为4.2，18%水溶液pH值则为3.3；熔点92.5℃；比重1.757；本品加热至200℃以上可失去结晶水而成白色粉末状的烧明矾；其在大气中可风化而失去透明性。

本品遇水呈酸性，使碳酸盐分解产生二氧化碳，并降低其碱性，使产品酥而脆；本品具有收敛性，使蛋白质发生疏松性凝胶状凝固使组织致密，既防腐又使食品易于煮烂；亦具有表面吸附和抗氧化防褐变作用。使用中用于油炸食品，添加量因各地风味不同而异，一般油条使用量为10~30g/kg用于配制发酵粉该品为主料，约占50%，用于水产品可腌制海蜇、银鱼，起脱水剂作用，鱼类的保鲜助剂；虾片生产使用量为6g/kg。

（三）碳酸氢铵

碳酸氢铵别名酸式碳酸铵；食臭粉；臭碱；重碳酸铵。为无色透明结晶或白色结晶性粉末，稍有氨味；易溶于水（17.4g/100mL，20℃）、溶于甘油不溶于乙醇。0.08%水溶液pH为7.8；熔点36~60℃；比重1.586；空气中易风化，对热不稳定，60℃以上离解成氨、二氧化碳和水，室温下稳定，且具吸湿性。

由于其离解生成的氨、二氧化碳均易挥发，产气量大于碳酸氢钠，故产品内部及表面呈大空洞，挥发的氨气具刺激性，其残留影响产品风味，故多与碳酸氢钠合用，互补缺陷。

本品为主配以酸性物质即为发酵粉。

使用本品多与碳酸氢钠合用，其混合比例见表1-5。

表1-5 不同食品中碳酸氢铵与碳酸氢钠的混合比例

品种	碳酸氢铵(%)	碳酸氢钠(%)
酥性饼干	0.2~0.5	0.4~0.8
韧性饼干	0.3~0.6	0.5~1.0
甜酥饼干	0.15~0.2	0.3~0.4
酥性糕点	0.2~0.6	0.16~0.45

注：表中百分比的面粉量为基数。

五、酸味调节剂

(一) 柠檬酸

柠檬酸的酸味是所有有机酸中最缓和且可口的酸味，所以广泛地作为酸度调节剂使用。柠檬酸的分子式为 $C_6H_8O_7$，是一种三元酸。柠檬酸是含有一个分子水的斜方晶系三棱晶体，极易溶解于水或酒精中，很难溶于乙醚，加热至130℃时失去结晶水，至135℃时熔化，温度再高即分解。1.5~2份冷水或1份沸水即可溶2份柠檬酸，溶于90%酒精的比例为1:1。柠檬酸的相对密度为1.54~1.62。

在自然界的果实中柠檬酸分布最广，多数与苹果酸并存。柠檬酸除了直接从柠檬中提取外，也可用合成法制取，工业上通常用发酵法来提取。良好的柠檬酸应具有以下规格：

纯度：不低于99%；重金属：不超过50mg/kg；灰分：不超过0.1%；杂质：无悬浮物质；草酸、硫酸反应：无色泽。

柠檬酸广泛用于各种汽水和果汁中，其使用量可按原料含酸量、浓缩倍数、成品酸度指标等因素来掌握。一般为1.2~1.5g/kg，在可稀释3倍的浓缩果汁中使用量约为3g/kg。用于果酱和果冻中，柠檬酸的使用量约为2g/kg。柠檬酸应先用水溶解，在果酱浓缩接近终点时加入，搅匀后到达终点即可出料装罐。

(二) 醋酸

化学名称乙酸，本品浓度为98%，其纯品(99%以上)16℃以下呈冰样针状结晶，又称冰醋酸。在16℃以上呈无色透明液体，有强烈刺激臭、味极酸；可与水、乙醇、甘油任意混合；16%水溶液pH为2.4，0.6%pH为2.9，0.06%则为3.4，熔点16.635~16.75℃；沸点118℃；比重1.049。

与多数金属氧化物、有机碱反应生成乙酸盐；其溶解能力强，可溶解磷、硫、脂肪、色素、蛋白质、树脂等；对氧化剂、还原剂稳定，易着火。其蒸气能透过聚乙烯薄膜，有杀菌作用。

国内食醋多用发酵法制成，具有独特香味，本品稀释配制的食醋，只酸而无香气。但用于调味料生产酸泡菜等色泽清亮，使用量用1%；罐头用量多用0.2%~0.6%；酸黄瓜罐头用1%。酸度调节剂使用卫生标准见表1-6。

表1-6　GB2760—96酸度调节剂使用卫生标准

食品添加剂名称(代码)	适用范围	最大使用量 g/kg	备注
乙酸(醋酸)(01.107)	复合调味料、配制醋、罐头、干酪、果冻	按生产需要适量使用	复合调味料——用两种或两种以上的调味品复制而成的方便调味料
盐酸(01.108)	加工助剂	按生产需要适量使用	
己二酸(01.109)	固体饮料 果冻粉	0.01 0.15	
富马酸(01.110)	碳酸饮料 果汁饮料、生面湿制品	0.3 0.5	
氢氧化钠(01.201)	加工助剂	按生产需要适量使用	
碳酸钾(01.301)	面制食品	按生产需要适量使用	
碳酸钠(包括无水碳酸钠)(01.302)	面制食品、糕点	按生产需要适量使用	
柠檬酸钠(01.303)	各类食品	按生产需要适量使用	
柠檬酸钾(01.304)	各类食品	按生产需要适量使用	
碳酸氢三钠(倍半碳酸钠)(01.305)	饼干、糕点、羊奶、乳制品	按生产需要适量使用	
柠檬酸一钠(01.306)	各类食品	按生产需要适量使用	

(三) 乳酸

化学名称为2-羟基丙酸。本品为无色至浅黄色糖浆状液体，几乎无臭或略有脂肪酸臭，味酸，有吸湿性；可与水、丙二醇、甘油、丙酮、乙醚和乙醇任意混溶，但几乎不溶于氯仿、石油醚、二硫化碳；熔点18℃，沸点122℃；比重1.249；酸味柔和、味觉阈值为0.004%，100mL50%的乳酸相当于100g柠檬酸的酸味，本品有较强的杀菌作用，可防止杂菌生长，抑制异常发酵但本品有特异性收敛性酸味，故使用范围不如柠檬酸广。

使用中果酱类生产多使其pH保持在2.8~3.5；最高参考用量软饮料34mg/kg；冷饮66mg/kg；糖果130mg/kg。

（四）酒石酸

化学名称为2,3-二羟基丁二酸。有多种光学异构体，常用的有以下两种：d-酒石酸和d_l-酒石酸。d-酒石酸为无色透明棱柱状结晶或白色细至粗结晶粉末，无臭、味酸，易溶于水（139.44g/100mL，20℃）及乙醇（33g/100mL），不溶于氯仿；0.3%的水溶液pH为2.4；熔点169~170℃；比重1.7598；其酸味强度为柠檬酸的1.2~1.3倍，味觉阈值0.0025；具有吸湿性；灼烧时发出焙烧砂糖的臭气；具有金属离子螯合作用，但较柠檬酸差。d-酒石酸尚可做增香剂，速效膨松剂酸性物料；d_l-酒石酸尚可做乳化剂。

d_l-酒石酸为无色透明晶体或白色结晶性粉末，无臭、味酸；易溶于水（18.4g/100mL，20℃），微溶于乙醇，0.3%水溶液pH为2.4；熔点206℃；本品酸味和酸味强度及对金属离子整合力与d-酒石酸相同。使用中d-酒石酸用于饮料中多与柠檬酸、苹果酸等合用，用量0.1%~0.2%，最适合用于葡萄汁及其制品。其作为增香剂量高参考用量为：软饮料960mg/kg，冷饮570mg/kg，糖果5400mg/kg，胶姆糖3700mg/kg。

d_l-酒石酸使用中由于其低温时溶解度低且易生成不溶性钙盐，用时需加注意。但在发泡粉末果汁中使用10%~20%，比d-酒石酸稳定。

（五）苹果酸

苹果酸又名马来酸、羟基丁二酸、顺丁烯二酸。

本品为无色至白色结晶或结晶性粉末；无臭或稍有特异臭气，有特殊的刺激性酸味；易溶于水（55.5、20℃；72.8、60℃）和乙醇，微溶于乙醚；1%水溶液pH为2.40；熔点128℃，沸点150℃；180℃可分解，比重1.601；味觉阈0.003%。

本品酸味比柠檬酸强20%，其酸味刺激缓慢，虽不能达到柠檬酸的最高点，但其酸味刺激保留时间长，效果好，两者风味不同。

使用中特别适用于以水果为基料的食品。参考用量：果酱0.2%~0.3%，饮料0.25%~0.55%；糖果0.05%~0.1%，当苹果酸∶柠檬酸=1∶0.4时酸味接近天然苹果味。

本品尚有保持果汁天然色泽和对油包水乳化剂有稳定作用。

六、漂白剂

漂白剂亚硫酸盐为白色粉末或小结晶，易溶于水，微溶于乙醇，在空气中徐徐氧化成为硫酸盐，与酸反应产生二氧化硫，有强烈的还原性，水溶液呈碱性，1%溶液的pH为8.4~9.4。

亚硫酸盐对食糖、冰糖、糖果、蜜饯类、葡萄糖、饴糖、饼干、罐头的最大使用量为0.6g/kg。漂白后的产品二氧化硫残留量为：饼干、食糖、粉丝不超过0.05g/kg，罐头不超过0.02g/kg，其他品种二氧化硫残留不超过0.1g/kg。

在我国传统的特产食品果干、果脯的加工中,大多数采用熏硫法或应用亚硫酸盐溶液浸渍法进行漂白,以防褐变,果实经硫酸氢钠浸泡,可防止果实中单宁物质被氧化,以保持果晶淡黄或金黄的鲜艳色泽和保持维生素C的作用。此外,二氧化硫溶在水中,形成亚硫酸,可起防腐作用,同时,二氧化硫溶于糖液还可防止糖液发酵。

七、甜味剂

(一) 甜蜜素

甜蜜素在蜜饯、凉果中用量较大,取代部分蔗糖,与蔗糖混合使用效果最佳。甜蜜素是化学甜味剂,化学名称为环己基氨基磺酸钠,为白色粉状结晶体,性质稳定,易溶于水,具有甜度高、口感好、无异味等特点。它有蔗糖风味,又兼有蜜香,产品不吸潮,易储藏,成本低,耐酸、耐碱、耐盐、耐热,为蔗糖甜度的50倍,属低热值甜味剂。根据卫生部颁发的 GB 2760—1996 标准,最大使用量为 1.0g/kg。

(二) 甘草酸苷

甘草酸苷系由甘草的根茎制得,纯晶甜度为蔗糖的 200~250 倍,呈白色结晶状粉末,甜味在口中缓慢出现,回味时间较长。

甘草是豆科多年生植物,为我国最常用的中草药之一,有解毒保肝的功能,为食品的矫味剂,广泛用广蜜饯、凉果加工。含有甘草酸苷的产品,主要有甘草酸二钠和甘草酸三钠以及甘草末或甘草抽提物。甘草末系将甘草根茎干燥后粉碎制成的粉末,为淡黄色,有微弱的特异气味,具有甜味,并带有苦味。甘草抽提物是用水浸提甘草后,将淡黄色抽提液过滤、浓缩,制得黑褐色黏稠液体,有特别的甜味及微弱香气,并带有苦味。甘草浓缩液用稀乙醇精制即得甘草酸结晶,而后再将其精制成钠盐,性状为白至淡黄色粉末,味极甜,易溶于水。

(三) 甜叶菊苷

甜叶菊苷从甜叶菊干叶中提取制得,属植物型甜味剂,甜度为蔗糖的 300 倍。经加工提制的甜叶菊苷馄合物为白色粉末,性状稳定,不易分解,不易吸湿,遇热稳定,遇酸不变化,易溶于水,微带苦味。

甜菊苷安全性高,发热量极低,无发酵性,经热处理无褐变作用。但溶解速度慢,渗透性差,在口中残味时间较长,不被人体吸收。若和糖类甜味料并用能显示大的相乘效果,但代糖量达30%以上就有后苦味。用于某些特异口味的食品和饮料,反而可增加风味。

(四) 甜味素

甜味素也称阿斯巴甜,它是一种二肽衍生物类甜味剂,呈白色结晶状粉末,全名为天门冬酰苯丙氨酸甲酯,相对分子质量为294,为二肽酯。微溶于水,其溶解度随温度升高而升高。在常温下纯水可溶解1%,在 pH 为2以下可溶解15%,pH 为5.2时溶解度最低。甜度是蔗糖的 160~220 倍。甜味与蔗糖相似,无苦味或金属味的后味,甜味持续时间长。它能增强果汁饮料的风味,与蔗糖、果糖、葡萄糖、山梨醇等呈相加效应，与糖精呈相乘效应。食盐、有机酸、速溶咖啡、酱油等对其甜度也有增强效果。感官评定认为它对天然香料的增强作用要比人工香料来得好，使用甜味素的口香糖其甜香味的持续时间比使用蔗糖的还要长4倍。进食后的蛋白糖在人体内可以分解为相应的氨基酸，产热量为蔗糖的1/2000（16.76kJ/g）；在口腔内不产生乳酸，不会导致龋齿；其代谢无需胰岛参加，对糖尿病患者无害，但低苯丙酮症者不宜食用。

甜味素和食盐合用，食盐浓度升高，甜度增加，pH下降甜度增加，这和蔗糖相反。甜味素的稳定性受4个相互有关的因素影响：时间、温度、湿度以及制品的pH。温度一定，若时间延长，则残存量减少；时间一定，若温度上升，残存量也减少。最稳定的pH为3～5，最适宜的pH为4.3。温度越高，水解和成环速度越快。40℃以下最稳定，80℃下短时间和超高温瞬时加工后损失很少，强热能使其分解，失去甜味。因此，加热时应尽量使pH接近4.2，允许在pH为3～5波动。配料时应在加热过程的末尾加入，加热后应尽快冷却。

目前我国出售的甜味素均加入了填充料，甜度为蔗糖的50倍。有的厂家在其中还加入了甜蜜素。因此使用时要多加注意。

（五）安赛蜜

安赛蜜是最新合成的甜味剂，是一种氧硫杂环吖嗪酮类化合物，分子结构类似糖精。由于它性质稳定、甜味爽口、没有不良后味，同时价格便宜，所以备受人们的喜爱，是一个很有发展前途的新型甜味剂。

安赛蜜为白色结晶状粉末，易溶于水，20℃时的溶解度为270g/L；且随温度升高，溶解度增加很快。且对热对酸性质稳定，即使40℃、pH为3的酸性饮料中也未发现任何甜味损失现象，含安赛蜜的软饮料经低温长时间杀菌和高温短时杀菌后也没发现任何分解现象，在焙烤试验中也是如此。

安赛蜜的甜度大约是蔗糖的200倍，通常认为是糖精的一半，其甜味感觉快，没有不愉快的后味，味觉不延留、感觉时间不长于食物本身的感觉，其甜度不随温度升高而下降。与山梨糖醇混合后的甜味特性甚佳，特别适合于无能量糖果和要求有填充剂的食品上。它可用来制造糖果、果酱、果冻和焙烤食品等。与山梨糖醇合用于口香糖，此外，酸牛乳类乳制品及色拉调味品等也可用它来增甜。

（六）阿力甜

阿力甜是一种新一代低热量的二肽型强力甜味剂，是用DL-苯丙氨酸代替L-苯丙氨酸用于合成的二肽衍生物，它具有一种类似蔗糖的独特的清爽甜味，能够很好地应用于众多的食品与饮料中，甜度为蔗糖的2000倍，口味清爽，类似蔗糖，吸湿性低，热稳定性和水溶性都优于甜味素，正因为阿力甜具有极佳的口味和良好的稳定性，对拓宽产品使用范围极为有利。它极易溶于水，且水溶液很稳定，在pH2～8范围更稳定，具有耐热及耐储存的优点，能适应不同的加工工艺与储存条件。

表1-7　阿力甜与甜味素的比较

阿力甜	甜味素
甜度高：为蔗糖的2000倍	甜度低：为蔗糖的180倍
溶解性好：25℃时溶13%	溶解性差：25℃时溶1%
热稳定性好：热稳定性、pH稳定性、水解稳定性均好	稳定性差：不耐热、碱，水溶液易分解
仅能部分代谢	能够完全代谢
苯丙氨酸尿症患者可以食用	苯丙氨酸尿症者不可食用

阿力甜为白色无臭结晶性粉末，热量低，基本上不会给食品带来热量，能与其他甜味剂协同增效。用途极为广泛，可用于烘烤食品、冷饮、糖果、功能食品、调味剂等。阿力甜是很有发展前途的甜味剂，它与甜味素的比较如表1-7所示。

八、稳定和凝固剂

稳定和凝固剂能对果脯、蜜饯的加原料起硬化作用，不使原料在加热过程中被煮烂，以保持其脆度和硬度，常用的有石灰、氯化钙、亚硫酸氢钙、明矾等。氯化钙最易溶于水，明矾、石灰溶解性较差，明矾主要是它所含的镁盐、铝盐在起作用，一般氯化钙的配制浓度为0.1%~2%。经浸泡好的原料用刀切开后从剖面观察，表面形成一层薄薄的白壳，厚度约为1mm，即可捞出。糖煮前应用水充分漂洗，除去剩余的硬化剂，以免产品产生不良味道。

（一）硫酸钙

本品为白色结晶性粉末，无臭、具涩味；微溶于甘油，难溶于水（0.26g/100mL，18℃），不溶于乙醇；熔点1450℃；密度2.96g/cm³；加热至100℃失去部分结晶水而成煅石膏（$CaSO_4 \cdot 1/2H_2O$）。

本品对蛋白质凝固作用比较缓和，生产豆腐质地细嫩、持水性好、有弹性。但因其难溶于水，易残留涩味杂质。本品1g相当钙0.2328g，如表1-8。

表1-8　GB2760—1996规定的使用卫生标准

品种	使用范围	最大使用量(g/kg)	备注
硫酸钙(石膏)	面粉处理剂	1.5	作为过氧化苯甲酰的稀释剂
	豆制品	按生产需要适量使用	
氯化钙			
氧化镁(盐卤，卤片)	豆制品	按生产需要适量使用	

使用中生产番茄罐头其参考用量：片装 800mg/kg；整装 450mg/kg（单用或与其他固化剂合用，以 Ca 计）。

生产豆制品常用磨细的煅石膏，参考用量为 14~20g/L（大豆），过量有苦味。另外季节、浆温、水质影响其用量，一般夏季用量为大豆原料的 2.25%、冬季为 4.1%；80℃浆温较为适宜。

（二）氯化钙

本品为白色硬质碎块或颗粒，无臭、微苦；易溶于水（37.3%、0℃；42.5%、20℃；53.5%、40℃；57.7%、60℃；59.3%、80℃）可溶于乙醇（10%）；5%水溶液 pH 为 4.5~8.5；熔点 772℃；密度 2.152g/cm³。本品水溶液冰点显著降低（-55℃）。

本品可凝固蛋白质；与果胶和多糖类凝胶化可使果蔬保持脆性和硬度，并起到护色作用；其钙离子可作营养强化剂。本品易吸水潮解。

GB2760—96 规定的使用卫生标准见硫酸钙。

使用中罐头生产多用苹果、番茄、什锦蔬菜、冬瓜等，其中冬瓜硬化处理用 0.1% 浸渍 20~25 分钟；什锦蔬菜用 0.26g/kg；番茄用 1% 溶液。用作豆腐生产为 4%~6% 溶液 20~35g/L（豆乳）。

（三）乙二胺四乙酸二钠（EDTA）

本品为白色结晶性颗粒或粉末，无臭无味；易溶于水（1:7），几乎不溶于乙醇；5%水溶液 pH 为 4~6，常温下稳定，100℃时结晶水始挥发，120℃失去结晶水，熔点 240℃；本品有吸湿性。

EDTA 可与铁、铜、钙、镁等多价离子螯合成稳定的水溶性络合物，并可与钇、锆、镭、钚等放射性物质发生螯合，另外亦有抗氧化作用。

GB2760—96 规定本品使用范围为酱菜、罐头，最大使用量为 0.25g/kg。实际使用中，本品可防止金属引起的变色、变质、变浊及维生素 C 氧化，与磷酸盐有协同作用。

九、食品强化剂

（一）赖氨酸盐

赖氨酸盐为白色粉末，无臭或稍有特异臭，易溶于水，几乎不溶于乙醇和乙醚。20℃时在水中约溶解 0.4g/mL，在甘油约溶解 0.1g/mL，在丙醇中约溶解 0.001g/mL。260℃左右熔化并分解，一般较稳定，但温度高时易结块，有时也稍有着色。与维生素 C 或维生素 K 共存时则易着色，碱性时在还原糖的存在下加热则被分解，吸湿性强。

赖氨酸是人体必需氨基酸，缺少时则发生蛋白质代谢障碍。成人每日最低需要量约为 0.8g。赖氨酸在植物蛋白中一般含量较低，故都作为粮谷类制品的强化剂。强化用的为乙-赖氨酸，应用于面包、饼干中，可在和面时加入，其使用量约为 2g/kg，也可用于面粉、面条等食品。

赖氨酸在一般情况下，特别在酸性时对热较稳定，但在还原糖存在时加热则有相当数量被分解，应予注意。此外，小麦粉中的赖氨酸在制面包时约损失 15%，若再焙烤又可损失5%~10%，故添加赖氨酸的面包，在食用前不宜再切片烘烤。

（二）赖氨酸

赖氨酸为人体8种必需氨基酸之一，体内不能合成，又是植物性蛋白中含量最低的"第一限制氨基酸"，故在谷类食品中按规定添加可成倍提高蛋白质效价。常用的赖氨酸有以下几种：

1. L-盐酸赖氨酸

又名L赖氨酸—盐酸盐；2,6-二氨基己酸；本品为白色结晶粉，几乎无臭；易溶于水（40g/mL，75℃），不溶于乙醇和乙醚等有机溶剂；水溶液呈中性至微酸性，一般情况下稳定，260℃时熔化并分解；本品吸湿性强，高湿下易结块，并稍着色；相对湿度在60%以下稳定，60%以上可生成二水物；加温不可超过180℃，否则将损失15%，与维生素C和维生素K并存时可着色，在酸性条件下稳定，碱性条件或直接与还原糖共存时加热则分解。

可增加胃液分泌，增加造血机能，保持代谢平衡，提高蛋白质利用率。

1gL-赖氨酸相当于L-赖氨酸盐酸盐1.25g。

《食品营养强化剂使用卫生标准》规定其使用范围为加工面包、饼干、面条的面粉，每千克使用量为1~2g；如在饮液中使用则为0.3~0.8g/kg。

本品用于强化还原糖、抗坏血酸含量较多的食品时，易产生褐变并使味感恶化，应予注意。

2. L-赖氨酸—L-天冬氨酸盐

本品为白色粉末，无臭或微臭，有异味，易溶于水，不溶于乙醇、乙醚；本品1.910g的生理功能相当于1gL-赖氨酸。

作为赖氨酸强化剂，其使用范围及使用量同L—盐酸赖氨酸。但因本品臭味比L-赖氨酸小，故对产品风味影响小。

3. L-赖氨酸—L-谷氨酸盐

本品为白色粉末，无臭或微臭，有异味；易溶于水，难溶于乙醇；熔点197℃；本品为喷雾干燥而成的无水物，亦有在水中结晶而含2个分子结晶水者。

本品2.253g的生理功能相当于1g L-赖氨酸。

作为赖氨酸的强化剂，其使用范围及使用量可参照L-盐酸赖氨酸。本品比L-赖氨酸臭味小，故使用效果好。

（三）维生素

1. 维生素C

强化用的维生素C主要为L-抗坏血酸及L-抗坏血酸钠，后者1g相当于抗坏血酸0.394g，因抗坏血酸呈酸性，不适于添加在酸性物质的食品，例如牛乳等可使用抗坏血酸钠，先将其溶解在水中，再按量加入牛乳中。

表1-9 维生素C使用范围和使用量

使用范围	每千克使用量	备注
果泥	50~100mg	
饮料及乳饮料	120~240mg	1. 如用VitC磷酸酯镁、抗坏血酸钠盐、抗坏血酸钾盐、抗坏血酸-6-棕榈酸盐强化,须经折算
水果罐头	200~400mg	
夹心硬糖	200~6000mg	
婴幼儿食品	300~500mg	
高铁谷类及其制品(每天限食这类食品50g)	800~1000mg	2. 如固体饮料,需按稀释倍数增加使用量

维生素C的强化主要用于果汁、面包、饼干、糖果等,在橘汁中添加0.2~0.6g/kg左右,在面包、饼干及巧克力、软糖等中添加0.4~0.6g/kg,在水果糖、果汁粉及果酱等中添加1g/kg。《食品营养强化剂使用卫生标准》规定本品使用范围及使用量如表1-9所示。

2. 核黄素

核黄素即维生素B_2,为黄至黄橙色的结晶性粉末,微臭,味微苦,熔点约为280℃,微溶于水,略溶于乙醇,在稀释性碱溶液中极易溶解,亦易溶于氯化钠溶液,饱和水溶液呈中性。本品对热及酸比较稳定,在中性及酸性溶液中,即使短时间高压消毒亦不致破坏,在120℃加热6小时亦只有少量破坏,但在碱性溶液中则不易破坏,特别是易受紫外线破坏。

核黄素多与维生素B_1同时使用,对代乳粉、面包、饼干添加0.002~0.004g/kg,对巧克力、钙质软糖等添加0.06g/kg左右。《食品营养强化剂使用卫生标准》规定本品使用范围及使用量如表1-10。

表1-10 核黄素的使用范围和使用量

使用范围	每千克使用量	说明
谷类及其制品	3~5mg	①如固体饮料,则需按稀释倍数增加使用理
饮料、乳饮料	1~2mg	
婴幼儿食品	4~8mg	②如果核黄素衍生物强化,须经折算
食盐	100~150mg	

3. 维生素D

维生素D为类固醇衍生物,种类较多。常用的有维生素D_2和维生素D_3,分述如下。

(1)维生素D_2

维生素D_2别名麦角钙化甾醇;钙化醇;骨化醇。本品为白色柱状结晶,无臭;溶于油脂、乙醇、氯仿、乙醚，不溶于水；熔点为 115～118℃，比吸光度 E = 445～485；耐热性好，溶于植物油中稳定性强，但存在无机盐时可加速分解，并易受空气和光照的影响。与体内钙磷代谢有关，缺乏时，易引起儿童佝偻病和成人的骨软症。《食品营养强化剂使用卫生标准》规定其使用范围及最大使用量见表 1-11：

表 1-11 维生素 D 使用范围和使用量

品种	使用范围	每千克使用量	备注
维生素 D 或维生素 D_2 或维生素 D_3	乳及乳饮料	10～40μg	1μg 维生素 D = 40IU 维生素 D
	人造奶油	125～156μg	
	乳制品	63～125μg	
	婴幼儿食品	50～100μg	

（2）维生素 D_3

维生素 D_3 别名胆钙化甾醇；胆骨化醇。本品为白色针状结晶，无臭；溶于脂肪、乙醇、氯仿。不溶于水，熔点为 82～86℃；比吸光度 $E_{1cm}^{1\%}$ = 450～490；本品在耐热、酸、碱和对氧均较维生素 D_2 稳定，但亦受空气和光照的影响。

《食品营养强化剂使用卫生标准》规定其使用范围及使用量见维生素表 1-11。

4. 维生素 E

有八种生育酚和生育三烯醇，统称为维生素 E。

本品为黄色黏性油，溶于酒精和脂肪溶剂，不溶于水。它们对酸、热稳定，而暴露于氧、紫外线、碱、铵盐和铅盐下即遭破坏。它们因吸收氧的能力使其具有重要的抗氧化特性。《食品营养强化剂使用卫生标准》规定其使用范围及使用量如表 1-12。

表 1-12 维生素 E 使用范围和使用量

使用范围	每千克使用量	备注
芝麻油、人造奶油、色拉油、乳制品	100～180mg	①以 d-a-生育酚计
婴幼儿食品	40～70mg	②如用 dl-a 生育酚、d-a 醋酸生育酚或 dl-a 醋酸生育酚强化，需经折算
乳饮料	10～20mg	③1mg 维生素 E = 1IU 维生素 E

5. 维生素 A

别名视黄醇，维生素 A 为不饱和一元多烯醇，常用的有粉末和油剂两种，分述如下：

维生素 A 粉末。本品为浅黄至浅红棕色粉，其含量越高，色越浓，几乎无臭，易溶于油脂和有机溶剂，不溶于水但可于水中乳化；本品为被膜剂（明胶）包覆，故性能稳定。

对人体有促进生长维持上皮细胞的完整和健全作用，亦是构成视觉细胞内视紫红质的主要成分。缺乏时，可致生长发育受阻、生殖功能衰退和"夜盲症"。

《食品营养强化剂使用卫生标准》规定其使用范围及最大使用量分别为：芝麻油、色拉油、人造奶油使用 1000~8000μg/kg；婴幼儿食品、乳制品则为 3000~9000μg/kg；而在乳与乳饮料中则为 600~1000μg/kg。

（四）矿物质强化剂

1. 钙

钙可作为强化食品的钙盐有碳酸钙、磷酸钙、磷酸氢钙、乳酸钙等。对人体来说以乳酸钙的吸收率最好。在实际应用中，以碳酸钙与磷酸钙较多，也有直接使用蛋壳粉的。从经济上看，碳酸钙成本较低，而且钙含量高。在不缺磷的情况下，以添加强化碳酸钙的居多，作为食品添加剂要用轻质碳酸钙，通常用于面包、饼干以及代乳粉等婴儿食品中，使用量为 1.2% 左右。

钙是人体内 7 大元素之一。一般人体内钙的总含量为 700~1400g，它是骨骼、牙齿的主要成分。人体内 99.7% 的钙以骨盐的形式存在于骨髓和牙齿中。另外，它既是维持组织细胞渗透压和保持体内酸碱平衡的无机盐之一，又是以一定比例与钾、钠、镁共同维持神经、肌肉兴奋性和细胞膜的正常通透性的。但钙也是人体内较易缺乏的无机元素之一。

用于营养强化剂的钙有数种，分述如下：

（1）柠檬酸钙

《食品营养强化剂使用卫生标准》规定钙类矿物质的使用范围和每千克使用量如表 1-13：

表 1-13　柠檬酸钙的使用范围和使用量

品种	使用范围	每千克使用量	备注
柠檬酸钙	谷类及其制品 饮液及乳饮料	8~16g 1.8~3.6g	
葡萄糖酸钙	谷类及其制品 饮液及乳饮料	18~36g 4.5~9g	①以元素钙计强化量，饮液及乳饮料 0.6~0.8g/kg；谷类及其制品 1.6~3.2g/kg；婴幼儿食品 3.0~6.0g/kg
碳酸钙及生物碳酸钙	谷类及其制品 饮液及乳饮料 婴幼儿食品	4~8g 1~2g 7.5~15g	②各类钙盐中钙元素含量：葡萄糖酸钙 9%；碳酸钙 40%；磷酸氢钙（含 2 结晶水）23%；含 5 结晶水则 17.7%；柠檬酸钙（含 4 结晶水）21%，乳酸钙为 13%，乙酸钙 22.2%
乳酸钙	谷类及其制品 饮液及乳饮料 婴幼儿食品	12~24g 3~6g 23~46g	③钙源亦可采用牦牛等符合卫生标准的骨粉、蛋壳粉、活性离子钙等；其他钙盐如氯化钙、甘油磷酸钙、氧化钙、硫酸钙等均可用，强化时均以元素钙计
磷酸氢钙	谷类及其制品 饮液及乳饮料 婴幼儿食品	10~20g 2.5~5g 19~38g	

另卫生部卫通［1998］第40号文对矿物质钙扩大使用范围的标准如表1-14：

表1-14 矿物质钙扩大使用范围的标准

品种	使用范围	最大使用量	备注
醋酸钙	醋	6~8g/kg(以Ca计)	
氧化钙		0.44~1.3g/kg	
碳酸钙		0.4~1.2g/kg	
乳酸钙	软饮料	1.2~3.7g/kg	
柠檬酸钙		0.76~2.30g/kg	
葡萄糖酸钙		1.78~5.30g/kg	

(2) 葡萄糖酸钙

本品为白色结晶颗粒或粉末，无臭无味；溶于水(3g/100mL,20℃)，不溶于乙醇及其他有机溶剂，水溶液pH为6~7；熔点201℃(分解)；本品在空气中稳定。

《食品营养强化剂使用卫生标准》规定其使用范围及最大使用量，见表1-13。

另外，在油炸食品、糕点等的谷麦粉中添加本品，可螯合金属离子，延缓油脂氧化及防止制品变色。

(3) 磷酸钙或生物碳酸钙

本品为蛋壳等生物原料经洗、碎、筛等精制而成，其主要成分亦为碳酸钙。

本品为白色微细结晶粉，无臭无味，溶于乙醇、盐酸、硝酸等稀酸，而不溶于水和乙醇(铵盐或二氧化碳可提高其在水中的溶解度)，难溶于稀硫酸；相对密度为2.5~2.7；空气中稳定，热至825~896.6℃可分解产生二氧化碳和氧化钙；易吸收臭气。

《食品营养强化剂使用卫生标准》规定其使用范围及最大使用量见表1-13。

(4) 乳酸钙

白色至奶白色结晶粉或颗粒，几乎无臭；溶于水，易溶于热水，而不溶于乙醇；水溶液的pH为6.0~7.0，于120℃时可变为无水物(分子量为218.22)；本品略有风化性，但吸收率较高。《食品营养强化剂使用卫生标准》规定其使用范围及使用量可见表1-13。

(5) 磷酸氢钙

白色单斜晶体。密度2.306g/cm^3。稍溶于水，溶于稀盐酸、硝酸、醋酸，不溶于乙醇。《食品营养强化剂使用卫生标准》规定其使用范围及最大使用量可见表1-13。

2. 铁

一般常用于食品强化剂的铁质有硫酸亚铁和枸橼酸铁，两者相比，硫酸亚铁易被人体吸收，它为绿色的晶体。作为强化剂需把它粉碎成极细的粉末状，生产时要选用食用级的产品。

虽然铁在身体内的含量很少，但膳食中长期缺铁或铁的吸收受到限制，可引起缺铁性贫血。因此，用铁强化食品，可防止儿童产生缺铁性贫血。在添加强化铁的同时，可加入些维生素 C，以有助于人体对铁的吸收。

(1) 葡萄糖酸亚铁

本品为黄灰色或绿黄色细粉或颗粒，稍有焦糖样气味；易溶于水（10g/100mL，温水）；而不溶于乙醇；水溶液显酸性，加葡萄糖可使其溶液稳定。

《食品营养强化剂使用卫生标准》规定其使用范围及使用量详见表 1-15。

表 1-15 葡萄糖酸亚铁使用标准

使用范围	每千克使用量(mg)	备注
谷类及其制品	200~400	
饮料	80~160	
乳制品、婴幼儿食品	480~800	
高铁谷类及其制品（每日限食这类食品 50g）	1400~1600	详见硫酸亚铁
食盐，夹心糖	4800~6000	
高铁谷类及其制品（每日限食这类食品 50g）	1000~1200	
食盐，夹心糖	3600~7200	

(2) 柠檬酸铁铵

本品为铁、氨和柠檬酸组成的络盐，市售有棕色和绿色两种。除颜色不同外，均为透明薄鳞片、颗粒或粉末，无臭或稍带氨臭，有温和的铁味，极易溶于水（1g/0.5mL），不溶于乙醇和乙醚；5% 水溶液 pH 为 5.0~8.0；本品有吸湿性，空气中易潮解，受光照影响可分解；易生霉。市场上绿色的市价高于棕色的 30%。

《食品营养强化剂使用卫生标准》规定其使用范围及使用量见表 1-16。

表 1-16 柠檬酸铁铵使用范围和使用量标准

使用范围	每千克使用量(mg)
谷类及其制品	160~330
饮料	70~140
乳制品、婴幼儿食品	400~800
高铁谷类及其制品（每日限食这类食品 50g）	1200~1350
食盐，夹心糖	4000~8000

(3) 焦磷酸铁

本品为棕黄色或黄白色无臭粉末，微有铁味。微溶于水（0.37%，75℃）及醋酸。溶于有机酸、氨水。新制得的沉淀不溶于焦磷酸钠溶液。

GB2760—96（1997 年增补品种）规定本品使用范围为乳粉，最大使用量为 60~200mg/kg（以 Fe 元素计）。

3. 锌

锌系人体内必需的微量元素之一，一般人体内含锌 2~3g。人体内肌肉中约占含锌总量的 60%，骨骼中约为含锌总量的 30%，其他分布在各软组织（如眼球色素层、精子、前列腺、表皮、肾、肝和血液）中。

锌的生理功能为参与人体的代谢，如体内的糖代谢、蛋白质代谢、维生素 A 及视色素代谢等。目前已测知人体内有含锌的酶约 70 余种，锌还与肾上腺、甲状腺、甲状旁腺分泌有关。

锌亦为人体内极易缺乏的无机元素之一。人体缺锌后，儿童可致发育缓慢、生长停滞和性机能不全；成人可致性功能减退、智力减退、皮肤免疫机能不全、肾功能不全及贫血等。作为营养强化用的锌剂，有如下几种分述之。

(1) 硫酸锌

本品为无色棱状或细小针状结晶或结晶粉，无臭、味涩；溶于水(1g:0.6mL)和甘油(1g:2.5mL)，而不溶于乙醇，水溶液呈酸性，5% 水溶液 pH 为 4.4~6.0；本品于室温干燥空气中可粉化；迅速加热可在 50℃熔化，100℃时失去 6 分子结晶水，200℃时成无水盐，500℃时可分解成氧化锌，密度 1.9661g/cm³。

(2) 葡萄糖酸锌

本品为白色或近白色粗粉或结晶粉，无臭无味；易溶于水，极难溶于乙醇；本品于体内吸收率高，对胃肠无刺激。

《食品营养强化剂使用卫生标准》规定硫酸锌、葡萄糖酸锌使用范围及使用量如表 1-17。

表 1-17　硫酸锌、葡萄糖酸锌使用范围及使用量标准

品种	适用范围	每千克使用量(mg)	备注
硫酸锌	乳制品 婴幼儿食品 饮液及乳饮料 谷类及其制品 食盐	130~250 113~318 22.5~44 80~160 500	①以元素锌计强化量：饮液 5~10mg/kg；谷类及其制品 20~40mg/kg；乳制品 30~60mg/kg 婴幼儿食品 25~70mg/kg ②各种锌盐中锌元素含量：硫酸锌为 22.7%，葡萄糖酸锌 14%；乳酸锌(含 3 结晶水)22.2% ③还可采用氯化锌 48%、氧化锌 80%，乙酸锌 29.8% 强化时均以元素锌计
葡萄糖酸锌	乳制品 婴幼儿食品 饮液及乳饮料 谷类及其制品 食盐	230~470 195~545 40~80 160~320 800~1000	

4. 碘

碘系人体内必需的微量元素之一，其生理功能主要为参与构成甲状腺素。一般成人体内含碘 20~50mg，其中 20% 存在于甲状腺中。

缺碘时可致地方性甲状腺肿。常用的碘剂分述如下。

(1) 碘化钾

本品为透明无色六面体等轴晶体或不透明的白色粗粉，味苦咸；易溶于水(1g:0.7mL,25℃)、甘油(1g:2mL)，溶于乙醇(1g:22mL)；5% 水溶液 pH 为 6~10；相

对密度为3.13；熔点681℃，沸点1330℃；干燥空气中稳定，潮湿空气中有吸湿性；遇光及空气时，析出游离碘而呈黄色，酸性水溶液中更易变黄。

（2）碘酸钾

本品为白色晶体或结晶粉末，相对密度3.93（32℃）。熔点560℃（部分解）溶于水，不溶于乙醇。

《食品营养强化剂使用卫生标准》规定碘化钾、碘酸钾的使用范围如表1-18。

表1-18 碘酸钾使用范围和使用标准

品种	适用范围	每千克使用量（mg）	备注
碘化钾	食盐 婴幼儿食品	30~70 0.3~0.6	①碘化钾中含碘量为76.4%，以元素碘计，碘酸钾则含59.63%食盐强化量为2。
碘酸钾	食盐 婴幼儿食品	34~100 0.4~0.7	②婴幼儿食品强化量为250~480μg/kg。

5. 硒

硒是维持人体正常生理的微量元素。在我国已证实硒缺乏是引起克山病的一个重要病因。为满足供给量的不足，需在食品中强化硒，常见硒的强化剂如下：①富硒酵母；②硒化卡拉胶。

《食品营养强化剂使用卫生标准》规定其使用范围及最大使用量如表1-19。

表1-19 硒化卡拉胶使用范围及最大使用量

品种	使用范围	每千克使用量	备注
亚硒酸钠	食盐 饮液及乳饮料 乳制品、谷类及其制品	7~11mg 110~400μg 300~600μg	①以元素硒计强化量：乳制品、谷类及其制品为140~280μg/kg，饮液及乳饮料为50~200μg/kg，食盐为3~5mg/kg
富硒酵母 硒化卡拉胶	饮液 片、粒、胶囊	30μg/10mL 20μg/片	②用硒源作为营养强化剂必须在省级部门指导下使用 ③亚硒酸钠中硒含量为45.7%；硒酸钠为41.8%

第三节 休闲食品常用的加工原理与方法

无论休闲食品如何分类，它与几大类食品如糕点、糖果，水果等的加上原理及基本知识都有一定关系，由于用料广泛，涉及面广，因此，要掌握食品加工的基本原理，而且还必须掌握休闲食品加工的技巧和方法。本节仅介绍部分休闲食品加工的理论。

一、油炸

以食用油为传热介质对食品原料进行加热使原料成熟，并赋予原料独特风味的食品加工过程。

（一）油炸机理

油炸加工是将成型的食品生坯放入已加热到一定温度的油内，按照不同油炸制品的风味及特色的需要进行炸制。油炸加工主要是依靠热油的热传导，制品加入烧热的油中，被热油所包围，产生热交换，使制品炸熟。

其加热过程如下：将食品置于热油中，食品表面温度迅速升高，水分汽化、表面出现一层干燥层，然后水分汽化层便向食品内部迁移。当食品的表面形成一层干燥层，其表面温度升至热油的温度，而食品内部的温度慢慢趋向 100℃。

（二）影响油炸的因素

传热的速率取决于油温与食品内部之间的温度差及食品的导系数。具体的食品干燥的时间与以下因素有关：食品的种类；油的温度；油炸的方式；食品的厚度；所要求的食品品质改善程度。

（三）油炸的类型

1. 浅层煎炸

适合于表面积大的食品如肉片、鸡蛋、馅饼等制作。

2. 纯油油炸

纯油油炸（传统油炸）的缺点：油炸过程中全部油处于高温状态，油很快变质，黏度升高，重复使用几次即变成黑褐色，不能食用。积存在锅底的食物残渣，随着油使用时间的延长而增多，不但使油变得污浊，氧化还会生成亚硝基吡啶、烷的致癌物质。高温下长时间反复煎炸食品的油会生成多种形式的毒性不尽相同的油脂聚合物——环状单聚体、二聚体及多聚体，会导致人体的神经麻痹、胃肿瘤、甚至死亡。高温下长时间使用的油，会产生热氧化反应，生成不饱和脂肪酸的过氧化物，直接妨碍机体对油脂和蛋白质的吸收，降低食品的营养价值。

3. 水油混合油炸

水油混合油炸是指在同一敞口容器内加入油和水，相对密度小的油占据容器的上半部，相对密度大的水则占据容器的下半部分，在油层中部水平设置加热器加热。油炸时食品处于油淹过电热管 60cm 左右的上部油层中，食品的残渣则沉入底部的水中，这样在一定程度上缓解了上述传统油炸工艺带来的问题（如温度高，易氧化；生成脂肪酸的过氧化物，降低食品的营养价值；生成油脂聚合物对人体有毒；食物残渣使食品表面质量劣化）。因为沉入下半部的食物残渣可以过滤除去，且下层油温比上层油温低，因而油的氧化程度也可得到缓解。但油锅底部的油还是只能随食物残渣一起被排出，并有一部分要扔掉，因为油的使用时间较长，油的黏度变得较大，微小的食物残渣会附着于油中，使油质变坏，因此用上一段时间就得作为废油弃去。

工艺特点：显然，采用该工艺炸制食品时，加热器对炸制食品的油层加热升温，同时油水界面处设置的水平冷却器以及强制循环风机对下层的冷却使下层温度控制在55℃以下。炸制食品时产生的食物残渣从高温炸制油层落下，积存于底部温度不高的水层中，同时残渣中所含的油经过水分离后返回油层。这样，残渣一旦形成便很快脱离高温区而进入低温区，避免了前面所讲的危害。另外，下部水层还兼有滤油和冷却双重作用。

优点：水油混合式工艺具有限位控制，分区控温、自动过滤、自我洁净的优点。如果严格控制上下油层的温度，就可使得油的氧化程度显著降低，污浊情况大大改善，而且用后的油无需重行过滤，只要将食物分解的渣滓随水放掉即可。由此可见，在炸制过程中油始终保持新鲜状态，所炸出的食品不但色、香、味俱佳，而且外观干净漂亮。更重要的是，没有与食物残渣一起弃掉的油，更没有因氧化变质而成为废油扔掉的油，从而所耗的油量几乎等于被食品吸收的油量，补充的油量也近于食品吸收的油量，节油效果毋庸置疑。

4. 真空深层油炸

真空低温油炸是20世纪60年代末兴起的，用于油炸土豆片，获得了比传统油炸工艺具有更好品质的产品，以后广泛应用于果蔬制品。目前市场上出售的真空油炸食品有：水果类如苹果、猕猴桃、柿子、草莓、葡萄、香蕉等；蔬菜类如胡萝卜、南瓜、西红柿、四季豆、甘薯、土豆、青椒、洋葱等；肉食品如鱼片、虾、牛肉干等。

(1)真空低温油炸的基本原理

利用在减压的条件下，食品中水分汽化温度降低，能在短时间内迅速脱水，实现在低温条件下对食品的油炸。热油脂作为食品脱水供热的介质，还能起到改善食品风味的重要作用。因此，真空低温下干燥和油炸的有机结合无疑能生产出兼有两者工艺效果的食品。

(2)影响真空油炸过程的因素

1)温度：油炸温度的控制是通过真空度的控制来控制的，一般控制在100℃左右。

2)真空度：一般保持在92.0~98.7kPa(69~70cmHg)(即绝对压力为60mmHg柱)，纯水沸点大约为40℃。

3)油炸前的预处理：预处理方式主要有溶液浸泡、热水漂洗和速冻处理三种；目的是使酶充分失活及提高制品的组织强度。

(3)真空低温油炸的特点

温度低(100℃左右)，营养成分损失少；水分蒸发快，干燥时间短；具有膨化效果，复水性好；油脂劣化速度慢(因为缺氧)、油耗少(可以反复使用)。

(4)真空低温油炸工艺

1)油炸前处理：原料的挑选→清洗→切片→护色、灭酶→漂洗→糖置换

①原料的挑选；②清洗：一般用清水直接清洗、对表面污染严重的果蔬可先用0.5%HCl溶液浸泡数分钟。③切片：厚度一般为2~4mm。④护色、灭酶：护色采用一

定浓度的亚硫酸氢钠水溶液浸泡；在98℃的热水中漂烫数分钟灭酶。⑤漂洗：去除亚硫酸氢钠和色素等物质。⑥糖置换：将准备油炸的果蔬置于一定浓度的糖溶液中进行熬煮。

2）真空炸制：包括如下4个关键步骤。①真空度和温度的控制；②克服真空低温油炸过程中的爆沸现象；③油炸前油预热；④原料堆积厚度对产品质量的影响：原料重力作用和油层净压力作用。

3）炸后处理：脱油→加香

①脱油：通过溶剂法或离心分离法脱油将产品的含油率控制在10%以下。离心脱油的一般程序：原真空度下沥油数分钟→消除真空后1000~15000r/min离心脱油10分钟。②加香：为弥补油炸过程损失的香味，脱油后的产品可用0.2%的香精加香。

二、脱水干燥

脱水干燥是休闲食品生产的一道工序，其目的是将物料中多余的水分脱出，抑制各种微生物生存，从而使食品达到延长保存期的目的。脱水的方法一般有三种：根据水和物料的密度不同实现重力脱水；用机械的方法实现脱水；用加热的方法使物料的水分蒸发，达到脱水的目的。

用加热的方法达到除去物料中部分物理水分的过程称之为干燥，也叫烘干。干燥过程是一个物理过程，方法有两种：自然干燥和人工干燥。

人工干燥的加热方式有外热源法和内热源法两种类型。

外热源法是指在物料的外部对物料表面加热，使物料受热，水分蒸发，而得以干燥。外热源法的加热方式有以下三种：①对流加热：通常用热气或热烟气作为提质以对流的方式对物料表面进行加热，如热风干燥。②辐射加热：利用红外灯、灼热金属或高温陶瓷表面产生的红外线，对物料表面进行加热。③对流—辐射加热：是上述两种加热方式的综合，即对物料表面进行加热。

内热源法就是将湿物料放在高频交变的电磁场中或微波场中，使物料本身的分子产生剧烈的热运动而发热，或使交变电流通过物料而产生热量，物料中水分蒸发，物料本身得以干燥。如微波干燥。

（一）物料干燥过程

物料干燥包括加热、外扩散和内扩散三个过程。首先是料加热的过程。物料受热后，当其表面的水蒸气分压大于干燥介质中的水蒸气分压时，物料表面的水分向干燥介质中扩散(蒸发)，这个过程称为外扩散。

随着干燥的进行，物料内部和表面之间的水分浓度平衡就会被破坏，物料内部的水分浓度大于物料表面的水分浓度。在这个浓度差的作用下，物料内部的水分向物料表面迁移，这个过程称为内扩散过程(湿扩散)。

（二）制品在干燥过程中的收缩与变形

陶瓷和耐火材料等坯体在干燥过程中的自由水排除阶段，随着水分的排除，物料颗粒相互靠拢，产生收缩使制品产生变形。

如果收缩相对较大，这样就使内部受到压应力而表面受到张应力，当张应力超过材料的极限抗拉强度时，就产生开裂，不均匀收缩往往造成制品变形和开裂。

为了防止制品在干燥过程中的变形和开裂，应限制制品中心与表面的水分差，必须严格控制干燥速率。

（三）干制工艺条件的选择

要获得最高技术经济指标，并能制得质量高的干制品，即干制时间最短，热能、电能消耗量最低。对于热风干燥一般以控制温度、相对湿度和热风流速而达到加工要求。干燥时间和程度根据食品种类的不同而不同，一般干燥温度为50~85℃，与干燥工艺有关的因素有下列几点。

1. 物料的种类

不同的物料需选用不同的干燥或脱水方法，干燥的时间和效果也不同。物料的表面积越大，干燥时间越短，干燥效果越好。为了加速热的交换，将果实切成薄片或将物料切成小块，这样可增加物料与热介质的接触面积，缩短物料中心的水分向外移动的距离和向物料中心传热的距离。

2. 物料的性质

不同的原料有不同的化学成分和组织结构，其自由水和结合水的比例也不同，因此，原料中的游离水分布状况也不同。物料中含糖量的不同，其内部的蒸汽分压也不同，含糖量越高，干燥越慢。

3. 温度

一般来说温度越高，干燥愈快，产品的质量愈佳。但对于含糖较高、黏性较大的物料，干燥的速度不与温度成正比。对于果脯干燥就不同，由于加热介质为空气，温度就成为次要因素。这是因为果实内水分是以蒸汽状态从它的外表逸出的，如不及时驱散它们，就会在果脯周围形成饱和水蒸气层，阻碍水分继续蒸发。另外，如温度过高，使果脯表面焦糖化，形成一层硬壳，果脯更不易干燥。

4. 空气流速

对热风干燥而言，空气流动快，带走湿空气也快，物料中水分蒸发就快。

5. 空气湿度

空气越干燥，干燥速度越迅速，物料中的水蒸气压与空气中的蒸汽压差越大，物料中水分蒸发越快。当物料中的水蒸气压低于空气中的蒸汽压时，产品就吸收空气中的水蒸气而增加水分，直至两者的蒸气压相等，产品水分才停止增加。

6. 加热介质与物料量

单位面积的物料量对脱水干燥速度有很大影响，不论是油炸、烘干、还是热风干燥，装量越多，厚度就大，不利于迅速传热，干燥的速度也就很慢，反之则快。

三、食品膨化

膨化食品是近些年国际上发展起来的一种新型食品。它以谷物、豆类、薯类、蔬菜等为原料，经膨化设备加工制造出品种繁多，外形精巧，营养丰富，酥脆香美的食品。因此，独具一格地形成了食品的一大类。由于生产这种膨化食品的设备结构简单，操作容易，设备投资少，收益快，凭借良好的口感和炫目的包装，受到消费者尤其青少年和儿童的喜爱，发展得非常迅速，并表现出了强大的生命力。

（一）原理

当把粮食置于膨化器以后，随着加温、加压的进行，粮食中的水分呈过热状态，粮食颗粒本身变得柔软，当到达一定高压而启开膨化器盖时，高压迅速变成常压，这时粮食颗粒内呈过热状态的水分便一下子在瞬间汽化而发生强烈爆炸，水分子可膨胀约2000倍，巨大的膨胀压力不仅破坏了粮食颗粒的外部形态，而且也拉断了粮食颗粒内在的分子结构。整个膨化过程可以分为三个阶段：

第一为相变阶段，此时物料内部的液体因吸热或过热，发生汽化。

第二为增压阶段，汽化后的气体快速增压，并开始带动物料膨胀。

第三为固化阶段，当物料内部的瞬间增压达到或超过极限时，气体迅速外逸，内部因失水而高温干燥而固化，最终形成膨化产品。

膨化过程中，在同样的外部供能条件下，水由于分子量小、沸点低、易汽化膨胀的特性，在物料内部的各种成分中，热运动首先加剧。当水分子所获能量超过其被束缚极限时，就发生分子离散，致使物料内部水分状态发生汽化。其结果必然造成对与之接触的物料结构的冲击。当这种冲击力超过维持高分子物质空间结构的力时，并也超过高分子物质维持的物料空间的支撑力时，就会产生这些大分子物质空间结构的扩展变形，最终导致物料膨胀。

（二）膨化对食品的营养素的影响

将不溶性长链淀粉切短成水溶性短链淀粉、糊精和糖，于是膨化食品中的不溶性物质减少了，水溶性物质增多了。详见表1-20。

表1-20　膨化前后食品中水浸出物变化表（%）

成分	玉米 膨化前	玉米 膨化后	高粱米 膨化前	高粱米 膨化后
水浸出物	6.35	36.82	2.3	27.32
淀粉	62.36	57.54	68.86	64.04
糊精	0.76	3.24	0.24	1.92
还原糖	0.76	1.18	0.63	0.93

膨化后除水溶性物质增加以外，一部分淀粉变成了糊精和糖。膨化过程改变了原料

的物质状态和性质，并产生了新的物质，也就是说运用膨化这种物理手段，使制品发生了化学性质的变化，这种现象给食品加工理论研究提出了一个新的课题。

把食品中的淀粉分解为糊精和糖的过程，一般是在人们的消化器官中发生的，即当人们把食物吃进口腔后，借助唾液中淀粉酶的作用，才能使淀粉裂解，变成糊精、麦芽糖，最后变成葡萄糖被人体吸收。而膨化技术起到了淀粉酶的作用，即当食物还没有进入口腔前，就使淀粉发生了裂解过程，从这个意义上讲，膨化设备等于延长了人们的消化器官。这就增加了人体对食物的消化过程，提高了膨化食品的消化吸收率。因此，可以认为膨化技术是一种很科学、理想的食品加工技术。

膨化技术的另一特点是，它可以使淀粉彻底 α 化。以前使食品成熟的热加工技术如烘烤、蒸煮等，也可以使食品的生淀粉即 β 淀粉变成 α 淀粉，即所谓 α 化。但是这些制品经放置一段时间后，已经展开的 α 淀粉，又收缩恢复为 β 淀粉，也就是所谓"回生"或"老化"。这是所有含淀粉的食品普遍存在的现象。这些食品经"老化"后，体形变硬，食味变劣，消化率降低。这是由于淀粉 α 化不彻底的原因。

膨化技术可以使淀粉彻底 α 化，已经变成的 α 淀粉，经放置后也不能复原成 β 淀粉，于是食品保持了柔软、良好风味和较高的消化率，这是膨化技术优越于其他物理加工方法的又一特征，它为粗粮细作开辟了一个新的加工领域。

综上所述：膨化食品具有如下技术优点：

改善了口感和食味：粗粮经膨化后，粗硬组织结构受到破坏，再也看不出粗粮的样，吃不出粗粮的味，口感柔软，食味改善、好吃。

食用方便：粗粮经膨化后，已成为熟食，可以直接用开水冲食，或制成压缩食品，或稍经加工即可制成多种食品。食用简便、节省时间。只要粮食部门或厂矿、企业、机关、学校供应膨化粉，在家庭或集体食堂都可以加工调制，成为名副其实的方便食品。

营养成分的保存率和消化率高：膨化食品的营养成分保存率和消化率都是比较高的，这就说明膨化过程对食品的营养并没有影响，其消化率比未膨化的还要高些。

易于储存：粮食经膨化，等于进行了一次高温灭菌，膨化粉的水分含量都降低到10%以下，这样低的水分，限制了虫、霉滋生，加强了它们在储存中的稳定性，适宜长期储存，并宜于制成战备军粮，改善其食用品质。

价格便宜，应用加热膨化机膨化每千克玉米的加工费用比较低。

表 1-21 膨化前后营养成分含量表

营养成分 （mg/g）	玉米		高粱米	
	膨化前	膨化后	膨化前	膨化后
水分%	16.80	9.6	14	9.2
蛋白质%	10.20	10.17	9.45	9.49
维生素 B_2	0.68	1.08	0.94	1.17

表1-22　膨化食品维生素含量表

类别	膨化粗大米	粗大米饭
维生素 B_1(mg/g)	0.53	0.30
维生素 B_2(mg/g)	0.10	0.10
维生素 B_6(ng/g)	100.00	83.40
维生素 E(mg/g)	7.72	7.79

表1-23　膨化食品消化率试验表

类别	蛋白质消化率(%)	碳水化合物消化率(%)
膨化粗大米	83.80	99.45
粗大米饭	75.93	99.10
精大米饭	82.57	99.78

(三) 影响产品膨化的因素

物料特性和膨化条件(膨化压力、膨化温度)直接影响产品的膨化。只有当物料与膨化条件同时符合要求时，膨化才会发生并得以顺利进行。

首先，物料内部需均匀含有安全的汽化剂——可汽化的液体(水分含量适当，即7%~15%)；其次，从相变到增压段，物料内部能广泛形成相对密闭的弹性气体小室，同时，要保证小室内气体的增压速度大于气体外泄造成的减压速度，以满足气体增压的需要；其三，构成气体小室的内壁材料，必须具备拉伸成膜特性，且能在蒸汽外逸后，迅速干燥并固化为不回缩的结构网架；其四，膨化条件要提供足以完成膨化全过程的能量，包括气体升温需能、汽化需能、干燥需能等。

物料能否正常膨化不仅取决于水分在物料中的形态和其结合特性，而且与水分的含量密切相关。从理论上讲，含水量越大，可产生的蒸汽量越大，对膨化的效果影响也越大。但物料水分含量过高时，会影响膨化正常实现。原因是：第一，过量的水分往往是自由态的水或表面吸附的水，它们很难取代或占据结合态和胶体吸附水分子原有的空间位置，这部分间隙水往往不在密闭气体小室内，很难使物料膨化；第二，过量水在外部供能时，由于与物料其他组分间的约束力弱，易先汽化，占用有效能量，影响膨化效应；第三，过量水会导致物料内胶体吸附水区域的不恰当扩大，造成物料在增压段因温度升高，其中的部分淀粉已提前糊化，或部分蛋白质已超前变性，阻碍物料膨化；第四，含过量水的物料即使经历膨化过程，其制品也会因成品含水量偏高而回软，使膨化制品不脆。所以，在膨化前，必须使物料含水量适当，以保证最佳的膨化效果。此外，物料内水分分布要求均匀。因为物料在膨化过程中，若水分分布不均匀，在物料内部会存在一定的含湿梯度即水蒸气分布不均匀。不同的含湿梯度会造成膨化动力产生时间上的差异和质量的不均匀性，影响到膨化质量。因此，只有均匀分布的含水量，才能有利于膨化动力的均衡发生，才能保证产品质量。

（四）螺杆挤压机工作原理

螺杆挤压机是一种装在卧式柱状机筒里的螺旋输送机，一般出料模孔的截面比机筒和螺杆横截面之间的空隙小得多，使物料在出口模孔处受阻而产生阻力，所以物料在进入挤压机后的输送过程始终处于连续地被压缩状态。有的挤压机在机筒内具有轴向凸棱，可限制物料的运动，增强螺杆对物料的剪切效果。多数挤压机的机筒被制成夹套式，夹套内通入蒸汽或液态加热介质，以控制机内物料的温度。食品经模孔后，因水蒸气迅速外逸而使食品提及急剧膨胀，食品中的水分可由原来的15%降至8%~10%。产品的最终形状、膨胀程度和最终密度取决于挤出模孔的尺寸和形状以及挤压机的工作参数，如温度、压力、水分和螺杆转速等。

四、焙烤

焙烤食品是指以谷物或谷物粉为基础原料，加上油、糖、蛋、奶等一种或几种辅料，采用焙烤工艺定型和成熟的一大类固态方便食品。

产品的范围十分庞杂，它主要包括面包、饼干、糕点三大类。由于各个国家的民族生活习惯的不同，估计目前全世界约有60%的人吃面包为主，更多则是属于点心类食品。由于焙烤制品越来越在人们生活中占有重要的位置，所以品种越来越丰富多彩。近年来，市场上出现的用巧克力涂布的焙烤制品就是与糖食制品结合的典型，还有与油炸食品及肉类制品结合的产品上市。

焙烤食品分为许多大类，而每一类中又分为数以百计的不同花色品种，它们之间既存在着同一性，又有各自的特性。焙烤制品一般具有下列特点：

(1) 所有焙烤制品均以谷类为基础原料。
(2) 大多数焙烤制品以油、糖、蛋等或其中1~2种作为主要原料。
(3) 所有焙烤制品的成熟或定型均采用焙烤工艺。
(4) 焙烤制品是不需经过调理就能直接食用的食品。
(5) 所有焙烤制品均属固态食品。

（一）焙烤加热的原理

1. 加热的原理

焙烤食品原料在加热过程中，能源、炉灶、烤盘、传热介质以及点心坯料的内部进行各种频繁的热量交换，最终使制品成熟。其中主要的热交换方式有三种。

(1) 热传导。热传导是由物体内部分子和原子的微观运动所引起的一种热量转移方式，是物体较热部分的分子受热振动与相邻部分的分子相碰撞、使热量从物体的较热部分传到较冷部分的过程。热传导是固体中热交换的主要方式。

(2) 对流传热。由于流体空间位置的改变所引起的流体和固体壁面之间的热量传递过程称为对流传热。对流传热是液体或气体进行热交换的主要形式，它可分为自然对流和强制对流两种方式。自然对流是指低温而比重大的流体向下运动，高温而比重小的流体向上运动从而引起的热交换。强制对流是依赖外力作用实现热交换的对流。

(3)辐射。辐射是指通过载能电磁波使物体间发生热交换的过程。辐射换热与热传导、对流换热不同，热传导和对流换热只发生在温度不同的物体接触时，而热辐射不需要这样，因为电磁波的传播不依靠中间介质，因而辐射可以在空中传播，其辐射强度与距离、环境温度有关。实际上，热交换的过程往往不是由一种形式单独进行的，而是由基本过程组合而成的复合过程。在实际工作中，随着温度的变化，三种传热方式或以一种方式为主，其他两种方式为辅；或三种传热方式同时发生。但无论是由几种基本过程复合的传热形式，它的作用结果也是由基本传热过程单独作用结果的总和。

2. 受热过程中的理化变化

各种面点生坯受热熟制都有一个由表及里的传热过程，在此过程中，制品内部发生着各种复杂的物化变化。化学变化主要是各种化学元素、化合物之间发生反应生成新的化合物，使面点原料形成新的物理状态。

物理变化是指受热过程中制品的内部发生的分散、水解、凝固等现象。其中，最明显的是受热后水分的扩散，即制品中的水分或有机溶剂分子所发生的迁移，它包括制品内部水分的迁移和制品中的水分向外界的迁移。制品受热后所发生的物理分散作用包括吸水、膨胀、分裂和溶解等，如淀粉在温水或沸水中的吸水膨胀。

当制品在水中加热时，部分化学成分将发生水解作用，如肉类中的蛋白质因水解而产生各种氨基酸，使制品成熟后带有鲜味；面粉中的淀粉经水解作用后产生糊精和糖类，使其制品成熟后带有甜味。制品中的水溶性蛋白质受热后即可逐渐凝固，如蛋清加热后所形成的蛋白就是利用了蛋白质受热凝固的性质。制品中的脂肪与水一起加热时，一部分脂肪将水解为脂肪酸和甘油，如果再加入酒、醋等调味品，则能与脂肪酸化合而形成有芳香气味的酯类。酯类脂肪容易挥发，并具有芳香气味，如鱼、肉等原料在加热时逸出的香味就是酯化作用的结果。

制品中所含的各种维生素在与空气接触时容易被氧化破坏，受热时氧化更快，特别是维生素C最易被破坏。所以对于含维生素较多的制品在熟制时，应尽量避免与空气接触和加热时间过长。制品受热过程中的理化变化在制品的品质上主要体现为制品表面和制品内部的变化。如烘烤清蛋糕，由于受到高温的影响，表皮水分发生扩散，面粉中的淀粉由于水解形成糊精，糖产生焦化，因此，清蛋糕的表皮经加热后而形成金黄色。蛋糕内部由于不直接接触高温，受高温的影响较小，水分扩散不多，但发生水分子的再分配作用。与此同时，淀粉发生糊化作用，鸡蛋中的蛋白质逐渐凝固，内部含有的无数气泡受热而膨胀，因而蛋糕成熟后，制品富有弹性并具有海绵状的松软结构。

(二) 影响焙烤食品质量的主要因素

焙烤食品的质量主要取决于焙烤原料的成分。其中影响最大的是面粉的品质、糖的种类以及油脂、乳、蛋、盐的使用情况。

1. 面粉

(1)面粉粉质：面粉粉质的测定国际上广为使用的是德国Brabender公司生产的粉质仪。

(2)面团的拉伸性：面团的拉伸性和韧性可从面团拉伸曲线上反应出面粉的物化性能。

(3)湿面筋含量：如前所述，面粉的蛋白质含量与质量是影响其食品加工品质的最重要因素。但在实际生产中，蛋白含量相等的面粉，其食品加工性能相差较多，甚至有些蛋白质含量低的面粉做面包加工性能好于蛋白质含量高的面粉，主要是由蛋白质质量或组成的不同造成的。而湿面筋含量则较好地表征了面粉中麦谷蛋白和麦醇溶蛋白的含量及比例，因此湿面筋含量被各国作为面粉等级标准的重要指标。面粉中湿面筋含量一般是通过洗面筋的方法来测定的。洗面筋的方法以前是用手洗，现在多采用现代化的机器洗，即面筋测定仪。

(4)降落值：降落值是以α-淀粉酶能使淀粉凝胶液化，使黏度下降这一原理为依据，以一定质量的搅拌器在被酶液化的热凝胶糊液中下降一段特定高度所需的时间(以秒为单位)来表示的。

2. 糖

糖是焙烤食品中不可缺少的重要原料之一。常用的糖有蔗糖、转化糖浆、淀粉糖浆、蜂蜜等。蔗糖的甜味纯正、反应快、很快达到最高甜度，是使用最广泛的、较理想的甜味剂。糖在焙烤食品中的主要作用为：

(1)改善制品的色、香、味、形。在面包、饼干或其他焙烤成熟的制品中，由糖参与的焦糖化反应和美拉德反应，可使产品表面形成金黄色或棕黄色，并产生诱人的焦香味，糖在糕点中起到骨架作用，能改善糕点的组织状态，使外形挺拔。

(2)作为酵母的营养物质：在发酵制品生产中，配料中加一定量的糖，作为酵母发酵的主要能量来源，有助于酵母繁殖和发酵。但糖的渗透压大，加糖量在小于6%(以面粉计)时可促进面团发酵，超过6%，则对酵母的活性有抑制作用。中高档点心面包中加糖量较多，可达15%~20%，一般通过延长发酵时间或采用二次发酵法来完成发酵过程。

(3)延长产品的货架寿命：糖的高渗透压作用，可抑制微生物的生长和繁殖，从而能增进糕点的防腐能力，延长货架期。另外，含糖高的产品中氧的溶解度大幅度下降，对于含油较多的饼干、点心具有一定的防油脂氧化酸败的作用。

(4)作为面团的改良剂：面粉在搅拌作用下吸水形成面团时，主要是依靠蛋白质胶粒内部浓度造成的渗透压使水分子进入到蛋白质分子中去的。如果在面团中加入一定量的糖或糖浆，它不仅吸收蛋白质胶粒之间的游离水，也会使蛋白质胶粒外部浓度增加，对胶体内部的水分会产生反渗透作用。因而过多使用糖会使面团的吸水力降低，妨碍面筋的形成，因此糖在面团搅拌中起到的是反水化作用。

在面包生产中，糖的用量不要大于30%，用糖过多，面筋未能充分扩展，会使产品体积小，组织粗糙。在制作高糖面包时，应适当延长搅拌时间或采用高速搅拌机。对于不希望过多形成面筋的面团，如饼干面团，酥性点心面团等高糖利于抑制面筋的形成，使产品在焙烤时不变形、酥脆、可口。

3. 油脂

在焙烤食品中常用的油脂有植物油、动物油、人造奶油和起酥油等。

(1)植物油。植物油有大豆油、棉籽油、花生油、棕榈油、玉米胚芽油等。植物油中主要含有不饱和脂肪酸，其营养价值高于动物油脂，但加工性能不如动物油脂和人造固态油脂。

(2)动物油。天然动物油中常用的是奶油和猪油。大多数动物油都具有熔点高、起酥性好、可塑性强的特点。

(3)人造奶油。人造奶油是指精制食用油添加适量的水、乳粉、色素、香精、乳化剂、防腐剂、抗氧化剂、食盐、维生素等辅料，经乳化、急冷捏合而成的具有天然奶油特色的可塑性油脂制品。由于人造奶油具有良好的涂抹性能、口感性能和风味性能等加工特性，它已成为世界上焙烤食品加工中使用较为广泛的油脂之一。

(4)起酥油。起酥油是指精炼的动植物油脂、氢化油、酯交换油或这些油的混合物，经混合、冷却、塑化而加工出来的具有可塑性、乳化性的固态或流动性的油脂产品。起酥油与人造奶油的主要区别是起酥油中没有水相。在国外起酥油的品种很多，在面包、饼干、糕点中使用最为广泛。

油脂在焙烤食品中的主要作用如下：

①可塑性。可塑性是指固态油脂（人造奶油、奶油、起酥油、猪油等）在外力作用下可以改变自身形状，撤去外力后能保持一定形状的性质。可塑性良好的固态油脂在面包、饼干、糕点面团中可呈片状、条状、薄膜状分布，而相同条件下液态油只能分散成球状。因此，固态油脂要比液态油能润滑更大的面团表面积，可使面团具有良好的延伸性。可塑性人造奶油加到面包面团中，可使面包的瓤心呈层状结构，可塑性良好的起酥油加到蛋糕中，可使蛋糕的体积增大，加到饼干和酥性点心中，食用时口感酥脆。

②起酥性。起酥性是指油脂具有能使食品酥脆易碎的性能。在调制酥性食品时加大量油脂，由于油脂的疏水性限制了面筋蛋白质的吸水润胀，面团含油越多，吸水率越低，面筋形成越少。油脂能在面团中形成油膜，产生隔离作用，阻碍面筋网络的形成，也使淀粉之间不能结合，从而降低了面团的弹性和韧性，增加了面团的塑性。从而使酥性制品口感酥松，入口即碎。

③充气性。油脂的充气性，也称为油脂的融合性。它是指油脂在空气中高速搅打时，空气被裹入油脂中，在油脂内形成大量小气泡的性质。在蛋糕和面包生产中加入充气性良好的油脂可使它们的体积增大，在饼干和酥性点心中加入这种油脂，会使产品酥脆适口，质地疏松。油脂的充气性与其组成有关，起酥油的充气性比人造奶油好，猪油的充气性较差。

④乳化分散性。乳化分散性是指油脂在与含水的原料混合时的分散亲和性质。在制作韧性饼干时，乳化分散性良好的油脂可使油水在面团中均匀分散。制作蛋糕时，油脂的乳化分散性越好，油脂小粒子分布越均匀，得到的蛋糕体积越大，质地越柔软。因此，添加了乳化剂的起酥油、人造奶油以及植物油最适宜制作高糖、高油类糕点和饼干。

⑤吸水性。起酥油、人造奶油都具有可塑性，在没有乳化剂的情况下也具有一定的吸水能力和持水能力。硬化处理的油还可以增加水的乳化性。吸水性对生产冰激凌、焙烤食品点心类有重要意义。

⑥稳定性。油脂的稳定性是指油脂抗氧化酸败的性能。对植物油来说，油脂的稳定性取决于其不饱和脂肪酸和天然抗氧化剂的含量。固态油脂、起酥油的稳定性好于猪油和人造奶油，因而常用起酥油来制造需要保存时间长的焙烤食品，如饼干、酥饼、点心、油炸食品。

4. 乳与乳制品

乳与乳制品因具有很高的营养价值、良好的加工性能及特有的奶酪香味，是高档焙烤食品(高档面包、饼干等)的重要原料之一。常用的乳及乳制品有鲜奶、奶粉、炼乳、干酪等。乳在焙烤食品中主要有以下的作用：

(1)具有良好的风味及滋味。乳制品的添加，可使焙烤食品具有特有的美味和香味，尤其于高级面包、饼干，乳制品成为必须添加的原料。

(2)改善制品的色、香、味。乳及乳制品中含有乳糖，它是一种还原性二糖，不被酵母发酵，在面团中作为剩余糖，在制品焙烤时发生焦糖化作用和美拉德反应，使产品上色较快。在焙烤食品中添加乳制品可使产品具有乳品所特有的香味。

(3)提高制品的营养价值。面粉是焙烤食品的主要原料，但面粉在营养上的先天不足使赖氨酸十分缺乏，维生素含量相对较少。乳粉中含有丰富的蛋白质和几乎所有的必需氨基酸，维生素和矿物质亦很丰富。

(4)改善面团的加工性能。乳粉中含有的大量蛋白质可提高面团的吸水率、搅拌耐力和发酵耐力，特别是对于低筋面粉，效果更为明显。

(5)改善制品组织结构，延缓制品老化。由于乳粉增强了面筋筋力，改善了面团发酵耐力和持气性，因而含有乳粉的制品组织均匀、柔软、疏松并富有弹性。添加乳粉增加了面团的吸水率和成品面包体积，使制品老化速度减慢。

5. 蛋与蛋制品

蛋品是生产面包、糕点的重要原料。蛋品中用量最多的是鸡蛋、鸭蛋。蛋品的原料类型有带壳鲜蛋、冻蛋、全蛋粉、蛋清粉等。鹅蛋因有异味，很少使用。蛋在焙烤食品中有以下功能。

(1)改善产品的色、香、味和提高营养价值。在面包、糕点的表面涂上一层蛋液，经焙烤后，呈诱人的金黄色，表皮光亮，外形美观。加蛋的面包、糕点成熟后具有悦人的蛋香味，并且结构疏松多孔，体积膨大而柔软。蛋与蛋制品的加入，有助于提高制品的营养价值。

(2)蛋的凝固性利于制品的成型。鸡蛋蛋白在热的作用下可变性凝固，形成坚实的结构，不仅可协助面粉形成制品的骨架，而且有利于制品的成型。对筋力弱的面粉，或添加豆面的面粉，生产挂面时，可加入适量的蛋液来强化制品的骨架结构。蛋糕柔软、蓬松结构主要取决于蛋的多少和蛋的搅拌质量。

(3)蛋白的起泡性使产品疏松、有弹性和韧性。蛋白是一种亲水胶体,具有良好的起泡性,在糕点生产中具有特殊的意义,尤其是在西点的装饰方面。蛋白经过强烈搅打,可将混入的空气包围起来形成泡沫,在表面张力作用下,泡沫成为球形。由于蛋白胶体具有黏性,将加入的其他辅料附着在泡沫的周围,使泡体变得浓厚坚实,增加了泡沫的机械稳定性。制品在焙烤时,泡沫内气体受热膨胀,增大了产品体积,使产品疏松多孔并且具有一定弹性和韧性。

(4)提供乳化作用。蛋黄中磷脂含量较高,且磷脂具有亲油和亲水的双重性质,是一种理想的天然乳化剂。它能使油、水和其他原料均匀地分布在一起,促进制品组织细腻,质地均匀,疏松可口,并具有良好的色泽。目前,国内外焙烤食品工业广泛使用蛋黄粉来生产面包、糕点和饼干。在使用时,可将蛋黄粉和水按1:1的比例混合,搅拌成糊状,添加到面团或面糊中。

6. 酵母

酵母是发酵食品的基本配料之一,其主要作用是将可发酵的碳水化合物转化为二氧化碳和酒精,产生的二氧化碳使面包的体积膨大,产生疏松、柔软的结构。除产气外,酵母菌体本身对面团的流变学特性有显著的改善作用。目前发酵食品制作中常用的酵母有鲜酵母、活性干酵母和即发活性干酵母。

7. 食盐

食盐是制作焙烤食品的基本配料之一,虽然用量不大,但对制品品质改良作用明显。食盐主要有以下作用。

(1)提高面食的风味。盐与其他风味物质相互协调、相互衬托,使产品的风味更加鲜美、柔和。

(2)调节控制发酵速度。盐的用量超过1%时,就能产生明显的渗透压,对酵母发酵有抑制作用,降低发酵速度。因此,可通过增加或减少盐的用量,来调节控制面团发酵速度。

(3)增加面筋筋力。盐可以使面筋质地细密,增强面筋的主体网状结构,使面团易于扩展延伸。

(4)可改善面食的内部色泽。实践证明,添加适量食盐的面包、馒头其瓤心比不添加的白。食盐的添加量应根据所使用面粉的筋力,配方中糖、油、蛋、乳的用量及水的硬度具体确定。食盐一般是在面团即将形成时添加。

8. 其他辅助料及添加剂

为了有利于焙烤食品工艺操作和提高产品质量,焙烤食品生产中使用的其他辅助料及添加剂还有乳化剂、氧化剂、疏松剂、增稠剂、抗氧化剂、香精香料和食用色素等。

五、糖渍

各种果脯、蜜饯及糖制食品在制作过程中,都要经过糖液的熬煮与浸渍,经多次煮制和浸渍,糖液浓度就要发生变化,影响对果实的渗透作用。对循环使用的糖液浓度测定后，要再调配成所需的浓度。另外，在生产中也常需要配制各种不同浓度的糖液。这一块内容主要讲述糖液的配制，至于其渗透的原理将在腌制内容里做详细介绍。

1. 相对密度

相对密度是每单位体积物质的质量。也就是说，一种一定体积的物质质量与作为标准的相等体积物质质量之间的比例。对于液体，作为标准的是水。

$$相对密度 = \frac{1\text{ L 糖浆的质量}}{1\text{ L 水的质量}}$$

用来测定糖液相对密度的仪器一般用相对密度表，用玻璃制成，价格低廉。测定时将表放入糖液中，表便立浮于糖液中，与糖液表接触的刻度，即为此糖液的相对密度。

2. 浓度

浓度是指溶液中含溶质的质量分数。例如 50% 浓度的糖液，即表示 100kg 糖液中含 50kg 糖的固溶物。一般有几种单位表示。

（1）糖锤度。利用糖液相对密度关系制成一种锤度汁，用这种锤度计或糖量计所测出的浓度单位，符号为 oBx，也就是重量百分浓度。60oBx 即表示 100kg 糖液中含 60kg 糖的固形物，含 40kg 水。

糖量计价格较贵，但测定方便，只需取一滴糖液即可，且读数较直观。

（2）波美度。符号为 °Bé，是用波美表直接测出的。价格低廉，测的方法与相对密度表相同。它和糖锤度的关系是：波美度×1.8≈糖锤度。

在生产中，如使用相对密度表或波美表，测出的数通过查表，就可以找出相对应的糖锤度值。

3. 糖液浓度的调配

用水和白砂糖直接配制糖液比较简单，如配 45% 浓度的糖液，即称取 45kg 糖，加入 55kg 水便可。但用浓糖液稀释或用稀糖液配成浓糖液，就较为复杂。首先应测出糖液的准确浓度，再按所需浓度进行计算，然后实际调配。最简便的方法可采用十字交叉计算法，方法是将需要配制的浓度写在中间，高浓度糖液写在左上方，水或稀浓度糖液写在左下方，左边上下两数与中间之数分别用大数减小数，所得之差分别填入右上方和右下方，右上方为高浓度糖液需要分量，右下方为稀糖液或水需要的分量，取两者按上述比例调配，即得到所需浓度的糖液。

（1）浓糖液稀释计算

例 1-1：70% 的浓糖液需稀释至 40% 的浓度，问浓糖液和水各需多少？

计算：

（高浓度糖液）70→30（高浓度糖液需要量）
　　　　　　　＼／
　　　　　　　40（需要配制的糖液浓度）
　　　　　　　／＼
　　　　　　 0 → 40（需加水量）

大数减去小数，得数即为所需浓糖液及水的量，上式中，水 40 份，70% 浓度的糖

— 61 —

液为 30 份, 即 4∶3(质量比), 混合即可得到浓度为 40% 的糖液。

(2) 不同浓度的糖液混合计算

例 1-2: 现有 60% 及 30% 两种浓度的糖液, 问配成 40% 浓度的糖液需两种糖液各多少?

计算:

(高浓度糖液) 60 → 10 (高浓度糖液需要量)

　　　　　　　　40 (需要配制的糖液浓度)

(低浓度糖液) 30 → 20 (低浓度糖液需要量)

大数减去小数, 得数即为两种浓度的糖液需要量。上式中: 30% 浓度的糖液 20 份与 60% 浓度的糖液 10 份相混合, 即得到浓度 40% 糖液。

(3) 糖液浓度的测定

手持糖量计又称折光仪, 通常用它来测定糖液可溶性固形的含量. 测定的具体方法是: 打开照明棱镜盖板, 用柔软的绒布仔细地将遮光镜擦干净, 取糖液 1~2 滴, 滴于折光棱镜的镜面上, 合上盖板, 使溶液遍布于棱镜表面。将仪器进光窗对向光源, 调节目镜适度圈, 使视野内分界线清晰可见。所见到的明暗分界线处的相应度数, 即为溶液含糖量的百分数。

当被测液含糖量低于 50%, 则应将旋钮转动, 使得目镜半圆视野中的分度尺为 0~50, 明暗分界线的刻度, 即为含糖的百分数。若含糖量高于 50%, 则应转动旋钮, 使目镜视野刻度范围调为 50~80。

六、腌制

食品腌制(腌渍)是指将食盐或糖渗透到食品组织内, 提高其渗透压, 降低其水分活性, 或通过微生物的正常发酵降低食品的 pH, 从而抑制有害菌和酶的活动, 延长保质期的储藏方法。其中盐腌的过程称为腌制, 经过腌渍加工的食品称为腌渍食品, 如腌菜、腌肉、腌禽蛋等。糖腌的过程称为糖渍, 如可分为蜜饯、糖浆水果、果冻和果酱等。尽管腌制食品种类很多, 但其原理都大致相同, 即都是基于小分子物质在细胞内的扩散和渗透。

(一) 食品腌渍的基本原理

食品在腌渍过程中, 需使用不同类型的腌渍剂。腌渍剂在腌渍过程中首先要形成溶液, 然后通过扩散和渗透作用进入食品组织内, 降低食品内的水分活度, 提高其渗透压, 借以抑制微生物和酶的活动, 达到防止食品腐败的目的。因此, 溶液的浓扩散和渗透的理论成为食品腌渍过程中重要的理论基础。

1. 溶液的扩散和渗透

(1) 溶液的扩散

食品的腌渍过程, 实际上是腌渍液向食品组织内扩散的过程。扩散是在有浓度差存在的条件下, 由于分子无规则热运动而造成的物质传递现象, 是一个浓度均匀化的过程。扩散的推动力是浓度差。物质分子总是从高浓度处向低浓度处转移,并持续到各处浓度平衡时才停止。

扩散过程中,通过面积 A 的物质扩散量(dQ)和浓度梯度成正比,即

$$dQ = -DA\frac{dc}{dx}d\tau$$

或中,J——物质扩散量;

A——面积;

D——扩散系数;

$\frac{dc}{dx}$——物质的浓度梯度。

扩散系数的大小与腌制液的温度、腌制剂的种类等有关。扩散系数随温度的升高而增加,温度每增加1℃,各种物质在水溶液中的扩散系数平均增加2.6%(2%~3.5%)。一般来说,溶质分子越大,扩散系数越小。

浓度差越大,扩散速度亦随之增加,但溶液浓度增加时,其黏度亦会增加,扩散系数随黏度的增加会降低。因此,浓度对扩散速度的影响还与溶液的黏度有关。

在缺少实验数据的情况下,扩散系数可按下面的公式计算:

$$D = \frac{RT}{N_A \pi 6 r \eta}$$

式中,R——气体常数,8.314J/(K·mol);

N_A——阿伏加特罗常数,6.023×10^{23}/mol;

T——温度,单位:K;

d——扩散物质微粒直径,单位:m;

η——介质黏度,Pa·s。

(2)渗透

渗透就是溶剂从低浓度溶液经过半渗透膜向高浓度溶液扩散的过程。

半渗透膜就是只允许溶剂通过而不允许溶质通过的膜。为什么半透膜只允许溶剂通过而不允许溶质通过,有两种解释:一种认为半透膜有孔,但孔很小,只有几纳米到十几纳米;另一种认为半透膜是无孔的,它通过优先吸附、溶解,然后再通过扩散使水分子透过。

若将底部用半渗透膜封住的容器装入盐、糖或其他物质的水溶液,并浸入盛有清水的容器内。清水就会通过半渗透膜渗入溶液内,以致容器内的液面就不断上升,出现了液柱,当它上升到一定高度时就不再上升,而清水的液面则不断地下降,液柱高度和溶液内溶质的浓度成正比。

此时,纯水侧就会承受液柱的压力(P):

$$P = 9.81\rho h (kN/m^2)$$

h—溶液的液柱高,单位:m

ρ—溶液的密度,单位:kg/m³

若在液柱内的液面上施加与 P 相同的压力,则原来内渗的水则不断外渗,直至形成的液柱消失,同时还阻止了纯水再通过半渗透膜内渗,此时,所施加的压力就是渗透压。

即当纯溶剂刚刚开始渗透时,纯溶剂对于半透膜存在 p 这样大的压力,随着渗透过程的进行,p 逐渐减小,最终趋于零,则停止渗透。

溶液的渗透压,可由下面的公式计算出:

$$p_0 = \frac{\rho_1 RTc}{100 M_2}$$

式中:p_0 为渗透压(Pa 或 kPa);ρ_1 为溶剂的密度(kg·m^{-3} 或 g·L^{-1});R 为气体常数;T 为绝对温度(K);c 为溶质的物质量浓度(mol·L^{-1});M_2 为溶质的分子质量(g 或 kg)

由上式可知,渗透压与溶剂的密度、溶质的分子量、温度及溶质的浓度有关,而与溶液的数量无关。

2. 微生物细胞的扩散和渗透现象

细胞壁属于全渗透性,而原生质膜为半渗透性。它们的渗透性随微生物的种类、菌龄、细胞内组成成分、温度、pH、表面张力的性质和大小等各种因素而有所不同。

微生物细胞处在浓度不同的溶液中,就会出现三种对微生物活动有影响的情况:细胞外溶液浓度和细胞内容物浓度相等。这对微生物来说是最适宜的环境,即溶液中含有营养食物的浓度最合乎理想的要求。

溶液浓度低于细胞内可溶性物质的浓度。此时,水分会从低浓度向高浓度渗透,细胞就会吸水增大,最初会出现原生质紧贴在细胞壁上,呈膨胀状态,这种现象称之为肿胀。如果内压过大还会发生膨胀现象,这就是原生质胀裂,这种现象在食品保藏中并未得到应用。

溶液浓度高于细胞内可溶性物质的浓度。此时,水分细胞内向细胞外渗透,原生质内的水分将向细胞间隙内转移,于是原生质紧缩,这种现象称为质壁分离。质壁分离会导致微生物停止生长活动。腌渍就是利用这种原理来达到保藏食品的目的的。

在高渗透压下微生物的稳定性决定于它们的种类,其质壁分离的程度决定于原生质的渗透性。如果溶质极易通过原生质膜,细胞内外的渗透压就会迅速达到平衡,不再存在着质壁分离的现象。因此,微生物不同,对盐、糖液的浓度的反应就不同。

3. 食盐在食品保藏中的作用

(1)食盐对微生物细胞的影响

1)脱水作用。

1% 食盐溶液可以产生 61.7 kN/m^2 的渗透压,而大多数微生物细胞的渗透压为 30.7~61.5 kN/m^2。在食盐的渗透压作用下,微生物细胞脱水,发生质壁分离,微生物生长活动停止,从而达到防腐的目的。

2)离子水化的影响。

NaCl 溶解于水后就会离解,并在每一离子的周围聚集着一群水分子,从而使自由水分减少，结合水分增多→微生物受到抑制。

水化离子周围的水分聚集量占总水分量的百分率随着盐分浓度的提高而增加。微生物在饱和食盐溶液中不能生长，一般认为这是由于微生物得不到自由水分的缘故。

3) 毒性作用。

微生物对钠很敏感。温斯洛和福尔克发现少量 Na^+ 离子对微生物有刺激生长的作用，当达到足够高的浓度时，就会产生抑制作用。他们认为 Na^+ 离子能和细胞原生质中的阴离子结合，因而对微生物产生毒害作用。

酸能加强 Na^+ 离子的毒害作用。使用 NaCl 抑制微生物活动时，加入酸(盐酸、柠檬酸、醋酸、乳酸、苹果酸和酒石酸) NaCl 的用量可减少 5%。

NaCl 对微生物的毒害作用也可能来自氯离子。因为，NaCl 离解时放出的氯离子会和细胞原生质结合，从而促使细胞死亡。

4) 对酶活力的影响。

微生物分泌出来的酶活性常在低浓度盐液中就遭到破坏。

5) 盐液中缺氧的影响。

由于氧很难溶解于盐水中，就形成了缺氧的环境，在这样的环境中，需氧菌就难以生长。

(2) 盐液浓度和微生物的关系，见表 1-24。

表 1-24　盐液浓度和微生物的关系

盐溶液的浓度	微生物生长情况
1% 以下	微生物的生长活动不会受到任何影响
1%~3%	大多数微生物的生长活动会受到暂时性抑制
10%~15%	大多数微生物完全停止生长，大部分杆菌在 10% 以上盐液中就不再生长
20%~25%	差不多所有微生物都停止生长，因而一般认为这样的浓度基本上已能达到阻止微生物生长的目的。不过，有些微生物在 20% 的盐液中尚能保持生命力，也有一些尚能进行生长活动。某些乳酸菌、酵母、霉菌只有在 20%~30% 盐液浓度中才会受到抑制

注：①细菌在浓盐溶液中虽不能生长，但如经短时间盐液处理后，再次遇到适宜环境时仍能恢复生长。②非病原菌抗盐性一般比病原菌强。

4. 糖在食品保藏中的作用

糖对微生物生长的影响与其浓度有关：糖液浓度在 1%~10% 时，实际上会促进某些菌种的生长；糖液浓度达 50% 时，会阻止大多数酵母的生长；糖液浓度几乎要达到 65%~85%，才能抑制细菌和霉菌的生长。为了保藏食品，糖液的浓度至少要达到 50%~75%，以 70%~75% 为最适宜。

高浓度的糖液虽然有强力抑制微生物活动的作用，但实际上尚存在有不少耐糖的微生物，其中酵母就是对高浓度糖液抵抗力最强的菌种。总的来说，霉菌和酵母能容忍糖液的浓度比细菌高得多，因此，在糖渍保藏中防止霉菌和酵母常成为主要问题。

糖对微生物生长的影响与其种类有关。例如，抑制食品中毒葡萄球菌需要的葡萄糖浓度为40%～50%，而蔗糖为60%～70%。

葡萄糖和果糖比蔗糖或乳糖的效力强得多。但是浓度相同时，葡萄糖和蔗糖等量混合物抑制微生物生长活动的效果和单用一种糖时相同。

总之，食糖本身对微生物并无毒害作用，它主要是降低介质的水分活度，减少微生物生长活动所能利用的自由水分，并借渗透压导致细胞质壁分离，从而抑制微生物的生长活动。

5. 辅助腌制剂及其作用

(1) 硝酸盐和亚硝酸盐

在腌肉中少量使用硝酸盐已有几千年的历史。在腌制过程中，硝酸盐可被还原成亚硝酸盐。因此，实际起作用的是亚硝酸盐。其作用主要表现为：

1) 对肉制品具有良好的呈色和发色作用

原料肉的红色，是由肌红蛋白所呈现的一种感官性状。新鲜肉中还原型的肌红蛋白呈现稍暗的紫红色，很不稳定，易被氧化。为了使肉制品呈鲜艳的红色，在加工过程中多添加硝酸盐与亚硝酸盐。

2) 抑制腐败菌的生长

亚硝酸盐在肉制品中，对微生物的增殖有一定的抑制作用，其效果受pH所影响。当pH为6时，对细菌有一定的作用；当pH为6.5时，作用降低；当pH为7时，则完全不起作用。

亚硝酸盐与食盐并用可使抑菌作用增强，尤其重要的是亚硝酸盐可以防止肉毒杆菌的生长。一般肉制品都是真空包装的，正好适宜肉毒杆菌生长，微量的亚硝酸盐就可以有效地抑制其增殖。因此要废除或减低亚硝酸盐的含量可能是很危险的，肉毒杆菌中毒是神经毒素，一般是会致死的。

3) 增强肉制品风味

亚硝酸盐对于肉制品的风味有两个方面的影响：一是产生特殊腌制风味，这是其他辅料所无法取代的。二是防止脂肪氧化酸败，以保持腌制肉制品独有的风味。但亚硝酸盐很容易与肉中蛋白质分解产物二甲胺作用，生成二甲基亚硝胺。亚硝胺具有致癌性，因此在腌肉制品中，亚硝酸盐的添加量要严格控制。

(2) 磷酸盐

磷酸盐的作用主要是提高肉的保水性。

目前肉制品加工中使用的磷酸盐，根据《食品添加剂使用卫生标准》的规定有焦磷酸钠($Na_5P_5O_7$)、三聚磷酸盐(钠)($Na_2P_3O_{10}$)和六偏磷酸钠。

由于各种磷酸钠的作用是不同的，复合使用其保水效果更优于单一成分。

磷酸盐的主要作用机理是：①提高pH。磷酸盐呈碱性反应，加入肉中可以提高肉的pH，使之偏离蛋白质的等电点，从而增加肉的持水性。②增加离子强度。多聚磷酸盐是多价阴离子化合物，即使在较低的浓度下也具有较高的离子强度，能使处于凝胶状态的球状蛋白的溶解度显著增加（盐溶现象）而达到溶胶状态，提高了肉的持水性。③与金属离子发生螯合作用。多聚磷酸盐与多价金属结合的性质，使其能结合肌肉蛋白质中的Ca^{2+}、Mg^{2+}，使蛋白质的羧基（-COOH）解离出来。由于羧基之间同性电荷的相斥作用，使蛋白质结构松弛，可提高肉的保水性。④解离肌动球蛋白：焦磷酸盐和三聚磷酸盐有解离肌肉蛋白质中的肌动球蛋白的功能，可将肌动球蛋白离解成肌球蛋白和肌动（肌凝）蛋白。肌球蛋白的增加也可使肉的持水性提高。⑤抑制肌球蛋白的热变性。肌球蛋白是决定肉的持水性的重要成分。但是，肌球蛋白对热不稳定，其凝固温度为42~51℃，在盐溶液中30℃就开始变性。肌球蛋白过早变性会使其持水能力降低。

焦磷酸盐对肌球蛋白的变性有一定的抑制作用，可以使肌肉蛋白质的持水能力更稳定。

（3）抗坏血酸钠和异抗坏血酸钠

在肉的腌制过程中主要有以下作用：①抗坏血酸盐可以同亚硝酸发生化学反应，增加NO的形成，以加快发色速度，缩短腌制时间。例如，在法兰克福香肠加工中，使用抗坏血酸盐可使腌制时间减少1/3。②抗坏血酸盐有利于高铁肌红蛋白还原为亚铁肌红蛋白，从而加快了腌制的速度。③抗坏血酸盐具有抗氧化性，因而能稳定腌肉的颜色和风味。如，通过向肉中注射0.05%~0.1%的抗坏血酸盐能有效地减轻由于光线作用而使腌肉褪色的现象。④在一定条件下抗坏血酸盐具有减少亚硝胺形成的作用。抗坏血酸盐被广泛应用于肉制品腌制中。已表明用550mg/kg的抗坏血酸盐可以减少亚硝酸的形成，但确切的机理还未知。目前许多腌肉都同时使用120mg/kg的亚硝酸盐和550mg/kg的抗坏血酸盐。

6. 亚硫酸对果蔬的作用

亚硫酸处理是果脯、蜜饯或果蔬加工中十分重要的一道工序。经亚硫酸处理后，可减轻原料的氧化褐变，使成品获得光亮透明的色泽，又减少果实中维生素C的损失，并起到防腐作用。同时，在煮制时，部分二氧化硫溶于剩糖液中，可防止糖液发酵。另外，二氧化硫可使原料表面细胞遭到破坏，促进果实的渗糖和果脯的干燥。

一般将亚硫酸盐配成0.3%~0.6%的溶液，然后将原料投入，浸泡30~120分钟便可捞出。因经亚硫酸氢钠溶液浸泡后的果实呈碱性，所以浸后须漂洗干净。

7. 烫漂作用

用蒸汽或热水短时间蒸煮原料，称为烫漂。其目的有以下几点：

（1）破坏原料中酶的活性，阻止氧化，可以保持果实色泽的稳定，减少维生素C的损失。

（2）使果实组织软化，并脱去一部分水分，使糖液易渗入。

（3）杀灭原料表面的部分微生物。

（4）排除果实组织中的部分空气，防止褐变。

（5）改善某些制品的气味。

（6）可使硬化处理后的果实回软，对于腌坯和硫处理过的原料，可达到脱盐脱硫的目的。

采用热水烫漂,原料受热均匀,但可溶性物质易流失。应将水煮沸后,投入原料,迅速升温,一般为2~8分钟。蒸汽热烫通常是在密闭的容器中,将蒸汽直接喷向原料。不管采用哪种方法,如烫漂不足,达不到目的;时间过长,原料组织变得糜烂、柔软,对糖煮工序不利。一般煮到原料半生不熟,组织比较透明,失去新鲜原料的硬度即可,然后立即用冷水冷却。

8. 硬化处理

在加工过程中一般都要进行硬化处理,其目的为了保持脆性,使糖液易于渗透,并使所加工的原料在加热过程中不被煮烂。

果蔬硬化的原理是,果蔬中所含的果胶物质与钙盐形成果胶酸钙,从而使细胞组织固结,硬度增加。

硬化处理的方法,是将处理好的原料倒入配好的硬化液中浸泡,硬化液的量以没过原料为准,浸泡时间因所加工品种而异,一般浸泡4~16小时。如硬化处理过量,会引起部分纤维素的钙化。对含果胶特别多的原料,尤要控制好钙的浓度和浸泡时间,以免成品粗糙,品质低劣。

(二) 食品常用的腌渍方法

1. 食品盐腌方法

动物性食品原料如肉类、禽类、鱼类及植物性食品原料如蔬菜、某些果品等常采用盐腌法。按照用盐方式的不同,盐腌法可分为干腌法、湿腌法、肌肉或动脉注射法和混合腌制法四种。其中,干腌和湿腌是基本的腌制方法,而肌肉或动脉注射腌制仅适用于肉类腌制。不论采用哪种方法,腌制时都要求腌制剂渗入到食品内部深处并均匀地分布在其中,这时腌制过程才基本完成,因而腌制时间主要取决于腌制剂在食品内进行均匀分布所需的时间。

(1) 干腌法

干腌法是用食盐或混合盐,先在食品表面擦透(即有汁液外渗现象),而后层堆在腌制架上或在腌制容器中,各层之间还应均匀地撒布食盐,各层依次压实,在外加压或不加压的条件下,依靠外渗汁液形成盐液进行腌制的方法。

干腌是一种缓慢的腌制过程,但腌制品的风味较好。我国名产火腿、咸肉、烟熏肋肉以及鱼类常采用此法腌制。各种蔬菜也常用干腌法腌制。在国外,虽然干腌法现已不是主要的腌制方法,但仍应用于某些特种腌制品,如乡村腌腿、干腌烟熏肋肉,并作为优质产品供应市场。

干腌法的特点如下。

优点:所用的设备简单,操作方便,用盐量较少,腌制品含水量低而利于储存,同时蛋白质和浸出物等食品营养成分流失较别的方法少。

缺点:缺点是腌制不均匀、失重大、味太咸、色泽较差(若加用硝酸钠色泽可以好转)。当盐卤不能完全浸没原料时,易引起蔬菜的长膜、生花和发霉等品质变化。

（2）湿腌法

湿腌法即将食品原料浸没在盛有一定浓度食盐溶液的容器中，利用溶液的扩散和渗透作用使盐溶液均匀地渗入原料组织内部的方法。当原料组织内外溶液浓度达到动态平衡时，即完成湿腌的过程。

分割肉类、鱼类和蔬菜均可采用湿腌法进行腌制。果品中的橄榄、李子、梅子等加工凉果所用的胚料也多采用湿腌法。

在湿腌过程常使用老卤水，原因如下。

肉内可溶性物质在湿腌过程中会在浓度差作用下逐渐向盐液中扩散，这些物质包括磷酸盐、乳酸盐、肌酸和肌肽以及蛋白质等，这意味着营养物质及风味的消失。而老卤水中因每次腌制总有蛋白质和其他物质进入，老卤水的浓度增加，因此再次重复使用时，腌制肉的蛋白质和其他特制的损耗要比新盐液时的损耗少得多。

湿腌法的特点如下。

优点：食品原料完全浸没在浓度一致的盐溶液中，既能保证原料组织中的盐分均匀分布，又能避免原料接触空气出现氧化变质现象。

缺点：用盐量多，易造成原料营养成分较多流失，并因制品含水量高，不利于储存，此外，湿腌法需用容器设备多，工厂占地面积大。

（3）动脉或肌肉注射腌制法

特点：用盐水注射法可以缩短腌制时间（由 72 小时可缩至 8 小时），提高生产效率，降低生产成本，但是其成品质量不及干腌制品，风味略差。

1）动脉注射腌制法

此法是用泵将盐水或腌制液经动脉系统压送入分割肉或腿肉的腌制方法，为散布盐液的最好方法。但是，一般分割胴体的方法并不考虑原来的动脉系统的完整性，故此法只能用于腌制前后腿。

2）肌肉注射腌制法

此法有单针头和多针头注射法两种。

多针头肌肉注射最适用于形状整齐而不带骨的肉类，用于腹部肉和肋条肉极为适宜。带骨或去骨腿肉也可采用此法。

用肌肉注射腌液时所得的半成品的湿含量比用动脉注射时所得的湿含量要高，因而需要仔细地操作，才能获得品质良好的产品。因为注射时盐液经常会过多地聚积在注射部位的四周，短时间内难以散开，因而肌肉注射时就需要较长的注射时间以便获得充分扩散盐液的时间，不至于聚积过多。

（4）混合腌制法

混合腌制法即干腌和湿腌相结合的方法。即在注射盐水以后，用干的硝盐混合物擦抹在肉制品上，放在容器内腌制；或先擦抹上干的盐硝混合物腌制（排血）后，再放在容器中用盐水湿腌。

采用干腌法和湿腌法混合加工可增加储藏时的稳定性，防止产品过度脱水，避免营养物质过分损失，而且腌制过程比单纯干腌开始得早。产品咸度适中，色泽好。

这种方法应用最为普通。混合腌制法也常用于鱼类，特别适用于多脂鱼。

2. 盐制过程中有关因素的控制

(1) 食盐的纯度

食盐中除氯化钠外还有镁盐和钙盐等杂质。在腌制过程中，它们会影响食盐向食品内渗的速度。食盐中硫酸镁和硫酸钠过多还会使腌制品具有苦味。

为了保证食盐迅速渗入食品内，以便尽早阻止食品向腐败变质方向发展，同时保证制品的风味，应尽可能选用纯度较高的食盐。

食盐中不应有微量铜、铁、铬存在，它们对腌肉制品中脂肪氧化"月毫"败会产生严重的影响。铁在腌制蔬菜时，会和香料中鞣质和醋作用，使腌制品发黑。

(2) 食盐用量或盐水浓度

扩散渗透理论表明，渗透速度随盐分浓度而异。干腌时用盐量愈多或湿腌时盐水浓度越大，则食品中食盐内渗量越大。

盐水中盐分浓度常用波美计来测定，但是腌肉时用是混合盐，其中的糖分对波美计读数有影响。盐水中加糖后所提高的波美读数相当于同样加盐量的50%。其他成分虽然对波美读数有影响，由于其含量较少，可以不计。

(3) 原料的化学成分

原料中的水分含量，与腌制品品质有密切关系，尤其是腌咸菜类要适当减少原料中的水分。同一食盐浓度的腌制品，若原料中含水量不一样，保存性也不一样。

蔬菜原料中氮和果胶含量的高，对腌制品色、香、味及脆度有好的作用。

(4) 温度的控制

由扩散渗透理论可知，温度越高，扩散渗透速度越迅速。但选用适宜腌制温度必须谨慎小心，因为温度越高，微生物生长活动也就越迅速，而腌制过程则相对慢很多。

因鱼、肉类在高温下极易腐败变质，为了防止在食盐渗入鱼、肉内以前就出现腐败变质的现象，它们的腌制仍应在低温条件下，即10℃以下进行。

蔬菜腌制时对温度要求有所不同，因为有些蔬菜需乳酸发酵。适宜于乳酸菌活动的温度为26~30℃。在此温度范围内，发酵快，时间短，低于或高于适宜生长温度，需时就长。

(5) 空气

缺氧是腌制蔬菜中必须重视的一个重要问题。乳酸菌是厌氧性，只有缺氧时才能促使蔬菜腌制时进行乳酸发酵，同时还能减少因氧化而造成的维生素C的损耗。为此，蔬菜腌制时必须装满容器、压紧，湿腌时尚须装满盐水，将蔬菜浸没，不让其露出液面，而且装满后必须将容器密封。这样不但减少了容器内的空气量，而且避免和外部空气接触。此外，发酵时产生的二氧化碳也能将菜内空气或氧排除掉，形成缺氧环境。

肉类腌制时，保持缺氧环境将有利于稳定色泽。当肉类无还原物质存在时，暴露于空气中的肉表面的色素就会氧化，并出现褪色现象。

3. 腌制品的食用品质

腌制品的食用品质主要是色泽和风味。

(1) 腌制品色泽的形成

颜色是食品里要的食用品质之一。虽然颜色本身并不影响食品营养价值和风味，但它是食品化学、生物化学和微生物变化的外在表现，色泽能使消费者对食品产生好或坏的感觉，从而影响他们对食品的选择。在食品的腌制加工过程中，色泽的变化和形成主要通过褐变、吸附以及添加的发色剂的作用而产生。

(2) 褐变形成的色泽

腌制过程中腌制品所发生的褐变包括：酶促褐变和非酶褐变。

褐变引起的颜色变化对制品的影响依产品种类的不同而有所不同：

对于颜色较深的制品，如酱菜、干腌菜和醋渍品来说，常常需要褐变所产生的颜色。如果在腌制过程中褐变受到抑制，则会使产品颜色变浅，从而影响成品的色泽。

对于有些产品，如脆白菜、鲜绿及鲜红的腌菜和很多的糖渍品来说，褐变往往会降低产品的色泽品质。在实际生产中，通过抑制酚酶和隔氧等措施可以抑制酶促褐变；降低反应物的浓度和介质的 pH、避光及降低温度，则可抑制非酶促褐变的进行。

(3) 吸附形成的色泽

在食品腌制时使用的腌制剂中，有些含有色素，如糖液、酱油、食醋等。食品原料经腌制后，这些腌制剂中的色素向组织细胞内扩散，结果使产品具有类似所用的腌制剂的颜色。

(4) 发色剂形成的色泽

肉类制品在腌制过程中形成的腌肉颜色主要是加入的发色剂与肉中的色素物质作用的结果。常用的发色剂有硝酸盐和亚硝酸盐。

1) 发色机理。在肉类原料一节已经提及，在此不再赘述。

2) 影响腌肉制品色泽的因素。①亚硝酸盐的使用量。肉制品的色泽与亚硝酸盐的使用量有关，用量不足时，颜色淡而不均，在空气中氧的作用下会迅速变色，造成储藏后色泽的恶劣变化。用量过大时，过量的亚硝酸根的存在又有使血红素物质中的卟啉环的 α-甲炔键硝基化，生成绿色的衍生物。②肉的 pH。肉的 pH 对亚硝酸盐的发色作用也有一定的影响。亚硝酸钠只有在酸性介质中才能还原成 NO，故 pH 接近 7.0 时肉色就淡。但在过低的 pH 环境中，亚硝酸盐的消耗量增大，而且在酸性的腌制品中，如使用亚硝酸盐过量，又更容易使产品变绿。一般发色的最适宜 pH 范围为 5.6~6.0。③温度。生肉呈色的过程比较缓慢，经过烘烤加热后，则反应速度加快；而如果配好料后不及时处理，生肉就会褪色，特别是灌肠机中的回料，由于氧化会很快褪色，这就要求迅速操作，及时加热。④其他因素。例如添加抗坏血酸，当其用量高于亚硝酸盐时，在腌制时可起助呈色作用，在储藏时可起护色作用。蔗糖和葡萄糖由于其还原作用，可影响肉色强度和稳定性。加烟酸或烟酰胺也可形成比较稳定的红色，但这些物质没有防腐作用，所以暂时还不能代替亚硝酸钠。另一方面有些香辛料如丁香对亚硝酸盐还有消色作用。

3) 腌肉色泽的保持。为了保持腌制品的色泽，应采用低温、避光储藏、同时控制脂肪含量，并采用添加抗氧化剂、真空或充氮包装、添加去氧剂脱氧等措施避免氧的影响。

4. 腌制品风味的形成

(1)原料成分以及加工过程中形成的风味。腌制品产生的风味有些是直接来源于原料和腌制剂的风味物质，有些是由风味物质的前体在风味酶或热的作用下经水解或裂解而产生的。

(2)发酵作用产生的风味。在发酵型食品腌制过程中，伴随有不同程度的微生物的发酵作用，腌制品的有些风味物质就是经发酵产生的。

(3)吸附作用产生的风味。各种食品都具有不同的特点，添加的调味料也不一样，因此不同腌制品表现出的风味也大不一样。在腌制过程中，通过扩散和吸附作用，可使腌制品获得一定的风味。

七、熏制

烟熏主要用于鱼类、肉制品的加工中。腌制和烟熏在生产中常常是相继进行的，即腌肉通常需烟熏，烟熏肉必须预先腌制。

(一) 熏制的基本原理

(1)烟熏的目的

①赋予制品特殊的烟熏风味，增加香味；如，酚类化合物：愈创木酚和 4 - 甲基愈创木酚等。②使制品外观产生特有的烟熏色，对加硝肉制品有促进发色作用，主要机理为美拉德反应、亚硝酸盐发色、脂肪外渗润色。③杀菌消毒，防止腐败变质，使肉制品耐储藏，主要杀菌成分为有机酸、酚、醛类等。④熏烟成分渗入制品内部防止脂肪氧化，起主要作用的是酚类及其衍生物。

(2)熏烟的主要成分及其作用

用于熏制食品的熏烟，主要是用各种燃料(如玉米穗轴、软质和硬质木材等)不完全燃烧得到的。熏烟是由空气和没有完全燃烧的产物——气体、液体、固体颗粒所形成的混合物，其中最常见的化合物包括：酚类、醇类、有机酸类、羰基化合物、烃类、气体物质。

1)酚类。抗氧化作用；对产品的呈色和呈味作用；抑菌防腐作用。

2)醇类。在烟熏过程中醇的主要作用是作为挥发性物质的载体，对风味的形成几乎不起作用。醇的杀菌作用极弱。

3)有机酸类。有机酸对制品的风味影响极为微弱，其杀菌作用也只有当积聚在制品表面，以至酸度有所增长的情况下才显示出来。在烟熏加工时，有机酸最重要的作用是促使肉制品表面蛋白质凝固，形成良好的外皮。

4)羰基化合物。羰基化合物具有非常典型的烟熏风味，且多可以参与美拉德反应，与形成制品色泽有关，因此对烟熏制品色泽、风味的形成极为重要。

5)烃类。多环烃对烟熏制品并不起重要的防腐作用，也不会产生特有风味，且多有致癌作用［已证实苯并(a)芘和二苯并(a,h)蒽是致癌物质］。研究表明它们多附着在熏烟的固相上,因此可以去除掉。现已研制出不含苯并(a)芘和二苯并(a,h)蒽的液体烟熏制剂,使用时就可以避免食品因烟熏而含有致癌物质。

6)气体物质。熏烟中产生的气体物质有 CO_2、CO、O_2、N_2、NO 等,大多数对熏制无关紧要。

(二)烟熏方法

1. 按制品的加工过程分熟熏和生熏

前者是熟制后的肉制品再经过烟熏处理,后者是肉制品熟制前对其进行的烟熏处理。

2. 按熏烟接触的方式分直接烟熏法和间接烟熏法

前者是在烟熏室内直接燃烧木材发烟进行熏制,后者不在烟熏室内发烟,利用单独的烟雾发生器发烟,将燃烧好的具有一定温度和湿度的熏烟送入烟熏室,对肉制品进行熏制。

3. 按熏制过程中的温度范围分为冷熏法、温熏法、热熏法、焙熏法、电熏法、液熏法

(1)冷熏法。冷熏法是一种在低温(15~30℃)下进行较长时间(4~7天)熏制的方法。由于熏制过程较长,在烟熏过程中产品进行了干燥和成熟,使产品的风味增强,保存性提高。这种方法的缺点是时间长,产品的重量损失大。在温暖地区,由于气温关系,这种方法很难实施。

(2)温熏法。温熏法是在30~50℃的温度范围内进行的烟熏方法。这一温度范围超过了脂肪的熔点,所以脂肪很容易游离出来。而且部分蛋白质开始凝固,因此烟熏过的制品质地会稍硬。由于这种烟熏法的温度条件有益于微生物的生长,烟熏的时间不能太长,一般控制在5~6小时,最长不能超过2~3天。熏制时应控制温度缓慢上升,用这种温度熏制,重量损失少,产品风味好,但耐储藏性差。

(3)热熏法。热熏法采用的温度为50~85℃,但在实际操作过程中烟熏温度大多控制在60℃左右。在此温度范围内,蛋白质几乎全部凝固,制品表面硬度较高,而内部含有较多的水分,产品富有弹性。熏制时间4~6小时,因为熏制的温度较高,制品在短时间内就能形成较好的熏烟色泽。但是,熏制的温度必须缓慢上升,否则发色不均匀。一般灌肠产品的烟熏采用这种方法。

(4)焙熏法(熏烤法)。其特点为:温度为90~120℃,烟熏时间短。制品不必再行加热即可直接食用。成品含水较多,储藏性差。

(5)电熏法。在烟熏室内配有电线,电线上吊挂原料后,相互连上正负电极,然后一边送烟,一边施以10~20kV的电压使制品作为电极进行电晕放电,使得制品表面带有电荷,这样,烟粒子急速吸附于制品表面,烟的吸附大大加快,烟熏时间仅需温熏法的1/20。优点:烟熏速度快、产品储藏性较好;缺点:熏烟成分容易过分集中于食物的尖端,设备费用较昂贵。

(6)液熏法。用液态烟熏制剂代替烟熏的方法称为液熏法。将原料放在熏液中浸10~20小时,干燥后制成成品。液态烟熏剂一般是从硬木干馏制成并经过特殊净化(除

去油分、焦油的水溶性物质)、浓缩、含有烟熏成分的溶液,又称木醋液。

(三)熏烟产生的方法

(1)燃烧法:将木屑倒在电热燃烧器上使其燃烧,再通过风机送烟的方法。发烟和熏制分在两处进行。

(2)摩擦发烟法:应用钻木取火的发烟原理进行发烟。

(3)湿热分解法:将水蒸气和空气适当混合,加热到300~400℃后,使热量通过木屑产生热分解。

(4)流动加热法:用压缩空气使木屑飞入反应室,经过与300~400℃的过热空气混合,使浮游于反应室内的木屑热分解。

(5)炭化法:电热炭化产烟。

八、调味技术

(一)调味原理

风味的调配是以咸味料和鲜味料为中心,以风味原料(肉类抽取物等)为基本原料,以甜味料、香辛料等调味材料和填充料等为辅,配以适当的调香、调色混合成一定的比例而制成。其原理主要由食品的风味和味觉、食品原料的味阈、各种味的相乘、对比、消杀等作用等。

食品风味的好坏用好吃与否衡量。好吃的生理反应实质上就是对食品味道的感觉,也就是味体现出食品的好坏。所以调味在食品生产中是关键一环。食品的味感可由四原味的酸、甜、苦、咸调理而成。作为汤料的调味应该再加上辣、鲜。食品风味的好坏受许多因素影响。见图1。

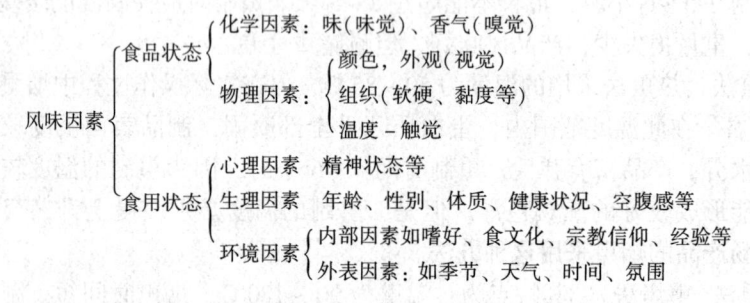

```
          ┌ 食品状态 ┬ 化学因素:味(味觉)、香气(嗅觉)
          │         │         ┌ 颜色,外观(视觉)
          │         └ 物理因素 ┤ 组织(软硬、黏度等)
风味因素 ┤                   └ 温度-触觉
          │         ┌ 心理因素 精神状态等
          │ 食用状态 ┤ 生理因素 年龄、性别、体质、健康状况、空腹感等
          └         │         ┌ 内部因素如嗜好、食文化、宗教信仰、经验等
                    └ 环境因素 ┤
                              └ 外表因素:如季节、天气、时间、氛围
```

图1 影响食品风味的因素

因此,评价风味的好坏要综合考虑以上因素。

1. 基本原料的味阈

调配前要了解基本原料中呈味物质的味阈,所谓味阈就是人所能感觉到呈味物质存在的最低浓度。表1-25所示是一些呈味物质的阈值。

表1-25　汤料原料的味阈

味道	呈味物质	味阈(在水溶液中的%)
甜味	蔗糖	0.5
咸味	食盐	0.2
酸味	醋酸	0.0108
	柠檬酸	0.0152
苦味	奎宁	0.00005
	咖啡因	0.03
鲜味	味精	0.03
	5'-肌苷酸钠	0.025
	5'-鸟苷酸钠	0.0125

2. 各种味的相乘、对比和相抵作用

(1)味的相乘作用。同时使用两种以上的呈味物质(同一种味)比单独使用一种呈味物质的味大大增强。鲜味、甜味等具有明显的相乘效果。鲜味物质味精和核酸类调味料如5'-肌苷酸钠、5'-鸟苷酸钠等有很好的相乘作用。配制浓度为0.05%的味精和5'-肌苷酸钠溶液，然后将其按照不同的比例配合，可以显著提高味精的鲜味。同样，糖类、合成甜味剂、氨基酸等许多甜味物质也具有味的相乘作用。

(2)味的对比作用。一种呈味物质具有较强的味道，如果少量加入另一种呈味物质则会使原来呈味物质的味道，变得更强，这就是味的对比作用。甜味与咸味、鲜味与咸味、苦味与酸味等具有很强的对比作用。如在调味用的各种煮汁中加入0.3%～0.4%的食盐，能明显增加煮汁的鲜味。

(3)味的相抵作用。味的相抵作用与味的对比作用相反，味的相抵作用是加入一种呈味物质能减轻原来呈味物质的味觉。苦味与甜味、酸味与甜味、咸味与鲜味、咸味与酸味等具有明显的相抵作用。可以将具有相抵作用的呈味物质作为遮掩剂掩盖原有的味，酸、盐、糖、酱油、料酒等都可作为遮掩剂在汤料调配中应用。

(4)休闲食品的原辅料和用量。风味的好坏很大程度上取决于所选用的原料，生产休闲食品所使用的原辅料和用量见表1-26。

表1-26　原辅料的选用和用量

种类	调味原料	用量(汤中的适口浓度%)
咸味料	食盐等	0.8～1.2
鲜味料	味精	0.2～0.5
	5'-肌苷酸钠、5'-鸟苷酸钠琥珀酸钠	0.002～0.02
	肉抽取物、酵母抽取物、粉末酱油、粉末氨基酸 HAP(水解动物蛋白)、HVP(水解植物蛋白)等	0.05～1.0

续表

种类	调味原料	用量(汤中的适口浓度%)
甜味料	蔗糖、葡萄糖等	0.2~0.5
酸味料	柠檬酸、醋酸、酒石酸、乳酸等	0.002~0.01
香辛料	辣椒、花椒、胡椒、肉蔻、肉桂等	0.004~0.05
脱水蔬菜	大蒜、葱、胡萝卜、白菜、甘蓝、芝麻等	0.005~0 05
油脂	动物油、植物油、调味油~粉末油脂等	0.05~0.2
着色料	焦糖色、陈皮粉、辣椒红等	0.05~0.2
香精	肉类香精等	0.05~0.2
填充剂	糊精、变性淀粉等	适量
增黏剂	古尔胶等	0.05~0.1

(二) 风味包的生产技术

根据所选原料的风味、形态、规格、数量等,选择适当的工艺进行生产,下面着重介绍粉包、调味油包、酱包和重要的调味原料天然抽取物的生产技术。

1. 粉包生产技术

原料精选→原料处理→粉碎→配料→混合→筛分→包装

原料精选:香辛料、脱水肉和蔬菜等要挑除不良原料,着重微生物和感官质量的检查。对食盐、化学调味料等要进行成分分析,以确保质量。

粉碎:根据情况将颗粒物料粉碎成60~100目,便于混合均匀。

筛分:将混合好的物料过30目筛,保证成品粒度均匀。

2. 调味油包生产技术

    葱、姜、香辛料等
      ↓
原料油 → 加热 → 过滤 → 调配(加着味料、抗氧化利)→ 包装

原料油:选择新鲜、适合休闲食品风味的原料油,如排骨风味的以精炼猪油为主,鸡肉风味的汤料以鸡油为主等。

加热:注意加热的火候,确保生产出的调味油具有很好的香味和色泽。

3. 酱状汤料生产技术

    原料油、葱、姜等 制酱
      ↓   ↓
肉类 → 清洗 → 切碎 → 加热 → 配料 → 胶体磨 → 包装 → 成品

切碎:肉粒大小要均匀一致,以使产品具有较好的均匀度。

制酱:酱要经油炒,一方面杀菌,另一方面提高风味。

4. 天然抽取物的生产技术

天然抽取物是指采用天然食品材料经抽提、分解、精制而成的一种天然调味料或调味原料。它具有天然食品的优良风味，又有较高的营养价值。因而普遍受到欢迎，是目前国际上流行的调味料。日本年产量13万吨（其中调味原料8万吨，调味料5万吨），我国也有生产，但产量不大。其一般加工技术如下：

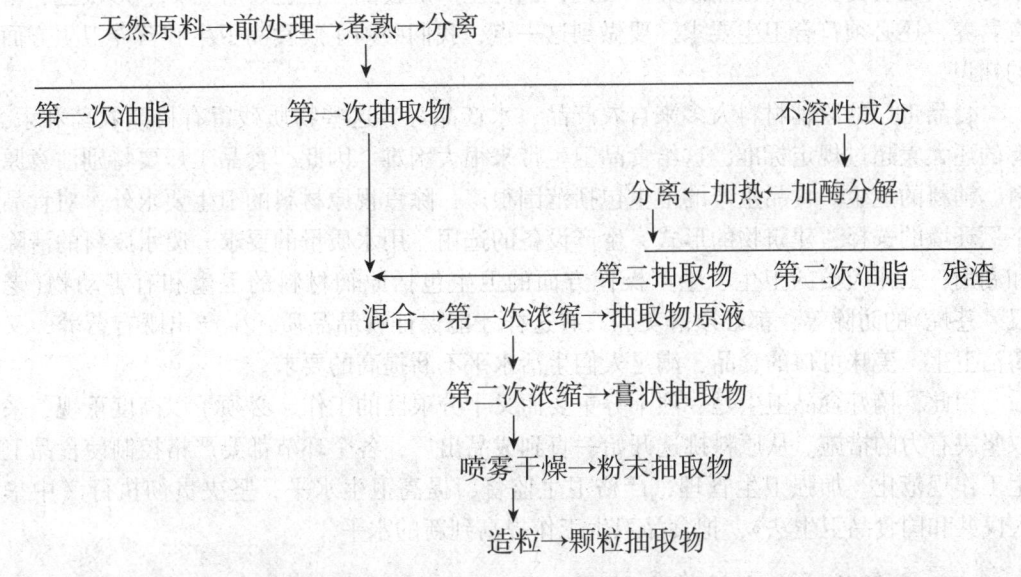

```
         天然原料→前处理→煮熟→分离
─────────────────────────────────────────────
第一次油脂    第一次抽取物                    不溶性成分
                                                  ↓
                              分离←加热←加酶分解
                                ↓
              ←─────────── 第二抽取物   第二次油脂   残渣
         混合→第一次浓缩→抽取物原液
              第二次浓缩→膏状抽取物
              喷雾干燥→粉末抽取物
              造粒→颗粒抽取物
```

总之，风味的好坏是生理上的味觉反应，评价时要客观地考虑各种因素。作为各种呈味物质具有一定的味阈，各种味之间可能存在相乘、对比、相抵作用。选择适合不同风味的原料和确定最佳用量是决定休闲食品风味好坏的关键。粉包、调味油包、酱包等味道的好坏主要在于包中的内容物。汤料味道以滋味鲜美、主体风味突出、后味醇厚为好，所以调配汤料时应较多采用天然抽取物作为调味原料。

第四节 休闲食品的生产卫生

一、食品卫生的重要性

对于食物，人们本能的首要关注它的卫生。如果一种食品，味道至外包装等各方面都不错，但单差了卫生一项，看到在污秽环境中制作出的食品，人们的反应只会是拒绝。

所以，制作食品，最重要的是卫生，然后才是工艺、营养和包装。其实，制作食品的各个环节，把握其整洁卫生，能影响食品制作的结果。例如，一家餐厅的食品制作间及原料储存间，非常干净，人员操作又极讲卫生，当顾客站在柜台前，看到操作间的制作，感到放心。

食品工厂的卫生工作是提高食品质量的保证，它不仅直接影响产品的好坏，而且直接关系着人民群众的身体健康。

常言说："病从口入"，也就是说很多病原和毒素都可以通过食物来侵害人体的健康，特别是变质和被污染的食物或食品会引起痢疾、肠炎、伤寒等肠道传染病。另外，还有一些细菌毒素、腐烂变质的食物、工业"三废"、农药的残留、黄曲霉毒素、亚硝胺等可引起食物中毒，甚至致癌。因此，我们生产的食品不但色、香、味、形俱全，富有营养，还必须符合卫生要求。要做到这一点，我们必须了解食品卫生和营养卫生方面的知识。

食品工厂的原辅材料大多来自农产品、水产品等，这些物质残留有机氯农药和汞，有的还大大超过规定标准，这给食品卫生带来很大困难。因此，食品工厂要特别注意原料、辅料的卫生。食品生产的卫生包括范围很广，除重视原材料的卫生要求外，对食品工厂环境的选择、建筑物的形式、生产设备的选用、用水质量的要求、废水废料的清除和利用、工作人员的卫生、生产操作方面的卫生包括原辅材料的卫生和有害动物（老鼠、苍蝇）的防除等，都必须落实。只有这样才能保证食品品质，生产出既有营养，又清洁卫生，美味可口的食品，满足人们生活水平不断提高的要求。

因此，搞好食品卫生是一项十分重要而又十分艰巨的工作。必须予以高度重视，采取坚决有力的措施。从原料挑选开始一直到成品出厂，各个环节都要严格控制使食品卫生工作规范化。加强卫生管理，严格卫生监督，提高卫生水平，坚决贯彻执行《中华人民共和国食品卫生法》，把食品卫生工作提高到新的水平。

二、食品生产卫生的基本要求

（一）制作场地

鱼、肉类小食品的生产厂地，注意利于污水和废物的排出。

食品厂的锅炉房应建在厂房的下风向，垃圾箱应远离主要生产车间，在可能的情况下，要求距离25m以上，食品厂的垃圾、污水中含有大量糖、油、钙、蛋的污秽物和有机物，容易腐烂发臭，滋生细菌和害虫，招引老鼠，因此必须做好处理工作。30m以内的厕所、猪圈、牲口棚都应迁移。

应设有合乎卫生要求的洗手设备，下水道口要有地漏。

食品车间应有防尘、防蝇和防鼠设备，设置纱门窗和纱罩。不能装纱门的出入口，可设置防蝇暗道。

车间内应通风良好，自然采光良好，对于产生油雾和其他气体的烟雾，要设吸烟罩和排风扇。地面可根据需要用水磨石或水泥铺设，要求表面光滑，有一定倾斜度，冲洗后地面不积水，墙和天花板应采用光滑材料。墙壁下部，至少有2m须用瓷砖或水泥盖覆，墙壁上部最好涂刷油漆。为了避免原料与成品交叉污染，车间内最少应有两个出口。

（二）食品原辅料及成品的卫生要求

(1)原料在使用前进行认真检查，发现腐败变质，立即停止使用，不得将腐败变质的原料掺入新鲜原料中使用。

(2) 原辅料表面应洁净，不带有污水、泥土，更不能有粪便及其他污物。色泽应新鲜，保持原有的光泽、颜色和气味。

(3) 各种有害的着色剂、香料和香精均不得作为调制食品的原料，这些原料不宜与其他食物共同堆放，对于具有异味与易于吸收的食物原料都不能混杂堆放。原料及成品在仓库中的堆放要有足够的间隙，不可过分密集，与地板、墙壁应保持一定距离。

(4) 用果料(核桃仁、花生仁或芝麻等)加工成的食品及油炸食品，如加工前所用原料已轻度酸败，在加工过程中受到温度和湿度的影响，常可加重酸败程度。因此为了防止食品的酸败，应注意原料检验，不用已有酸败迹象的油脂或核桃仁、花生仁和芝麻。

(5) 油脂应放在不透明容器或绿色玻璃瓶内，并加盖密封，置于阴暗处，尽量避免接触光线和空气。因此，油脂仓库温度应较低。

(6) 在加工过程中，应尽量用淀粉代替滑石粉，尽可能使用酶法生产饴糖，不用化学饴糖，以减少食品中砷、铅的含量。生产中所使用的香精、着色剂、防腐剂等食品添加剂应当符合有关食品添加剂卫生标准的要求。

(三) 食品生产设备的卫生要求

食品生产设备的选择与卫生要求，对产品质量有密切关系，与食品直接接触的各种大小设备，一般要求用不锈钢制成，也可用铝合金、搪瓷、玻璃等材料制成，严禁使用各种有害金属，如镀镉制品制的容器和设备盛装和加工食品，以免食品中重金属含量超过标准。与食品直接接触的部件，均应容易拆装，便于清洗、检查和修理。

一般输送物料的管道、管件、阀门、接头均应用光洁而耐腐蚀的材料制成，并要求拆装方便、便于清洗。

(四) 食品生产加工的卫生要求

食品从原料预处理开始到成品储存，都要经过一系列操作，在操作过程中要考虑卫生的要求。原料选择时选优去劣，次等品可作他用。不能食用的腐烂品、变质原料要集中存放，千万不可乱丢乱放，防止病菌的传播。选择好的符合要求的原料，要及时分级切分，及时进行预处理。食品制作中每个工序都要安排合理，尽量连续化，避免堆积，尽量减少手工操作，防止杂质和微生物的污染。食品工厂根据食品种类和品种的要求，工序不同，在同时生产几个品种时，尽量做到有专一用房，在更换品种时，车间要进行大清扫，所有设备及用具要进行彻底清洗，防止残物混入新品种中，造成口感上或颜色上的差异，影响产品品质，如肉类加工与果蔬加工应分开。产品出车间后，要及时送到储存库或存放，保持冷凉，注意轻拿轻放，不损坏包装，不破损外形，保证产品品质。

生产设备的布置要合理。应根据生产操作顺序放置机器。加工操作时所用工具、容器、用具、设备必须保持清洁，并经常用清洁水、热水、碱水或漂白粉水进行冲洗消毒。

(五) 生产人员的卫生要求

生产人员直接和食品接触，直接影响食品的卫生。因此，生产队员必须做到如下几点。

(1) 加强卫生知识教育，养成良好的卫生习惯，提高卫生水平，使之人人严格遵守卫生制度，讲究卫生。

定期进行健康检查和带菌检查。凡属肠道传染病患者、传染性肝炎、活动性结核、化脓性或渗出性皮肤病等患者，不能录用或均不能直接参加食品生产。

(3) 进车间前工作服、帽、鞋必须穿戴整齐，保持清洁，不能在车间里吸烟，不能随地吐痰，以免污染食品。

(4) 注意个人卫生，做到"四勤"：勤理发洗澡，勤洗手剪指甲，勤换衣服，勤洗工作服。大小便后一定要洗手消毒，不得穿工作服去厕所或外出。

总之，生产人员的卫生直接关系到产品的品质，必须按上述要求切实落实。

三、防止食品污染

食品污染是指食品中有外来的有害于健康的病原生物、化学物质以及放射性物质。在食品生产中，由于这些污染引起的食品变质，一般表现在两个方面：一是食品的原材料，二是食品本身。不论哪一方面都会直接或间接影响产品的食用价值和人体健康。

若使食品能保持原有的品质和风味，必须对引起食品腐败的因素有所了解，然后针对败坏的因素给予适当处理，防止食品败坏现象的发生。我们知道，食品都含有各种有机营养成分，是微生物活动最好的培养基。微生物的入侵，加上环境因素的影响，食品极易发生变形、变味、变色等现象，造成外观不良，风味减损，甚至成为废品。引起食品腐败的因素很多，具体情况相当复杂，现归纳为物理性因素、微生物污染和化学性污染三个方面。

(一) 物理性因素

致使食品败坏的物理性因素主要是光线、温度和压力三方面，光的照射与曝晒，促进食品成分水解，引起变色、变味和维生素 C 损失。强光直接照射在食品上或食品包装容器上会间接地影响温度的提高，温度的过高或过低，对食品保藏都是不利的。高温加速各种化学的、生化的变化，增加挥发性物质的损失，使食品成分、重量、体积和外观发生改变。温度过低产生冰冻，亦影响品质。压力主要是指重物的挤压，使食品变形或破裂，使汁液流失，外观不良。

(二) 微生物污染

食品腐败变质主要是由于微生物活动所致。微生物是一种肉眼不能观察到的微小生物，如细菌、霉菌、酵母菌等大量地存在于食品及周围环境里，它们无孔不入，在自然界这个大千世界里分布极广，简直可以说，无所不在，无所不有，无孔不入。微生物在适宜条件下促使食品迅速分解，腐败变质。

在日常生活中，米饭变馊、馒头长霉、蛋品变臭等食品变质现象，其原因都与微生物活动有关，我们称为微生物污染。

在食品生产中最常见的微生物污染就是霉变。原材料的霉变，如乳脂的表面或内部出现霉斑，花生等果仁长霉，甚至有时连包装纸的表面四周也可长霉。这种变质现象主要和一些名为霉菌的微生物活动有关，它在潮湿阴暗、温度高的情况下大量繁殖，尤其在含水量较高，未经高温处理的食品上容易滋长。霉菌有很多种，有些霉菌对人类健康无害，可用来制酱油供食用，但也有的霉苗大量繁殖后引起发霉变质并产生毒素，威胁人类健康，产生毒素最强的菌是黄曲霉，由于这类霉菌普遍存在，很容易污染食品。小食品生产中的花生和米粉及含淀粉的物料很容易被黄曲霉污染，以致产生毒性很强的黄曲霉素。它的毒性为砒霜的68倍，是氰化钾毒性大10~100倍。特别值得注意的是它的致癌性，可以诱发多种动物产生肝癌，其致癌强度远比一般致痛物质为大，比六六六（工业品）大66倍。因此，我们要采取必要的措施预防霉菌及其毒素对食品的污染。但根本措施是防霉，防霉最切实可行的方法是控制水分。粮谷及油料作物在收获后应迅速将其水分含量降至安全水分以下方可入仓储存，仓库相对湿度不应超过70%，温度需降至10℃以下。在储存过程中，还可用一些熏蒸剂，如溴甲烷、二氯乙烷等杀虫，以防止虫体表面沾染的霉菌菌丝和孢子的扩散。

表1-27 我国对食品中黄曲霉素允许量暂行标准

品　　种	黄曲霉毒素 B1 含量/($\mu g \cdot kg^{-1}$)
玉米、花生油、花生及其制品	不得超过20
大米、其他食用油	不得超过10
其他粮食、豆类发酵食品	不得超过5
婴儿代乳食品	不得检出

为了保证产品合乎食品卫生，必须加强对进入工厂和车间的原材料的检查，分别情况，区别对待。

(三) 化学性污染（添加剂的使用）

各种食品除了基本组成外，其配方中有时会出现一些数量不大的添加物质，这类物质称为添加剂。使用添加剂的目的如下。

(1)使食品的感官性质(色、香、味、组织结构、外观)良好，例如：加香料、着色剂、乳化剂。

(2)控制食品中微生物的繁殖，防止食品腐败，如加防腐剂。

(3)防止食品在保存过程中变色、变味，如加抗氧化剂。

(4)满足食品加工某些工艺过程的需要，如加漂白剂。

(5)提高产品的营养价值，如加营养添加剂：L-赖氨酸盐。

由此看来，合理地使用食品添加剂，不论在食品的生产上或对人体的健康上都是有利的。但有些添加剂属于化学物品，大量使用会对人体有害。因此，在选择添加剂时，首先就要充分考虑它的卫生要求，只能在对人体健康完全无害的条件下才能使用。必须严格贯彻执行有关部门对添加剂的规定和应用方法。

复习思考题

1. 休闲食品的特点与分类有哪些?
2. 如何使用糖量计测量糖液的浓度?
3. 烫漂的作用有哪些?
4. 食品生产过程中对生产人员的卫生要求有哪些?
5. 导致食品腐败变质的因素有哪些?
6. 在我国常用的食品强化剂有哪几种?
7. 食品种常见的添加剂有哪些?
8. 肉类腌制过程中硝酸盐和亚硝酸盐的发色机理是什么?
9. 食品常见的原辅料有哪些?
10. 腌制的机理是什么?
11. 熏制的主要成分及主要作用是什么?
12. 亚硫酸对果蔬的作用是什么?
13. 磷酸盐在肉制品保藏中的作用是什么?
14. 食盐在腌制中的作用是什么?
15. 食品腌渍包括哪些种类,其基本原理分别是什么?
16. 食品膨化的原理是什么?
17. 影响脱水干燥的因素有哪些?

第二章 谷物类休闲食品

学海导航

1. 了解谷物休闲食品的基本概念、种类、发展史及在休闲食品中占的地位。
2. 掌握休闲小馒头、大米锅巴、油炸膨化米饼、麦粒素等特色谷类休闲食品的加工方法。
3. 熟悉谷物休闲食品加工常用的设备。

谷物休闲食品的一大类是谷物膨化食品,是20世纪70年代发展起来的休闲食品之一。谷物类膨化食品主要以水分含量较少的谷类如米、麦、豆类等为原料,经过加热加压处理,使其体积膨胀,内部组织结构成为多空疏松的海绵状结构的休闲食品。这类食品结构蓬松,质地松脆,食用方便,营养丰富,易于消化,特别适合老年人和儿童食用。

我国的膨化食品已有多年的历史,我国民间早就有的爆米花、爆豆子等就是采用高温高压工艺制作的,是中华民族的传统食品。随着食品工业的发展,相继先后推出了应用螺杆挤压工艺的直接膨化,应用预糊化工艺的油炸及非油炸的间接膨化和焙烤膨化等工业化生产的新技术、新工艺、新设备,从而有力地推进了膨化食品领域的科学进步和产品发展,使花样各异的膨化食品,一些品牌已经在广大城市和农村占领了相当可观的市场。但是,膨化技术在我国还没有得到很好的发展和开发应用,主要表现在挤压膨化设备落后,口味品种单一。

随着我国人们生活水平的提高,休闲时间的增长及大幅度增长,对休闲食品的需求也越来越多。据食品专家预测,谷物类休闲食品尤其是谷物膨化食品的市场销量将会作为消遣闲暇时间的享受型食品,其发展空间是十分广阔的,它必将有一个更加旺盛的发展时期。

第一节 麦类休闲食品加工

麦类休闲食品是以小麦、大麦为主要原料加工成的休闲食品，种类很多，主要包括有小馒头、小糕点、饴糖类等。

一、休闲小馒头

（一）配方

淀粉20kg，面粉80kg，白糖40kg，蛋液20kg，奶油10kg，奶粉5kg，$NaHCO_3$ 0.4kg，NH_4HCO_3 0.25kg，香精适量。

（二）工艺流程

　　　　面粉、淀粉预混合
　　　　　　↓
辅料→打蛋→和面→成型→静置→焙烤→冷却→计量→包装→成品

（三）操作要点

（1）打蛋。按配方将鸡蛋液、白糖、奶粉、$NaHCO_3$、NH_4HCO_3、香精倒入打蛋机，将奶油溶解后也倒入打蛋机，然后进行打蛋，打至呈浅黄色的糊状，体积增加2~3倍。约需打蛋10~15分钟。

（2）和面。将面粉、淀粉预混合，然后与打好的蛋液混合，揉成均匀的面团。

（3）成型。将面团分割成1cm的圆粒，静置20分钟。

（4）焙烤。将成型面坯料放入190℃的远红外烤炉中烘烤约7~8分钟，至小面团成熟，外表呈浅黄色即可。

（5）包装。烘烤至熟的制品经冷却后计量包装，即为成品。

（四）质量标准

（1）感官标准。色泽金黄，气味芳香，结构均匀，口感松脆，外观为直径为1.3cm左右的小馒头状。

（2）理化标准。水分4.5%，蛋白质含量7.1%，脂肪含量9.1%。

二、三宝蜜

三宝蜜是在传统蜜三刀基础上研制而成，选用蜂蜜和杏仁酱作辅料，营养丰富，具有补中益气强身健体的作用，杏仁还有止咳润肺之功效，工艺上由油炸改为烘烤，所以本产品色泽金黄亮丽，甜而不腻，松糯适口，蜂蜜杏仁香味浓郁，属低油脂产品，符合现代消费观念，色、香、营养将更趋完美，适合不同年龄食用。

（一）配方

标准粉发面4kg，碱50g，干面1.2kg，花生油0.8kg，蜂蜜100g，杏仁酱0.8kg。

(二) 工艺流程

干面 + 蜂蜜 + 水→制面皮
面粉→发酵→调制发面　　　　→制面皮→折叠制坯→切形→烘烤→成品
杏仁酱 + 水 + 干面→制面皮

(三) 操作要点

(1)蜂蜜皮：按配方比例将干面粉加入蜂蜜后，在和面机中调制成蜂蜜面团，然后在案板上拼成 1.5cm 的面坯待用。

(2)杏仁酱皮：按配方在干面粉中加入杏仁酱，在和面机中调制成面团后，可拼成 1cm 的薄面皮待用。

(3)发面皮：将老发面加入碱和花生油，在和面机中调制成发面团，稍后可拼成 1cm 的面皮待用。

(4)叠皮：将上面三种面皮，杏仁酱皮在上，中间夹入蜂蜜面皮，下面为发面皮叠在一起，然后再稍拼成厚约 2.5cm 的饼坯。

(5)切形：用刀将叠好的面坯切成方块，四角对齐折好，将杏仁酱皮折入里面，顺切三刀连刀。

(6)烘烤：将切好的坯子，放入烤盘中，在电烤箱中烤至金黄发亮。

(7)成品：将烤好的成品在上面刷一层光亮油，自然冷却即为成品。

(四) 质量标准

形状完整，色泽金黄发亮，切开后层次分明，食之松软适口。

(五) 注意事项

(1)制作面皮子时，先兑入适量水将蜂蜜和杏仁酱化开再往面粉中加；制成的面皮子水分含量要适度，水分低产品会发硬，水分过高则产品过软。

(2)烤制时掌握好温度，温度过高容易导致表面形成焦壳。

三、水晶饼

水晶饼因饼馅晶莹如冰，透明发亮，看上去如水晶石而得名，本品原为陕西传统名点，今在传统配方和工艺上做了科学的调整，以新的配方和工艺制作的水晶饼，更是金面银帮，起皮吊酥，香润而不油腻，从色、香、味、营养诸多方面更趋合理美观。

(一) 配方

皮料：精粉16kg，饴糖2kg，香油 2.5kg，水 7.5 kg。

配料：精粉15kg，精炼猪油7.5kg。

馅料：猪板油5kg，绵白糖5kg，金丝蜜枣2kg，苹果酱2.5kg。

(二) 操作要点

(1)皮料制作。将配方中的面粉加入香油、水、饴糖，在和面机中搅拌揉制成筋面团。

(2)酥料制作。按配方将精粉、大油加在一起擦匀,大油须先化溶,温度为25℃,擦的时间可稍长一些。

(3)馅料制作。选用鲜猪板油剥去外皮,切成薄片,然后一层猪板油上铺一层白糖,所用绵白糖要过筛去杂质,铺好后切成小丁块,用手指轻轻搅拌,放入缸内腌制,使白糖充分溶解渗入油质内部,夏秋季节,天气较热,腌制10天左右即可,冬春气候较凉,一般须腌制一月以上。腌好后,再将金丝蜜枣切成丁,苹果梨酱、桂花加入,再用手搅拌均匀成馅,即可使用。

(4)包馅。将面皮和油酥分成小块,开成锅,然后加入馅,制成圆形。

(5)烘烤。炉温要控制在 160~170℃,在此温度内从入炉到出炉 8 分钟即成成品。

(三)质量标准

水晶饼呈圆形,大小均匀,每个 500g,饼面金黄,底棕红色,馅内各种辅料色泽鲜亮,有自来清香,酥润适口,油而不腻,有常食常新之感。

(四)注意事项

(1)馅料腌制时,要根据季节温度不同掌握腌制时间,并注意卫生,防止污染。

(2)烘烤时掌握好火候,使产品外形美观、"金底银帮"。

四、雪里黄

本品形似圆月,外皮粘满白色芝麻,内层为黄色,用手掰开里层又是白色,而馅又是红色,红心映衬,黄白相间,层次分明,色调清淡。食之,酥沙松软,不皮不黏,甜而不腻,越嚼越香。

(一)配方

皮料:面粉 7kg,白芝麻 1.5kg,饴糖 1kg。

里料:面粉 5kg,绵白糖 3kg,香油 0.5kg。

馅料:红糖 2kg,鲜枣泥 4kg,蜂蜜 0.5kg。

(二)工艺流程

皮料、里料熟和→制馅→制坯→成型→油炸→冷却→上汁→粘芝麻→成品

(三)操作要点

(1)皮料。选用含筋量少的粗粒面粉,如含筋量高,可加入一定量的黄玉米面粉,然后加入饴糖和适量水,在和面机中调成皮料,静置备用。

(2)里料。先将绵白糖加入香油和水中溶化,再加入面粉,在和面机中搅拌成里料。

(3)制馅。将红糖和蜂蜜在夹层锅中溶化,然后加入鲜枣泥炒制成馅料。

(4)制坯。将皮料、里料切成 5g 的小剂,按 1:1 将皮料在外、里料在内压扁,并包入馅料,将口合拢捏紧。

(5)成形。包馅后的坯可入圆形模具中压平，扣出后即成圆月形饼坯。
(6)油炸。用植物油在恒温电炸锅炸制金黄色，油温控制在140℃。
(7)粘芝麻。炸后的饼在表面淋上一层饴糖，然后粘上均匀的白芝麻即为成品。

（四）质量标准

形状完整，芝麻均匀，色泽鲜明，质地濡润，口感松脆，味道甜香，营养良好。

（五）注意事项

(1)白芝麻须用温火预先炒熟，以防炒焦失去其色泽。
(2)包馅时，馅为面料的1/3即可，馅过满，成品口感过腻，影响其应有风味。

五、金丝盘饼

金丝盘饼犹如金丝盘绕，十分美观，其制作工艺也相当讲究，它是先用白面拉成细0.2cm直径的面条，再盘绕成饼状，经烙制和烤制而成，只拉丝一道工序足见其功力非同一般。其色、香、味皆为上品。

（一）配方

面粉20kg，葱泥1kg，拉面剂0.2kg，糖粉2kg，香油4kg，盐1kg。

（二）工艺流程

调粉→拉面条→拌辅料→盘饼→烙制→烤制→成品

（三）操作要点

(1)调面团。将面粉调入适量水和拉面剂，在和面机中反复调制成稍软的面团，静置备用。
(2)拉面。在案板上将面团搓成圆条，两手握住两端，在案板上摔打，并不断对折，当摔到面条顺筋之后，手握面条两端进行拉抻，每拉抻一次，对折一次，如此拉抻、对折九次，拉出的面条细如银丝。
(3)拌料盘饼。将糖粉、香油、葱泥、精盐拌匀，在拉丝的面条上均匀涂抹，然后盘绕成直径为5cm、厚约1cm的圆形饼坯。
(4)烙制。将盘成的圆饼，放平鏊上，烙至表面微黄，饼坯稍硬时即可。
(5)烘烤。烙后的饼坯放置2~3小时后，可入烤炉中，在温度为180~200℃下烤至表面金黄色，出炉冷却后为成品。

（四）质量标准

色泽金黄，丝纹清晰，食之酥脆香甜，回味无穷。

（五）注意事项

(1)面团调制须根据各种面粉成分不同灵活掌握，调制后的面团须静置起筋后再拉抻。
(2)烙制后饼坯须放3小时左右，以使辅料能彻底渗入面丝中，否则急于烘烤，辅料会大量流失。

(3)烘烤时注意炉温,温度须先低后高,这样能先成熟后上色,成品风味更佳。

六、油面筋

油面筋不仅可以鲜吃,也可以烧制成多种美味佳肴,用于佐饭、做菜、烧汤均宜。无锡油面筋最为出名,口感好,并可烧出好多道无锡的传统名菜,已成为无锡著名的特产。

(一) 配方

面粉 50kg,食盐 0.75~1kg,豆油或花生油 2kg。

(二) 工艺流程

面粉→打糊头→洗面筋→揉浆→摊晾→打浆→摘坯→油炸→成品

(三) 操作要点

(1)面粉。选择面筋含量高的面粉为原料。

(2)打糊头。在 50kg 面粉中陆续加水 30~35kg 调和搅拌,搅拌时间约 25 分钟,夏短冬长,然后静置 4~8 分钟,待到糊头起泡,面筋即已凝集。

(3)洗面筋。清洗四次,在 50kg 凝集面筋中,第一次放水 45kg 清洗,第二次 40kg,第三、四次各 17.5kg,最后取得面筋(洗下的水经沉淀后可提取淀粉)。

(4)揉浆。先在 50kg 的面筋内加 0.75~1kg 食盐,再把面筋剪成 0.5kg 左右的小块,放入盛有清水的缸内,人工搅拌,洗出残余淀粉白浆,连续换水搅拌直到水变清为止。

(5)摊晾。把已揉清浆水的面筋剪成 150g 重的小片,摊晾在竹匾上淋水 1 小时后用干毛巾在摊晾的面筋上掀压吸水分,直到面筋不黏手为止。

(6)打浆。把面筋剪成 50~100g 的小块,按 500g 面筋加 150g 面粉充分拌和,然后把面筋块拉长,拉长的方法是:一头用手抓住,一头往桌面上摔打,直到面筋中见不到面粉为止。

(7)摘坯。把面筋搞成小球形状,每 50g 面筋摘 13~14 个坯。

(8)油炸。当油温达到 120℃时,将面筋坯子慢慢放入油锅中,待面筋发泡,表皮变硬,变成金黄色,没有生面筋时即可。

(四) 质量标准

炸油面筋形状大小均匀,圆球状,表面金黄色,不塌、不糊,鲜吃外脆里嫩。

(五) 注意事项

(1)油炸时注意火候,防止油温过高炸焦或炸制时间不足造成的塌架现象。

(2)塌架的面筋球可复炸至不塌架为止。

(3)炸完的油面筋可以放入冰箱中冷冻长期保存。吃时一定要浸泡在凉水中,待油面筋吃足水,才能烹调使用。

七、通心粉

通心粉亦称通心面，在国外已是极普通的面制品之一，我国上海、广州、天津等地也有少量生产。通心粉的种类很多，一般都是选用淀粉质丰富的粮食经粉碎、胶化、加味、挤压、烘干而制成各种各样口感良好、风味独特的面类食品。

通心粉种类主要有以下几种：长通心粉、短通心粉、油炸食品、螺壳粉等。

（一）主要设备

搅拌机（和面机）、通心粉挤压、烘干机。

（二）配方

一级精面粉 50kg，蛋粉或鲜蛋 1.7kg 或 10kg。

（三）工艺流程

面粉→第一次和面→第二次和面→挤压机成型→煮制→调味

（四）操作要点

(1)面粉。选择面粉筋度为 27%～30% 的一级精面粉，最好使用高筋度面粉。

(2)和面。面粉与水按重量 100:28 配比倒入第一次搅拌机（双轴）中，混合 5～10 分钟进入二次搅拌机（单轴）混合 7～8 分钟，或面粉与鸡蛋混合后，在与水混合和面。

(3)挤压机成型。经混合好的湿面粉由垂直螺旋输送器送入通心粉挤压机内，挤压机的缸壁是双层的，夹腔内通水冷却。在缸套出口端装有成型模，湿面粉从模孔挤出并被旋转切刀切成湿通心粉。

长通心粉，有空心和实心两种，断面圆形，空心外径 4mm、内径 2mm；实心的 2mm。长度在 220～250mm。原料多用小麦粉，用玉米粉和大米粉时需预糊化工序。

短通心粉，是在生产长粉的设备上改变模头和切刀速度而制成的异形产品，其中有：短面管，长 20～30mm，外表光或压有条纹，中空成直管或弯管状；螺壳粉，外观极似扇形贝壳并有条纹；桂花粉，压成桂花形状，直径 10mm 左右，厚度 0.8～2mm；环状粉，外形圆环状或车轮形，亦可做成各种数字模样。这类产品可以做汤煮吃也可以调味炒吃。

油炸食品，此品与短通心粉制造类似，只是在淀粉中加入一些鲜汁调味和面，经通心粉机挤压成形，而后干燥、过油炸成香酥可口的食品。

(4)煮制、调味。通心粉水煮熟后，调成各种口味。

（五）质量标准

长短不一，但粗细均匀，水煮制不断条。

（六）注意事项

从挤压机出来成型的湿通心粉，可自动落入预干燥机，经预干机预干燥后自动落入远红外线烘干机，经 27 分钟干燥后，自动落入冷却装置，冷却后包装即为干通心粉成品。

第二节　稻米类休闲食品加工

稻米类休闲食品是以稻米为主要原料加工成的休闲食品，包括有锅巴、香酥片、膨化米饼等，其特点是产品体积蓬松、口感松脆、风味独特、营养丰富、余味深长。它既可作为下酒小吃，又可烹调菜肴，老少皆宜，尤其深受少年儿童的欢迎。

一、大米锅巴

大米锅巴是用大米、淀粉、棕榈油等为主要原料，经科学方法精制而成的，它松脆可口，味道香美，兼主副食的充饥、配菜功能。

（一）主要设备

主要设备有淘米机、蒸锅、压片机、切片机、电炸锅、封口机和搅拌机。

（二）配方

1. 牛肉风味锅巴的原辅料、调味料配方

原辅料配方：大米500g，淀粉62.5g，棕榈油150g，氢化油或起酥油10g。

调味料配方：牛肉精4.4g，味精2.2g，盐11g，五香粉2.2g，糖2.2g。

2. 咖啡风味锅巴的原辅料、调味料配方

原辅料配方：同牛肉风味锅巴。

调味料配方：精盐11g，味精2.2g，五香粉2.2g，咖喱粉7.2g，丁香精0.36g。

（三）工艺流程

原料选择→淘米→煮米→蒸米→拌油→拌淀粉→压片→切片→油炸→喷调料→包装

（四）操作要点

(1) 原料选择与淘米。选用清洁卫生的粳米作原料，用清水将米淘洗干净，去掉杂质和沙石。

(2) 煮米。将清洗干净的米放入锅中煮成半熟，捞出。煮米的目的是使米粒吸水，以便在蒸米过程中大米能充分糊化、熟透。煮米时间不能太短，否则大米吸水量不过，但煮米时间也不能太长，否则米粒太烂，水分含量太高，油炸后锅巴不易脆，产品口感不好。

(3) 蒸米。将煮成半熟的米放入蒸锅中蒸熟。要求熟米硬度适当、米粒不糊，水分含量达50%~60%。

(4) 拌油。加入大米原料量2%~3%的氢化油或起酥油，搅拌均匀。

(5) 拌淀粉。将淀粉和蒸米拌均匀。拌淀粉温度以15~20℃为宜。

(6) 压片。用压片机将拌好的料压成1~1.5mm后的米片，再压2~4次即成。

(7) 切片。将米片切成长3cm，宽2cm的薄片。

(8) 油炸。油温控制在240℃左右，炸制时间约3~6分钟。待薄片炸制呈浅红色捞出,控去多余的油。

(9)喷调料。调料按上述配方配好,调料要干燥,粉碎细度为60~80目,趁热喷洒在炸好的薄片上,注意喷洒调料要均匀。

(10)包装。用符合卫生标准的塑料袋包装,每袋装75~80g,用热合机封口。注意:包装前,产品要冷却。

(五)质量标准

外观整齐,颜色浅黄色,无焦糊状和炸不透的产品。香酥,不粘牙。产品表面调味料喷洒均匀。

(六)注意事项

煮米成熟度一定要把握好,熟制时间过长,大米吸收的水分多,影响产品质量。压片时压至米片表面有弹性,折时不断为止。若压得过死,产品将会硌牙。

二、茶香大米锅巴

茶香大米锅巴是将低档茶(红茶、绿茶、乌龙茶)与大米配合加工成的一种锅巴。产品具有浓郁的茶香味,口感松脆,味道香美,含多种矿物质、维生素,是集营养、美味、保健于一体的一种休闲食品。

(一)配方

味精0.075kg,大米10kg,食盐0.10kg,猪油、小麦淀粉、植物油适量。
茶末(红茶、绿茶、乌龙茶任选一种)1kg

(二)工艺流程

原料选择→淘米→浸泡(加茶汁)→蒸煮→冷却→加配料→压片→切片→油炸→沥油→包装→成品

(三)操作要点

(1)原料选择。最好选用粳米作原料。也可用籼米,但没有粳米好。茶叶种类可选择红茶、绿茶、乌龙茶中的任意一种。所选用的原料都必须符合卫生要求。

(2)茶汁提取。将所选用的茶叶过120目筛,然后用沸水浸泡10分钟,抽滤。如此反复操作3次,混合滤液,备用。注:为了防止茶汁变色,可加适当护色剂;茶渣可不弃,待用。

(3)淘米与浸米。将大米洗净,除去米糠及其他杂物,沥干水。用提取的茶汁浸泡洗净的大米,时间30~45分钟。浸泡至米粒饱满,水分含量达30%左右为止。一般冬天气温低,可适当延长浸泡时间。浸泡大米的目的是使大米充分吸水,有利于蒸煮使大米充分糊化、煮透。

(4)蒸煮。采用常压蒸煮或加压蒸煮。蒸煮至大米熟透、硬度适当、米粒不糊、水分含量至50%~60%即可。蒸煮时间直接影响到产品质量,要控制好,因为蒸煮时间短,则米粒不熟,没有黏结性,不易成型,容易散开,成品有生硬感,口感不佳;蒸煮时间长，则米粒太烂，容易粘成团，而且水分含量高，造成油炸后的锅巴不够脆或炸制时间延长。

(5)冷却。将蒸熟后的大米自然冷却，散去部分水分，目的是使米粒松散，不粘结成团，也不粘轧片器具，便于操作。

(6)加配料。将猪油、小麦淀粉及茶渣末加入冷却的熟大米中，搅拌均匀。

(7)轧片、切片。在预先涂有油脂的不锈钢板上，将熟米饭压实成5mm厚的薄片，然后切片。切片可大可小，但大小最好一致。可用压片机将拌好的料压成米片。

(8)油炸。将切好的薄片用植物油炸制，油温190~200℃，炸至金黄色时捞出，沥油后立即冷却。一般炸制时间一般为30s。要求炸制动作迅速，以减少茶叶中各种成分的损失。

(9)调味。加食盐、味精等其他调料与炸好的薄片上，拌匀，以制成各种风味的锅巴。但由于茶香大米锅巴具有独特的茶叶风味，可不加调味料，食其原味。

(10)包装。用铝塑薄膜袋包装封口。

(四) 质量标准

外观整齐，颜色金黄色，无焦煳状和炸不透的产品。有独特的茶香味，口感松酥，不粘牙。

(五) 注意事项

蒸煮米的时间要适当，不能太短，也不能太长。加配料时，要趁热加入，并且要拌匀。可根据口味调整调味料。

三、膨化锅巴

膨化锅巴是以大米粉、黑米粉或小米粉为原料，加入淀粉，经螺旋式自熟机膨化后，使米粉中的淀粉部分糊化，然后油炸的。由于膨化锅巴采用了挤压膨化技术，替代传统工艺的浸泡、蒸煮工序，使产品营养价值和口味更佳，产品体积比传统锅巴蓬松，口感酥，易于消化。

(一) 主要设备

搅拌机，螺旋式自熟机，切片机，电炸锅或铁锅，台秤，塑料袋热封机。

(二) 配方

1. 膨化锅巴的原辅料配方

米粉90kg，淀粉10kg，奶粉2kg，桂皮300g，八角250g，甘草250g，调味液水30~32kg。

注1：在总米粉90kg的基础上，可将精米粉与黑米粉按质量比3:1的比例配合，生产黑米膨化锅巴。

注2：调味液水的制作，按配方将桂皮、甘草、八角粗粉碎后，加50kg的水煎煮，然后过滤，加入虾油、盐等即可。若总调味液水的量不足50kg，应用清水补齐。

2. 调味料配方

海鲜味：味精400g，花椒粉40g。

麻辣味：辣椒粉1.2kg，胡椒粉160g，味精120g，五香粉520g。

孜然味：孜然930g，花椒300g，姜粉100g。

(三) 工艺流程

米粉＋淀粉＋奶粉→混合→润水搅拌→挤压膨化→冷却→压延→切段→油炸膨化→调味→称量→包装→成品

(四) 操作要点

(1) 混合粉料。将粉料（米粉、奶粉、淀粉）按配方充分混合，也可不用或少用淀粉，然后边搅拌边用喷壶洒调味液水30kg。加水量应根据季节变化，在夏天若温度超过32℃，加水量为32kg。

混合粉料时，可人工混合，也可用固体混合机混合。

(2) 进料。开机膨化前，先配些水分较多的米粉放入机器中，然后开动机器，使湿料不膨化，而且容易通过喷口。运转正常后再加入已搅拌均匀的半干混合粉。

(3) 挤压膨化。膨化机的双螺旋转速以及喂料绞龙转速为无级调速，可控制挤压腔的工作压力大小和挤出速度的快慢。一般控制工作压力4.5MPa，挤压速度0.05m/s，温度170～180℃。双螺旋膨化机的膨化率最高可达98%，考虑到机器磨损、压力、温度等多方面因素，一般选择90%的膨化度。半成品的形状与大小可以通过调节挤压腔出口的膜孔进行调节。一般膨化锅巴可采用2.5cm×0.6cm的条状膜孔。

出条后如条太蓬松，说明加水量少。出条软、白、无弹性，不膨化，说明粉料含水量多。要求出条后半膨化，有弹性，有熟面颜色，有均匀小孔。

(4) 冷却。刚挤压出来的条子温度还很高，如果不经冷却就进行压延，容易与压辊粘连，影响正常的工艺流程。可用冷却机冷却。冷却机表面是一层钢网，膨化产品在钢丝网上通过时，部分热量被带走，温度降低。冷却机即钢丝网的长度一般为2～3cm。

若采用传统工艺即无压延工序，冷却时可采用将挤压出的条用竹竿挑起，晾几分钟，操作方法如同晾粉条。然后用刀切成小段、油炸。

(5) 压延、切段。谷物经挤压膨化后直接油炸，则成品酥脆程度不佳，产品中间部分油炸不完全。通过压延，使半成品的厚薄更均匀，表面更光滑，只得更细腻，口感更好。辊压前物料的大小为2.5cm×0.6cm（厚度×宽度），辊压后物料的大小为3.0cm×0.25cm（宽度×厚度），可以看出，辊压后物料变宽变薄，截面积增大了。辊压后的物料用刀切成小段、油炸。

(6) 油炸膨化。锅中添油加热，当油温为200℃左右时，放入切好的半成品。下锅后将料打散，炸制20s后，便可出锅。出锅前为白色，放一段时间变黄白色。油温越高，炸制时间越短，反之油温越低，炸制时间越长。炸制过程中注意及时清除油锅底部的残渣，否则残渣在高温下容易焦化变黑，使油质混浊、变苦变黑，影响产品质量。

(7)调味。当炸好的锅巴出锅后,趁热一边搅拌一边加入各种调味料。注意要趁热加调味料,而且调味料要均匀地撒在锅巴表面上。

(五) 注意事项

(1)润水搅拌时,如在粉料中加入虾油,应相对减少调味液水的用量。

(2)配方中的米粉和淀粉的比例可随意调配,根据各自的价格进行确定,以降低成本。

(3)从膨化机中出来的条子如不符合要求,应再送回到集料斗,但量不能太多。

(4)调味料应呈干燥状态,所使用的花椒应炒干后,再粉碎,过60~80目筛。

四、香酥片

香酥片是以籼米粉为主要原料,加入调味料,经压制、切片、干燥、油炸、调味等工序制成的香酥可口的休闲食品。

(一) 主要设备

搅拌机,蒸锅,舀糕机,压糕机,切片机,电炸锅或铁锅。

(二) 配方

1. 香酥片的原辅料配方

米粉(籼米)90kg,淀粉10kg,精盐2kg,糖3kg,调味液水50kg,桂皮300g,八角250g,甘草250g。

2. 调味料配方

海鲜味:味精400g,花椒粉40g。

麻辣味:辣椒粉1.2kg,胡椒粉160g,味精120g,五香粉520g。

孜然味:孜然930g,花椒300g,姜粉100g。

(三) 工艺流程

淀粉+米粉(籼米)→配料→过筛→加调味液水拌料→蒸料→舀糕→压糕→切条→冷置→切片→干燥→油炸→调味→冷却→包装。

(四) 操作要点

(1)配料、拌料。将籼米磨碎过80目,得到籼米粉,然后与淀粉混合搅拌后,过筛使其混合均匀,然后根据季节和米粉的含水量加入50%左右的调味液水(50kg)。应一边搅拌,一边慢慢地加入水,使其混合均匀,呈松散状。

注:调味液水的制作:按配方将桂皮、甘草、八角粗粉碎后,加50kg的水煎煮,然后过滤,加入虾油、盐等即可。若总调味液水的量不足50kg,应用清水补齐。

(2)蒸料。将湿粉放入蒸锅的笼屉上,料厚一般为10cm左右。水沸后,上锅蒸5~10分钟,如料较厚时,可适当延长蒸的时间,一般蒸好的米粉不粘屉布。

(3)舀糕、压糕、切条。将蒸好的米粉放入锅槽中,搅拌后用木槌进行砸舀。要砸实，使米粉有一定的弹性。然后及时用液压机或压糕机将米糕压成 2~5cm 厚的方糕。然后用刀切成 5cm 宽的条，移入另一容器，盖上湿布，放置 24 小时。

(4) 干燥。待糕块有弹性，较坚实后，将糕条切成 1.5mm 左右的薄片，进行干燥，可采用自然风干，也可采用人工干燥。自然风干一般需 1~2d，人工干燥一般采用 50~70℃环境，干制 3 小时。待完全干透后再进行油炸。

(5) 油炸。油炸最好采用电炸锅，这样易控制温度。若无条件，用一般的铁锅也可以。通常用棕榈油，也可用花生油或菜籽油。当油加热到冒少量青烟(即翻滚不猛烈)时，放入干燥后的薄片。加入量的多少以均匀的漂在油层表面为宜，一般炸 1 分钟左右。当泡沫消失时，便可出锅。

(6) 调味。炸片出油锅后应立即撒上调味料，这一点很重要，因为在这个时候油脂是液态，能够形成最大的黏着力。要求调味料均匀地撒到薄片上，有条件可搅拌均匀。然后将成品冷却到室温时，再进行包装。

（五）质量标准

感官标准：产品为黄白色，厚薄均匀，无碎片和碎屑。内部质地酥松、坚实，口感蓬松酥脆。

理化标准：蛋白质 7%，油脂 16%，碳水化合物 62%，水分 5%。

（六）注意事项

(1) 糕条不宜放置时间太长，否则不易切片，特别是手工切片，应在软硬适度时切片。未来的急切的糕条用湿布盖上，以防糕条表面硬化、干裂，影响切片。

(2) 像花椒一类的调味料应先烘干、烘熟后，再粉碎。然后按比例混合、过筛，粉碎程度应为 60 目以上。

(3) 压糕时压力不要太大，不要使糕压得太死。否则切片后油炸时不易蓬松。

(4) 如果外界环境湿度较大，拌粉时米粉不易吸水，可先加入一半以上的水拌料、并放置一段时间，使淀粉颗粒充分吸水后，再继续加入其余的水，将米粉与水混合均匀。

(5) 如果拌粉后，有较多的湿疙瘩，需过筛后再蒸料。

五、油炸膨化米饼

（一）配方

糯米粉 50kg，面粉 50kg，白砂糖 3.3kg，精盐 2.3kg，味精 2kg，水(调浆用)58kg，面粉(调浆用)10kg。

（二）工艺流程

打浆→趁热调面团→搓条成型→包纱布蒸煮→冷却老化→切片→预干燥→高温油炸膨化→包装→成品

（三）操作要点

(1) 打浆。把调浆用的 10kg 面粉和 58kg 水混合均匀，60~70℃水浴加热，边加热边搅,搅拌至浆料呈均匀糊状为止,整个过程要防止面浆焦煳。

(2)趁热调面团。先将糯米粉、面粉、糖、盐、味精按比例混匀,然后趁热将准备好的浆料缓缓加入,边加边搅,调制成粉面团。为了使调成的粉面团均匀一致,将所用料混匀以后,最好放置一段时间后,再揉搓成面团。

(3)搓条成型。将调好的面团搓成直径为5cm左右、长短适中的圆柱条状,注意粉条必须压紧搓实,务必将面团中的空气赶走,切面无任何气孔。

(4)包纱布蒸煮。成型后的面团用纱布包好,常压蒸煮40分钟,使面团充分糊化。

(5)冷却老化。去除术面团上的纱布,换用塑料薄膜包裹严条状面团,以防止水分散失,然后迅速放置于2~4℃冷却老化18小时。

(6)预干燥。米饼薄片放入55℃的恒温干燥箱中进行鼓风干燥,干燥时间约6小时。要求干燥结束时干坯的含水量控制在8%左右。

(7)油炸膨化。加热植物油脂至180℃左右,下预干燥的米饼入锅,炸至米饼外表发浅黄色时出锅。油温太低,米饼硬而不疏松,膨化不好;油温超过200℃时,又易使制品发硬、焦化。

六、米花糖

米花糖是传统风味食品,颇为驰名。它选用国产一号大米为原料,经过泡、煮、熬、筛、炒、挑、拌、擀、切、称和包装等13道工序加工而成。

(一)配方

炒米花2.3kg,食用油0.1kg,白砂糖1.15kg,桂花0.03kg,饴糖0.675kg,青红丝0.06kg。

(二)工艺流程

大米→浸泡→煮米→蒸米→烘干→过筛→炒米→米花
　　　　　　　　　　　　　　　　　　　　　↓
　　　　　　　白砂糖+饴糖→熬煮→成型→包装
　　　　　　　　　　　　　　↑
　　　　　　　　　　　桂花+青红丝

(三)操作要点

(1)泡米。先将一号大米250kg用清水洗淘2次,冲去杂质与米糠备用。将白矾2kg左右(冬季1.5kg,根据气候季节而增减),用开水溶化成液体,倒入一清水缸内搅拌,再将洗淘的大米投进矾水缸中,浸泡20小时。

(2)煮米。将清水注入锅内加热煮沸,再把泡好的大米投放锅内煮。待锅煮沸腾时,准备出锅蒸米。

(3)蒸米。先将笼屉刷洗干净,并铺好屉布,再把煮好的米用笊篱捞入笼屉内(每锅30kg),拨开铺平,用木棍扎成圆洞,蒸40分钟左右,准备出屉送烘房烘干。

(4)烘干。待米蒸熟后,倒入竹筛内,将米弄松散、铺平后,送进烘房烘烤,烘房温度为40~60℃左右,烘烤干为止(约烘烤20小时左右)。烘干过程中,必须将粘在一起的米粒砸开,使米粒散落。另外,注意防止烘房温度过高造成烘米干过火,使炒出来的米花发黄,影响产品质量。

(5)过筛。米烘干后过筛子,捡出杂质,存放,以使米干湿度适宜、爆花整齐,以保证产品质量。米若太干不出花,口感不脆,还会有硬心。

(6)炒米。炒锅内放进经过水洗的细粒砂子,再放进一勺油(油起润滑作用)加热,至砂的热度能使米粒爆出花,再放进适量米干,用劲翻炒米和细砂,约20s后,筛出砂子。这样炒出的米花酥脆,色乳白稍黄。待冷却后,再灌包储藏备用。注:一次放入砂锅中的米干不能太多,否则,炒出的米花大小不均匀,炒制的时间要控制好,防止炒糊。

(7)熬糖。先将清水0.5kg放入锅内,再按配方放白砂糖、饴糖,用旺火加热熬炼。待糖有了黏度,糖泡大小均匀,糖温达130℃左右时,再放米花糖头(碎米花糖),化开后,准备拌锅。

(8)拌锅。将米花放进电动搅拌机的转桶内,再注入熬好的糖汁,开动电动机,使米花与糖搅拌均匀,然后出桶倒入铁盘内拍平。

(9)上案制作。将按一定规格做好的横框放在案子上,下面铺碎米花,然后把已经拌好拍平的米花糖倒入横框内,加入桂花、青红丝拌匀,用走锤压平,擀匀再置板上,按品种规格开刀切块,每块按标准过秤包装。

(10)包装。根据各种规格,用玻璃纸或袋包装。

(四)质量标准

长9.3cm,宽5.8cm,厚1.6cm,糖块完整。

(五)保管方法

库内要干燥通风,又要防止风吹日晒,库温以低于2℃为好。常温保质期为2个月,夏季1个月。

七、糯米糖

以糯米和麦芽为原料,经熬煮、拉白等工序加工而成的一种美味佳品,很受人们的欢迎。

(一)配方

糯米50kg,麦芽2kg。

(二)工艺流程

糯米→浸泡→蒸米→混匀保温→熬煮→搅打→冷却→拉白→成品
　　　　　　　　　　↑
　　麦→浸水→发芽→捣碎

(三)操作要点

(1)蒸米。取糯米,加水浸泡10~15小时,然后捞起沥水,用大火蒸熟。熟的程度以不粘牙为好。

(2) 制备碎麦芽。把麦浸水，放在适宜温度下让其发芽，然后捣碎备用。一般1.5kg 小麦可发 4kg 麦芽。

(3) 保温。把蒸熟的糯米倒入缸中，每缸加入 1 锅烫手的水，以浸没糯米为好，再加入 2kg 捣烂的麦芽，充分搅拌，使缸内的糯米散开，并用干稻草保温 8~10 小时。

(4) 熬煮、搅打。将已保温浸泡、化开的糯米捞出缸，入锅用大火熬制，熬至锅内的糖起泡为止。此时应立即停火，并用筷子搅糖到能拉成"旗子"，又能吹得碎为宜。

(5) 拉白。把熬好的糖倒入其他容器中或台面上自然冷却(也可吹冷风冷却)，待糖不烫手时，用手工(或拉白机)迅速扯至雪白，即成可口的糯米糖。

第三节 杂粮类休闲食品加工

杂粮类休闲食品主要以小米、玉米、高粱等谷类为原料加工而成。因杂粮类休闲食品具有杂粮赋予的独特风味及营养价值而倍受人们的喜爱。

一、咪巴

(一) 主要设备

蒸锅、搅拌机、压片机、切块机、电炸锅或铁锅、封口机。

(二) 配方

大米或小米 100g，淀粉 3kg，猪油 2kg，盐 2kg，水 42~45kg。

(三) 工艺流程

大米或小米→磨粉→加盐水搅拌→加猪油搅拌→蒸米→打散→加淀粉搅拌→冷却→压片→切块→油炸→调味→冷却→包装

(四) 操作要点

(1) 磨粉。将大米或小米磨成粉，过 60 目筛，得到米粉。

(2) 拌料。先用 100kg 水溶解 4kg 盐，然后取 45kg 盐水加入米粉中，要搅拌均匀。也可在搅拌机中边搅拌边加入盐水。待混合均匀后，加入 2kg 猪油，打擦均匀，然后上锅蒸制。

(3) 蒸米、打散、加淀粉。以水沸后锅顶上汽后开始计时，大火蒸 5~6 分钟，至米粉熟透。将米粉出锅，趁热用搅拌机把米糕粉打散，并加入 3kg 淀粉，搅拌均匀。

(4) 冷却、压片。待熟料稍凉后压片。注意不能趁热压片，这样压出的片太硬、太实，油炸后不酥；也不能凉透后压片，这样淀粉老化，不易成形，炸制后也易产品垫牙。

压片时可反复折叠压 4~6 次，至薄片不漏孔、有弹性，能折叠而不断为止。

(5) 切块、油炸、调味。将压成的片切成 3cm×2cm(长×宽)的长方块，进行油炸，油炸温度控制在 130~140℃左右。捞出薄片后，撒入调味料。调味料要干燥、粉碎细度能过 60~80 目筛，且可根据口味调整；撒调味料时要均匀，且要趁薄片热时撒入。

（五）质量标准

感官指标：色泽浅黄，口感酥脆，质地松散。

理化指标：蛋白质 7%，油脂 21%，水分 5%，碳水化合物 62%。

二、玉金酥

玉金酥主要以玉米为原料、配有小米等，经自熟挤压膨化后，薄厚均匀、透明，油炸后全部膨化，有玉米香味，酥脆可口，且根据需要可调配成各种风味。该产品深受广大消费者喜爱，特别是儿童。

（一）主要设备

主要设备有搅拌机，炸锅或铁锅，封口机，切刀，单螺旋自熟粉丝机。

（二）配方

玉米粉 70%，小米粉 30%，调味料少许。

（三）工艺流程

玉米粉 + 小米粉→混合→润水搅拌→挤压膨化→风干→切段→晒干→油炸→调味→包装

（四）操作要点

(1)拌粉。将粉料按配方充分混合、搅拌，在搅拌过程中，加入 36%~40% 的水，拌匀，加水量可根据季节而变化。一般冬季可多加水，夏季少加水。

(2)挤压膨化。先用湿料试机，待机器运转正常后，再加入原料。从机器中挤出的半成品，完全熟化，但不膨化。若有膨化现象，说明原料过干，需加水调湿。

(3)风干、切段、晒干。挤出后的条子用竹竿挑起，晾晒至不互相粘连。然后切成 3cm×2cm 的段，自然晒干。

(4)油炸。油温控制在 170~180℃，不宜过高。将晒干的半成品倒入油锅内，待完全膨化后，立即捞出。

(5)调味。炸好的玉金酥趁热边搅拌边撒入调味料，使其均匀粘附在成品表面。要求调味料干燥、细度过 60~80 目筛。

（五）注意事项

(1)在粉料中可加入虾油、糖、盐和其他调味料，以增加产品的风味。

(2)挤出的条子若不符合要求，可返回料斗重新加工，也可加水浸泡，待第二天试机用。

(3)从单螺旋自熟粉丝机挤出来的条子，应呈半透明状，光滑而没有气泡。

(4)切段后的半成品应彻底干燥后再油炸，否则油炸易不完全膨化。

(5)油炸温度不宜过高，否则产品可能还没有完全膨化，外表就炸煳了。

(6)其他配料(调味料)与锅巴相同。

三、小米薄酥脆

小米薄酥脆是当今比较流行的、深受广大少年儿童喜爱的休闲食品。它的特点正像它的名字一样"薄""酥""脆"。它香酥可口，营养丰富，是居家旅游的佳品。

（一）主要设备

主要设备有搅拌机、压力蒸锅、压力机、切片机、电炸锅和包装机。

（二）配方

小米熟料1000kg，玉米淀粉8kg，苦荞麦粉2kg，氢化脂（起酥油）2.5kg，二甲基吡嗪0.25kg，没食子酸丙酯2.5kg，辣椒粉59.5kg，花椒粉45.5kg，糖7kg，柠檬酸1.5kg，盐180kg，牛肉精7kg，虾粉7kg，苦味素0.5kg，五香粉0.35kg。

（三）工艺流程

原料→清洗→蒸煮→增粘→调味→压花→切片→油炸→包装→成品

（四）操作要点

(1) 原料处理。将原料中的石块、草梗、谷壳、尘土等杂质清选出，用清水清洗干净。

(2) 蒸煮。将清洗干净的小米，以原料与水重量之比为1:4的比例加水蒸煮。在压力蒸锅中以0.15~0.16MPa的压力蒸煮15~20分钟。

(3) 增黏。在熟化好的小米中加入玉米淀粉、苦荞麦粉复合淀粉，混合均匀。熟化小米与复合淀粉重量之比为100:1。

(4) 调味。将调味料按配方的比例配合，然后与熟化小米、淀粉混合，搅拌均匀。

(5) 压花切片。用压花的模具将小米片压成厚薄基本上维持在1mm以下的薄片，局部加筋，筋的厚度为1.5mm，宽度为1mm，筋的间隔为6mm。小米薄片用切片机切成26mm×26mm的方片，小米薄片的两端边制成锯齿形。

(6) 油炸。一般用棕榈油，也可用花生油和菜籽油。控制油温在190℃（油加热到冒少量青烟），炸制4分钟左右，至产品呈棕黄色时出锅。

(7) 包装。冷却炸好的薄片，然后用铝箔聚乙烯复合袋密封包装，即为成品。

（五）质量标准

色泽为棕黄色，厚薄均匀，无碎片和碎屑。口感香脆，蓬松。

（六）注意事项

(1) 油炸时应随时观察，待产品变为棕黄色时便可出锅，避免炸糊。

(2) 油炸时放料不宜过多，否则易出现生熟不均的现象。

(3) 及时清除油锅中的残渣，以免影响产品质量。

四、麦粒素

麦粒素是多种谷物混合膨化后形成的膨化球，再涂裹一层均匀的巧克力，经上光精制而成。麦粒素具有光亮的外形，宜人的巧克力奶香味，入口松脆，甜而不腻，备受消费者特别是儿童的喜爱。

（一）主要设备

生产麦粒素的主要设备有糖衣机和膨化机。

（二）配方

(1)芯子配方。大米50%，玉米20%，小米30%。

(2)巧克力酱料配。可可液块12%，糖粉5%，可可脂30%，卵磷脂0.5%，全脂奶粉13%，香兰素适量。

(3)糖液配方。砂糖1kg，奶粉0.5kg，蜂蜜0.1kg。

（三）工艺流程

```
              浇糖液
               ↓
原料→膨化→圆球心子→分次涂巧克力酱→成圆→静置→抛光→成品
```

（四）操作要点

(1)心子的制作。先将玉米粉碎成玉米粒，再将大米、小米、玉米粒混合，膨化成直径1cm左右的小球。

(2)巧克力酱料的配制。将可可脂在加热熔化，熔化温度控制在42℃左右，然后加入可可液块、全脂奶粉、糖粉，搅拌均匀。酱料的温度控制在60℃以内。

用精磨机(胶体磨)连续精磨巧克力酱料18~20小时，其间温度应恒定在40~50℃。酱料含水量不超过1%，平均细度达到20μm为宜。

精磨后的巧克力酱料加热进行精炼，精炼时间为24~28小时，精炼过程要经过3个阶段，即固整、塑性和液状阶段，其精炼温度控制在46~50℃较好。在精炼即将结束时，添加香兰素和卵磷脂，然后将酱料移入保温锅内，保温锅温度应控制在40~50℃为宜。

(3)巧克力酱的涂裹。首先配糖液。水与白砂糖按1:1混合，加热熔解，冷却，按配方加入蜂蜜、奶粉。

先将膨化球按糖衣锅生产能力的1/3量倒入锅内，开动糖衣锅，同时开动冷风，将糖液以细流浇在膨化球上，使膨化球均匀裹上一层糖液，不断滚动糖衣锅。待表面糖液干燥后加入巧克力酱料，每次加入量不宜太多，待第一次加入的巧克力酱料冷却且起结晶后，再第二次加入巧克力酱料，如此反复循环，心子外表的巧克力酱料一层层加厚，直至所需厚度。一般2mm左右，心子与巧克力酱料的重量比约1:3左右。一般分4次以上分批加完巧克力酱料。

(4)成圆抛光。成圆操作在抛光锅内进行，通过摩擦作用对麦粒素表面凹凸不平之处进行修整，直至圆整为止。然后取出，静置数小时，以使巧克力内部结构稳定。上光时一般先倒入虫胶液、后倒入树胶液，当光球体外壳已达到工艺要求的亮度时便可取出，剔除不良品，即可包装。操作时要注意锅内温度，并不断搅动，必要时开启热风。以加快上光剂的挥发。

注：虫胶液配制：虫胶与无水酒精按1∶8混合均匀。

　　　树胶液配制：40g 树胶溶解于 100mL 水中。

(五) 质量标准

大小均匀，圆整，光亮，不发花，口感细腻。

(六) 注意事项

(1) 原料中所用奶粉要求无结块无杂质，纯净，符合卫生标准。白砂糖应选择干净大颗粒结晶体的砂糖，粉碎后经 100 目筛子过筛。

(2) 在巧克力酱料的配制过程中，各个过程的温度及其他指标要严格控制，否则会影响产品的质量。如出现白色花斑、风味不佳等。

(3) 加巧克力酱时，糖衣锅要保持一定的温度，不可过低，也不可过高，因为温度过低巧克力酱很快凝固，摇不圆，温度过高，巧克力易熔化。可在糖衣锅下放加热器调控温度。

五、爆米花

爆米花是以干玉米粒为原料，附加一些调味料，经加热膨化制成的一种休闲食品，因其松脆香甜而备受人们欢迎。根据配料及加工方法的不同又分为很多种类，如焦糖爆米花、松子爆米花、热奶油爆米花等。

仪器：市售爆米花机，或带有盖子的宽锅子。

玉米：粒小饱满圆润新鲜金黄色玉米最佳，又大又扁的其次。玉米所含水分太高不好，可通过晾晒或烘干减少水分；太干也不好，可通过少量喷雾搅拌增加水分。

制作爆米花的基本步骤：

(1) 将油倒进有盖子的宽锅子或宽的平底锅里加热。

(2) 倒入玉米粒，用锅铲将玉米粒平均分配在锅底。玉米粒不可重叠。

(3) 盖上锅盖。每 10～15 分钟摇晃锅子或平底锅，直到玉米粒开始爆开为止，然后每隔 5～6 秒钟摇晃锅子。

(4) 当玉米粒停止爆开时，将锅子或平底锅从炉子拿开，然后将爆米花倒进大碗里。

(一) 热奶油爆米花制作

1. 配方及比例

优质植物油 3～4 汤匙，奶油 1～2 汤匙，玉米 4 汤匙，盐 1 汤匙。

2. 操作方法

(1) 在锅子里将油加热。

(2) 倒入玉米，平铺分散在锅底，让玉米一粒粒单独分开。

(3) 盖上锅盖，每隔 10～15s 用力来回摇晃锅子。

(4) 当玉米开始爆开时，每隔 5s 摇晃锅，这一点很重要，不然下面的玉米粒会烧焦，其他的不会完全爆开。等到只听见零星的爆裂声时，将锅子从炉子移开或降温熄火。将米花倒在容器中。然后将奶油放入尚有余温的锅里，等奶油一融化，就浇上爆米花。再在爆米花上撒盐，然后趁热享用。注意：刚开始别放太多盐。

（二）墨西哥式那秋司辣味爆米花

1. 配方

植物油 1~2 汤匙，玉米 2 汤匙，成块的干酪 150g，鸡胸肉约 400g，新鲜红辣椒 2 只，奶油 1 汤匙，墨西哥玉米饼屑约 75g，墨西哥辣酱 2 茶匙。

2. 操作方法

(1) 准备已经爆好的不加盐的普通爆米花，然后倒入大碗里。

(2) 将干酪刨粗粉，备用。鸡胸肉洗净沥干，切成小块。辣椒洗净，直的切开，去籽去蒂后剁细，接着彻底洗净双手，将烤箱预热至 250℃。

(3) 奶油在锅里加热，放入鸡胸肉丁，煎约 3 分钟，备用。

(4) 拿一个长 35cm 的耐火模型，铺上玉米饼屑，撒上一半的干酪。将爆米花、鸡胸肉、辣椒和辣椒酱混合，铺在玉米饼屑上，再撒剩下的一半干酪。

(5) 以 220℃ 置于旋风式烤箱中层，烤 3~5 分钟，直到干酪融化为止。取出后可立刻享用。

（三）爆米花布朗尼

1. 配方

植物油 3~4 汤匙，玉米 4 汤匙，榛果 100g，奶油 100g，红砂糖 200g，蛋两个，香草粉 1/4 茶匙，泡达粉 1 茶匙，低筋面粉 200g，盐 1/4 茶匙。

2. 操作

(1) 准备已经爆好的不加盐的普通爆米花。

(2) 将爆米花包入纱布袋或塑料袋或纸袋内，用擀面杖将爆米花擀碎，然后倒入碗里。榛果剁碎。烤箱预热到 175℃。

(3) 将奶油和糖用电动打蛋器搅拌成海绵状。加入蛋后一起打。再加入香草粉和榛果。混入爆米花、泡达粉、面粉和盐，一起搅拌成面团。

(4) 将烤盘抹油或是铺上烤纸，面团平铺在烤盘上，在 150℃ 旋风式烤箱中烤 15~20 分钟。

(5) 将烤盘取出，趁还热时切成 24 块。然后放在蛋糕架上冷却。

（四）焦糖爆米花

1. 配方

优质植物油 3~4 汤匙，爆米花玉米 4 汤匙，枫糖浆或一般糖浆 4 汤匙，鲜奶油 2 汤匙，牛奶 2 汤匙，奶油 50g，红砂糖 130g。

2. 操作

(1) 准备不加盐的爆米花，然后倒入碗里。将烤箱预热到 170℃。烤盘裹上铝箔。

（2）将糖浆、鲜奶油、牛奶和红砂糖在小锅里加热，并且煮约2分钟。同时，充分搅拌，好让糖完全溶解。

（3）将步骤2的糖浆均匀地浇在爆米花上，把所有的材料充分拌和。把混合后的裹糖爆米花平铺在烤盘上。

（4）让裹糖爆米花在烤箱里（旋风式烤箱150℃）烤约15分钟。拿出烤盘，让爆米花冷却30分钟，把变硬的焦糖爆米花折成块状即可。

六、仙贝

仙贝使用精选小米，经多道工艺精心制成，非油炸、低油脂、口感鲜香、自然的老少皆宜休闲食品。

（一）配方

小米粉20g，淀粉1g，糖5g，食盐0.1g，鸡精0.1g，膨化剂0.5%，泡打粉0.01g。

（二）工艺流程

淀粉、糖、食盐、鸡精、膨化剂、泡打粉

↓

小米粉→浸泡、糊化→成型→冷却、静置→成型→第一次干燥→静置→第二次干燥→膨化→冷却→膨化→成品

（三）操作要点

（1）浸泡、糊化。小米粉、适量淀粉、糖、食盐、鸡精、膨化剂、泡打粉和水混合均匀，然后在30℃浸润0.5~1小时，水浴加热，温度75℃，糊化30分钟。

（2）成型。将其余的淀粉与糊化后的糊状物进行混合，均匀调团搓均匀后，制成直径约30mm、厚约4mm圆形饼坯。将饼坯于自然环境下静置4小时，使内外水分均一。

（3）干燥。第一次干燥和第二次干燥时间与温度相同，干燥时间各为8小时，静置2小时。干燥温度为70℃。

（4）膨化。将干燥好的饼坯放入微波炉里进行高温急剧膨化，膨化时间为50秒，为使受热均匀，将饼坯搁置网状物上，并间隔性翻动。室温冷却1小时后即为成品。

（四）质量标准

色泽均匀，口感酥脆，咸香为浓郁。

第四节　其他谷物类休闲食品加工

一、高钙富硒米果

高钙富硒米果以多种谷类为原料，尤其添加了富含硒元素的玉米粉及乳酸钙，经膨化、干燥、调味、调香等工序生产而成。产品营养价值高、口感香脆，老少皆宜。

(一) 配方

基础配方：籼米粉 45kg，玉米粉 15kg，红薯淀粉 18kg，富硒玉米粉 8kg，面粉 2kg，水 8kg，白砂糖 2kg，奶粉 1kg，香兰素 0.1kg，单甘酯 0.2kg，乳酸钙 0.2kg，食用盐少许。

调味粉配方（份）（一）：牛肉粉 35kg，蒜粉 2.5kg，盐 23kg，谷氨酸钠 18kg，白胡椒粉 15kg，洋葱粉 1kg，腊肉香精 1kg，熏肉粉 1.5kg，阿斯巴甜 0.09kg。

调味粉配方（份）（二）：盐 10kg，谷氨酸钠 1.0kg，苹果酸 2.0kg，虾素 3.0kg，乳糖 83.57kg，阿斯巴甜 0.43kg。

(二) 工艺流程

原料→混合→膨化→成型→干燥→淋油→调味调香→成品→包装

(三) 操作要点

(1) 原料处理。大米、玉米粉碎，过 100 目筛备用。鄂西产富硒玉米经脱胚后，粉碎，过 100 目筛备用。

(2) 混合。按配方要求将籼米粉、玉米粉、红薯淀粉、富硒玉米粉、面粉加入荤料缸混合均匀，加入适量水搅拌均匀，以手捏成团、手松即散为佳，这时水分 25%~30%。

(3) 膨化。膨化机预热温度 180~200℃，时间 20~30 分钟，螺杆转速 60r/min 左右。加水以检测机械内部预热情况，看是否有水蒸气喷出，最终膨化温度控制在 160℃ 左右为宜。加料入膨化机，制成条形。

(4) 干燥。原料经膨化后，剪切成圆形或方形，然后进入干燥机内，干燥温度控制在 75~80℃，干燥至物料水分应为 4%~5% 为止。

(5) 淋油。将油温加热至 70℃ 左右，均匀淋洒在干燥的物料上。温度不能太低，否则将要加入的调味料很难吸附在物料上。

(6) 调味。淋过油的半成品进入滚筒式调味机，在滚筒内经调味粉喷射器喷射，调味粉遇到表面有油膜的半成品时被吸附，完成调味。也可人工加调味料，但要注意加均匀。

(四) 质量标准

(1) 感官标准。色泽：乳黄色或淡黄色；气味及滋味：奶香，口感细腻，香甜；形态：球形或方形。

(2) 理化标准。蛋白质含量 ≥8.0%，水分 ≤6%，钙含量（以 Ca 计）≥300mg/kg，硒含量（以 Se 计）≥5mg/kg。

(3) 微生物标准。细菌总数 ≤100 个/g，大肠菌群数 <30 个/100g，致病菌不得检出，铅含量（以 Pb 计）<0.06mg/kg，砷（以 As 计）未检出，铜含量（以 Cu 计）<0.7mg/kg。

二、蒜力酥

大蒜除了营养丰富，富含钙、磷、铁等矿物质，还含有很多维生素，而且具有很好的防癌抗癌、解毒、防病的功效，是我们日常生活中很好的调味品。但它有一种特殊的刺激性气味，限制了人们的食用，特别是儿童。将蒜粉与大米粉等原料相混合，做成空心豆，再裹一层巧克力外衣，就大大减弱了蒜的味道，从而增加人们对蒜的消费，特别是可使儿童在吃零食时可以吃一些蒜，从而起到防病解毒的作用。

（一）主要设备

主要设备有糖衣机、拌粉机、水浴锅、旋转烤笼和胶体磨等。

（二）配方

复合粉配方：大米粉30%，淀粉10%，面粉15%，白砂糖粉30%，蒜粉15%。

调味液配方：以糖液（白砂糖：水=1:1），姜粉1.5%，辣椒粉0.5%，五香粉15%，胡椒粉0.5%，盐1.5%，苏达4%。

巧克力酱配方：可可粉8%，全脂奶粉15%，代可可脂33%，白砂糖44%，香兰素、卵磷脂适量。

（三）工艺流程

糖液、混合粉
↓
爆大米花→成型→半成品→烘烤→裹巧克力外衣→抛圆→静置→起光→抛光→成品

（四）操作要点

(1)配蜂蜜液。将3份蜂蜜倒入1份的沸水中，搅拌均匀，使蜂蜜完全溶解在水中即可。不可煮制时间太长，否则由于水分的蒸发造成蜂蜜液的浓度过大，后面工序中的成型则难以顺利进行。另外也会造成蜂蜜中的营养成分破坏过多。

(2)调味液的配制。将1份清水、1份白糖放入锅内加热化开，再加入定量的姜粉、五香粉、辣椒粉、盐等原料，煮沸5分钟，然后加入辣椒粉搅拌均匀。离火使调味液温度降到室温。其间配制苏打水。苏打水的配制是用少许水完全溶解所需量的苏打。将苏打水倒入已经冷却的调味液中，不断搅拌至完全均匀。

(3)复合粉的调配。在拌粉桶中或其他容器中放入配方中一半量的面粉、白砂糖粉、大米粉，加入全部淀粉、蒜粉，搅拌均匀，然后加入另一半面粉、白砂糖粉及大米粉，搅拌均匀。

(4)成型。将爆大米花倒入糖衣机内，开机转动，不断少量加入蜂蜜液，使其汁细而均匀地浇在爆米花上，直至表面均匀涂盖上一层发亮的蜂蜜为止。然后再薄薄撒一层复合粉，复合粉用量为总量的1/8~1/6，使其表面附上一层面粉，继续转动2~3分钟后，然后取总调味液量的1/8~1/6浇在爆米花上，浇调味液的方法与浇蜂蜜液相同，随之一层复合粉、一层调味液交替浇洒，直到复合粉用完为止。一般分6~8次加完复合粉，再转动几分钟糖衣机，裹实摇圆便可出糖衣机，整个成型操作控制在30~40分钟内完成。出糖衣机的半成品在室温下静置30~40分钟，以使调味液与复合粉充分浸润，半成品裹得更结实。

(5)烘烤。将摇圆的半成品放入电烤笼或煤烤笼中烘烤。烘烤过程中要防止温度过高而烤焦。通过烘烤，复合粉中的淀粉糊化至熟，与爆米花的结合更牢固。

(6)制巧克力酱。先将代可可脂在37℃的水浴锅中加热溶化，待完全溶化后加入白砂糖粉、可可粉、奶粉，充分混合后过胶体磨细化，然后加入卵磷脂和香料，将混合油脂加热精练24~72小时，精炼温度控制在46~50℃较好。精练后将温度先将至35~40℃，保温一段时间后再进行调温。调温分三个阶段：第一阶段从40℃冷却到29℃，第二阶段从29℃冷却到27℃。第三阶段从27℃升温到29℃或30℃。经过调温后的巧克力酱应立即涂上外衣。

(7)涂外衣(上巧克力酱)。将烘好的空心豆放入糖衣机中，开机转动，把1/3巧克力酱倒入其中，摇匀。再将剩余的巧克力酱分两次放入糖衣机中，转动几分钟，直至摇匀。如采用荸荠式糖衣机设备上酱，需利用喷枪装置。在一定压力和气流下，将巧克力酱料喷涂到烤过的心子上，酱料温度应控制在32℃左右，冷风温度为10~13℃，相对湿度为55%，风速不低于2m/s。这样才能使涂敷在心子表面的巧克力酱料能不断地得到冷却和凝固。

(8)抛圆静置。将上好酱的产品移至干净的荸荠式糖衣机内进行抛圆，去掉凸凹不平的表面。此过程不需要冷风。将抛圆的半成品在12℃左右的室温下储放1~2天，使巧克力中的脂肪结晶更趋稳定，从而提高巧克力的硬度，增加抛光时的光亮度。

(9)起光。将硬化的抛光巧克力产品放入有冷风配合的荸荠式糖衣机内，滚动时先加入高糊精糖浆，对半成品进行涂布。待其干燥后表面就形成了薄膜层。经冷风吹动和不断滚动、摩擦，表面就逐渐产生了光亮。当半成品的表面达到一定光亮度后，可再加入适量的阿拉伯树胶液，以使抛光巧克力表面再形成一层薄膜层，使表面更光亮。

(10)上光。将经过抛光的巧克力放入荸荠式糖衣机内不断滚动，加入一定浓度的虫胶酒精溶液，进行上光。经过糖衣机的不断的波动和摩擦，虫胶将均匀地涂布在产品的表面，形成一层均匀的薄膜，从而能保护抛光巧克力表面的光亮度，虫胶保护层本身也会显现出良好的光泽，从而增强了整个抛光巧克力的表面光亮度。上光时，要在冷风的配合下，将虫胶酒精溶液分数次均匀地涂布在滚动的半成品表面，直至滚动、摩擦出满意的光度为止，即为抛光巧克力成品。选用虫胶酒精溶液作为上光剂，是因为它不受外界气候条件的影响，不会在短时间内退光。

（五）注意事项

(1)配调味液时注意不要糊锅或跑糖，如果砂糖有杂质，须进行过滤处理。

(2)爆大米花要选颗粒完整的。

(3)浇洒调味液时要细而均匀，撒完粉后如有粘在一起的要及时分开。

(4)涂巧克力外衣时，可在糖衣机下放一电炉进行调温，因为温度过低巧克力酱很快凝固，摇不圆。但温度不宜高，否则巧克力就熔化，空心豆裹不上巧克力。

三、营养麦圈、虾球等膨化休闲食品

使用一台膨化机,通过调换机器喷头模具,可生产出圈型、球形等形状膨化休闲食品,在配方中加入不同的原料,便可生产出虾球、奶味球、巧克力味球、鱿鱼酥、营养麦圈等膨化休闲食品,营养丰富、易消化吸收,是非常理想的儿童食品。

(一)主要设备

主要设备有拌粉机、膨化机、塑料袋热合机。膨化机为双螺杆挤出膨化机。

(二)配方

营养麦圈:

玉米粉12%,面粉5%,小米粉15%,全蛋粉1%,大米粉61%,盐1%,糖粉12%,油1%,奶粉2%。

虾球:

大米粉70%,盐1.5%~2%,味精0.5%,桂皮、甘草、八角(1:1:1)0.1%,淀粉20%,虾油1%,虾粉0.5~1%。

(三)工艺流程

原料→混合→膨化→冷却→包装

(四)操作要点

(1)混合。按配方将所有的粉料倒入搅拌机内,一边搅拌,一边用雾化器将油喷入粉料中,同时用少量水将香精溶化,然后喷入粉中,加水量越少越好,一般为1%左右。

(2)膨化。将混合好的物料送入膨化机中膨化,装料前先将机器预热。

(五)质量标准

蛋白质>8%,脂肪3%,碳水化合物74%,水分<5%。

(六)注意事项

双螺杆挤出膨化机投资较大,如使用单螺杆膨化挤出机,设备易损件多、不能膨化粉状物料,需加入粒状原料,而且是在膨化成型后,向其表面喷调味液。

四、云片糕

云片糕在我国南方各地均有生产,其制作历史悠久,最早是用蜂窝和熟糯米粉制成,在农村是春节和喜庆的传统礼品。糕色雪白,外形方正,厚薄均匀,折而不断,卷而不碎,滋味细而软润,口味香甜而不腻,有桂花的芳香,入口即化,绵软柔和。曾有"云片糕送蟠桃会,神仙取糕不取桃"的盛赞。

(一)主要设备

炒锅,筛子,搅拌机,贮糖缸,打糕机,蒸煮锅。

（二）配方

炒糯米粉 20kg，饴糖 1kg，绵白糖 24kg，蜂蜜桂花糖 1kg，食用油 1.5kg，盐适量。

（三）工艺流程

　　　　　　　　绵白糖、猪油、桂花、饴糖→润糖
　　　　　　　　　　　　　　　　　　　　↓
糯米→搓洗→晾干→炒制→过筛→磨粉→陈化→调粉→打糕→炖糕→复蒸→吸湿整形→切片→包装→成品

（四）操作要点

（1）炒米。糯米先用 35℃ 的温水洗干净，再用 50℃ 的水洗。放在大竹箕内堆垛 1 小时，随即摊开晾干，筛去碎米。锅内加入少量食用油，砂炒，不应有生硬米心和变色的糊米粒，然后过筛，炒好的糯米呈圆形，不能开花。

（2）陈化。将炒好的糯米放入钢磨中磨碎成粉，过 100 目筛，磨好的江米粉一般要储藏半年左右，叫作陈化，以使江米粉吸潮去其燥性，才能达到制品松软爽口的要求。

（3）润糖。把白糖用冷开水搅溶，成浆液状，同时加入油，制成的湿糖隔夜使用。一般每千克白糖加水 15%～20%。

（4）调粉。取适量经过陈化的江米粉与润好的糖放入搅拌机中，充分搅匀，取出将糕粉盖上湿布，静置一段时间，使糕粉发绒柔软。

（5）打糕。先用蜂蜜桂花糖拌上少量糕粉做成芯子，四周加入其他余料打紧后，放入铝模或锡盘内铺平，用压糕机压平成为糕坯。

（6）炖糕。将压好的糕坯切成四条，再用"铜奈"（也称"铜镜"）将表面压平，连同糕模放入热水锅内炖制。锅内水量要适当，浸入糕模 2/3 即可。锅内的水必须始终保持半开状态，不得沸腾。炖 5 分钟左右即可取出，这时糕坯受热定形。然后将糕模取出，倒置在台板上覆出糕坯。分清底面（同模底部接触的一面为糕面），然后糕底与糕底合并，竖起堆码。一般将当日生产的所有糕坯全部炖完后，集中进行复蒸。

（7）复蒸。复蒸俗称"回气"，即把定形的糕坯相隔一定距离竖在蒸格上，加盖蒸制。目的是使水蒸气渗入糕体内部，使粉粒糊化和粘结。蒸格离水面不要太近，以防沸水溅到糕坯上。水温微开（90℃）即可，约 5 分钟取出。蒸制时间和温度要认真掌握，以防糕坯吸水过度和受温不足，从而产生糕质过粘或易碎等现象。一般来讲，夏季蒸制时间可短些，冬季可稍长些。

（8）吸湿。糕坯经复蒸后，表面撒一层熟面粉，以防糕坯粘连，然后有次序地放入木箱进行保温，糕坯放满后，表面再撒一层熟面粉。这样，既能吸去表层过多的水分，又能对糕体保温，使糕体更为软润和防止霉变。

（9）切片包装。隔日切片，一条 22cm 长的云片糕，至少切 120 片，按包装要求随切随包装。

（五）注意事项

（1）炖糕时，要求掌握好时间和水温，若温度高，炖糕时间过长，糕坯中糖分熔化过度，会使产品过于板结；反之，使产品太松。一般气温在20℃以下时，火力要小，如在20℃以上，则火力要旺些。

（2）防止产品变硬可在配方中增加还原糖的含量。

（3）调粉时动作要迅速，慢了会使糕粉局部因吃透湿糖中的水分而发生膨胀，以至糕的松软度不一。

五、八珍菌脆片

以食用菌粉、中药材粉、面粉等八种原料，按其不同的营养保健功能，合理的互补，科学配方，采用现代工艺加工而成。产品低脂低糖，组织疏松，表面呈多孔结构，颜色焦黄，食之酥脆，香甜味美。长期服用有健脾，安神，补精强身，能促进儿童生长和智力发育。

（一）主要设备

和面机，蒸笼，烤箱。

（二）配方

面粉50kg，山楂粉1kg，香菇粉5kg，砂仁0.05kg，平菇粉5kg，小苏打0.05kg，白糖2.5kg，碱适量，党参粉0.05kg，香油1kg，山药粉2kg。

（三）工艺流程

酵母活化→面粉发酵→面团调制→蒸制→切片→烘烤→包装→成品

（四）操作要点

（1）酵母活化。取0.5kg酵母用温水调匀，加入少量糖，在室温下放置15~30分钟使其活化，当产生大量气泡时表示酵母已经活化好，可以进行面粉发酵。

（2）面粉发酵。向活化后的酵母液中加入适量的水，然后倒入和面机中搅拌片刻，立即加入面粉，继续搅拌均匀，在20℃温度下发酵4~6小时，待面团膨胀切面有大量气孔为止。

（3）面团调制。先将碱用适量的水溶解，将碱溶液倒入发酵好的面团中搅拌中和，然后继续加入食用菌粉、白糖粉、中药粉及其他辅料等，继续搅拌调制面团至有一定的可塑性，不沾手为止。

（4）蒸制。将调好的面团搓成直径2cm，长10~20cm的长圆柱形，放入蒸笼里蒸熟后即为半成品坯料。

（5）切片。待坯料稍凉后切成0.5cm厚的薄片，切片要均匀，并防止碎裂。

（6）烘烤。将切好的薄片单层摆放在烤盘中，送入烤箱在120~140℃下进行烘烤，烤至水分完全蒸发，片面色泽焦黄时停止。

（7）包装。冷却后按规格要求包装即为成品。

（五）注意事项

（1）面团发酵加水量多少要根据面粉的品质及吸水率来定。

(2) 调粉时先加入适量碱，目的是为了中和面团发酵时所产生的酸，加入量要适当，如加入量太小中和不彻底，不但蒸制时胀润率低，而且产品会产生酸味；中和过度面团会死硬，蒸制时无论胀润度色泽都难达到成品要求。

(3) 烘烤时注意火候，要烤出面片的焦香味，但又不可过焦。

复习思考题

1. 谷物膨化食品的特点是什么？
2. 依生产所用主料的不同可将锅巴分为哪几种？生产锅巴的主要工艺流程是什么？
3. 怎样生产咪巴？
4. 生产香酥片时应注意哪些问题？
5. 如何生产玉金酥？
6. 如何生产麦粒素？生产时应注意哪些问题？
7. 食品膨化理论及螺杆挤压机工作原理是什么？

第三章 薯类休闲食品加工

> **学海导航**
>
> 1. 掌握金丝蜜、银丝蜜和油炸土豆片等马铃薯类休闲食品的加工方法及关键技术。
> 2. 掌握红薯脯的加工制造工艺及关键技术。
> 3. 熟悉薯类休闲食品加工常用设备。

第一节 马铃薯类休闲食品加工

一、金丝蜜和银丝蜜

金丝蜜是以红薯、蔗糖、面粉等为原料加工而成的一种小食品,产品外形美观,入口松酥绵软,香甜适口,有奶香味。将土豆代替红薯便称为银丝蜜,富含淀粉的植物如魔芋、蕨粉等,均可作替代品。

(一) 主要设备

绞肉机,蒸锅,电炸锅,不锈钢锅或生铝锅,螺杆挤条机或饸饹床,模子,和面机。

(二) 配方

银丝蜜配方:土豆泥100kg,奶粉1kg,面粉11kg,酵母粉0.5kg,白砂糖30kg,芝麻、青红丝3kg,饴糖12kg,实耗油15kg。

金丝蜜配方:红薯泥100kg,面粉8kg,奶粉0.5kg,淀粉5kg,酵母粉1.2kg,芝麻、青红丝3kg,实耗油15kg,白砂糖30kg,饴糖12kg。

(三) 工艺流程

选料→清洗→去皮→蒸煮→绞碎→配料→成型→油炸→风干 $\left.\begin{array}{r}\\ 糖+水+饴糖→熬糖\end{array}\right\}$→拌料→入模→压平→切块→包装→成品

(四) 操作要点

(1) 选料。选择新鲜、成熟无萌芽、无霉烂及病虫害的土豆或红薯。

(2) 清洗。先将原料浸泡一段时间，然后用清水洗净表皮附着的泥沙。

(3) 去皮、蒸煮。用蒸锅或蒸煮箱将洗净的红薯或土豆蒸熟，取出后剥去红薯或土豆的表皮，如采用薯类去皮机就需先去皮后蒸熟。

(4) 绞碎。用绞肉机将蒸熟的土豆或红薯搅成泥状，连同面粉、奶粉、发酵粉按配方比例放入和面机内搅拌均匀，静置几分钟。

(5) 成型、油炸。将适量食用植物油入锅加热至190℃，将拌好的薯泥或土豆泥配料用压条机压入油锅内，压入量以漂在油层表面为宜，以防止下锅后的原料成团。当泡沫消失后，炸至杏黄色时捞出。要炸透而不焦糊，一般需3~4分钟。

(6) 风干。捞出后的半成品放在网状的筛内冷却，要放在干燥通风处进行风干，或在烘房内低温烘干。

(7) 熬糖。按1kg薯丝条加白砂糖0.5kg、饴糖0.25kg放于不锈钢锅或生铝锅，切不可用铁锅。熬糖时先将白砂糖放入熬糖锅内，加少量水，加热化开，待砂糖全部熔化后加入饴糖，继续加热并不断搅拌。要用小火，防止糊锅，等糖液熬到118℃左右时，糖液能拉出很长的单丝时为止。

(8) 入模压块。先将模子刷一层食油，将炸好的薯条倒入熬好的糖浆锅内，趁热用铲子搅拌均匀，动作要迅速，使薯丝条周围均匀地粘上一层糖液，并趁热倒进模子内；然后将其铺平、压紧，松紧要适度。撒入少量芝麻、青红丝，稍冷却便可切块。

(9) 切块包装。按要求切块包装即为成品。

(五) 质量标准

产品外形美观，入口松酥绵软，香甜适口，有奶香味。

(六) 注意事项

薯类原料蒸熟后应及时搅成泥状，长时间放置会使淀粉老化，有硬颗粒产生。熬糖成型时，半成品本身的温度要与室温一致，否则不易切块。要用文火熬糖，切忌熬过了头，否则糖的黏度太大，不易拌匀，压不成型。

二、马铃薯虾片

虾片是一种以马铃薯粉、小虾为原料的油炸膨化状食品，产品风味独特、脆酥可口、营养丰富、含油量低。

(一) 主要设备

碎冰机，研磨机，搅拌机，高压蒸汽柜，切片机，烘箱，油炸锅，碾压机，包装机。

(二) 配方

马铃薯粉 10kg, 清水 20kg, 下肉糜 5kg, 白砂糖 2kg, 鸡蛋 0.8kg, 酵母粉 0.02kg, 食盐 0.8kg, 鱼酱油 0.4kg, 味精 1kg。

(三) 工艺流程

原料选择→制糜→制冷膏体→成型→蒸制→冷却→切片→烘干→油炸→碾压包装

(四) 操作要点

(1)制备虾糜。选用块状冻虾,用碎冰机破碎虾块,转入研磨机中搅拌磨细,根据需要可适当加水。

(2)制冷膏体。按配方原辅料放入搅拌机内混合搅拌,制成软膏状,反复揉和,直至成为非常均匀的冷膏体为止。

(3)成型。把膏体填充到直径约 3cm、长约 50cm 的复合塑料袋中,外用棉布将塑料袋包扎牢固。

(4)蒸制。将成型后的原料放入高压蒸汽柜中 100~130℃ 蒸制 40 分钟。

(5)冷却。蒸制完成后,立即把塑料袋放在 0℃ 环境中冷却 24 小时,使面团充分固化以备切片。

(6)切片。揭去塑料外膜,将棒状的熟面团送入切片机切成 2~3mm 后的薄片。

(7)烘干。将切片送入烘箱内,干燥分两步:第一步是预干燥,60~70℃ 烘 5~10 分钟,此步为简单的表面干燥;第二步是扩散干燥,采用 50℃ 连续干燥 8~10 小时;直至切片的含水量降低到 8%~12% 为止。

(8)油炸。将植物油加入控温油炸锅内,加温将油温控制在 150℃ 左右,炸 1~2 分钟,当虾片呈金黄色时立即捞出。

(9)碾压包装。虾片捞出后,立即用碾压机将虾片压平,同时也挤掉余油,降低油腻感;按规格用复合塑料袋包装封口。

(五) 质量标准

产品风味独特、脆酥可口、营养丰富、含油量低。

(六) 注意事项

干燥时要控制好温度,使水分的散失不能引起切片起泡和结构改变,干燥后要放在干燥环境或密封容器中,以免吸潮。油炸时要控制好油温,以免焦化和出现异味。

三、美国式马铃薯脆片

(一) 主要设备

拌面机,压片机,切片机。

(二) 配方

面筋粉 0.5%~2.0%、大豆蛋白粉 0.2%~1.0%、干燥蛋清粉 0.2%~1.0%、多糖

类 0.05%~5.0%、淀粉 0.5%~2.0%、食盐 2%。

（三）工艺流程

原辅料→面团→切片→油炸→脱油→包装→成品

（四）操作要点

(1)原辅料。原料为马铃薯粉、马铃薯泥片或其他含淀粉物料。辅料可以是蛋清粉、多糖粉、大豆蛋白粉、面筋粉等任意一种，再加食盐。多糖粉可用果胶、海藻酸钠、黄原胶、阿拉伯胶等其中的一种或两种。辅料在干马铃薯粉中的添加量见配方。

(2)面团。将配比好的原辅料与 1.4~2.8 倍的水混合搅拌，形成面团，面团中最佳含水量为 40%。

(3)切片。将面团切成长 6~7cm，宽 0.8cm，厚 0.45~1.82cm 的片状。可先用压片机压片，再用切片机切片。

(4)油炸。将面片放在油炸锅内，用食用油进行油炸。工艺参数为 160~193℃、8~20 秒。成品含水量为 4% 以下。也可采用真空油炸，当油温为 95℃ 时开始油炸。保持油温在 90℃，真空度在 5 分钟内升到 0.087MPa，在 10 分钟内升到 0.093Mpa，当油面基本平静时，停止油炸。

(5)脱油。趁热离心脱油，工艺参数为 1200r/min、5~6 分钟。然后按形状、色泽采用真空充氮包装。成品含水量 4% 以下。

（五）质量标准

产品风味独特、脆酥可口、营养丰富、含油量低。

（六）注意事项

油炸时要控制好油温，以免焦化和出现异味。

四、乐口酥的生产

乐口酥以土豆或红薯、淀粉、奶粉为原料，经油炸而成。口感酥脆，特别是土豆中的蛋白质与人体中的蛋白质极为相似，易被人体消化吸收。该产品对充分开发利用土豆、红薯资源起了很大作用。

（一）主要设备

绞肉机，塑料袋热合机，铁锅，压力漏粉机，风扇，蒸锅。

（二）配方

土豆泥（或白薯泥）100kg，盐 1kg，淀粉 12~15kg，糖 7~8kg，奶粉 1kg，香甜泡打粉 1.5kg，调味料适量。

（三）工艺流程

土豆或红薯→清洗→去皮→蒸熟→搅碎→配料→搅拌→漏丝→油炸→调味→烘干→包装→成品

（四）操作要点

（1）原料选择、清洗。选用无芽、无冻伤、无霉烂及病虫害的土豆或白薯，放入清洗池或清洗剂中，洗去泥沙。

（2）去皮。用去皮机将土豆皮去掉或采用碱液去皮法去皮。若采用碱液去皮，将皮去掉后，要浸泡土豆或红薯一定时间，以去除残留的碱液。如生产量较小，可蒸熟后将皮剥掉。

（3）蒸熟。用蒸汽或蒸锅将土豆蒸熟。为了缩短蒸制时间，可将土豆切成适当小块或薄片后在蒸制至熟。土豆或红薯一定要蒸熟，否则影响制泥工序。

（4）搅碎、配料。用绞肉机或搅拌机将熟土豆搅成土豆泥，加入其他原料，搅拌均匀后，放置一段时间。

（5）漏丝、油炸、调味。将糊状物放入漏粉机中，其压出的糊状丝直接掉入180℃左右的炸锅中，压入量为漂在油层表面3cm厚为宜，以防泥丝入锅成团。当泡沫消失，炸至深黄色时即可捞出（要炸透，但不焦糊），一般炸制3分钟左右。捞出的丝放在网状的筛内，及时均匀撒入调味料。

（6）烘干、包装。将炸好的丝放入烘干房烘干，也可用电风扇吹干，一般吹1~2天，产品便可酥脆。包装已烘干的丝即为产品。

（五）质量标准

1. 感官指标

色泽：呈深黄色。

口感：入口酥脆，无异味。

形状：规格形状呈长短不等的细丝状，丝的直径为2.5~3mm。

2. 理化指标

脂肪25%，蛋白质5%，水分<6%。

（六）注意事项

压力漏粉机的漏孔直径应为3~4mm，孔径越大，所炸的丝越不易炸透。蒸熟的土豆或红薯不宜放太长的时间，否则淀粉老化，搅成的泥易有硬颗粒。以红薯为原料时，由于红薯中水分含量多于土豆，因此配料时需相应多加些淀粉。压力漏粉机一般自制，可采用杠杆活塞压出式，或采用螺旋压出式。油温不宜过高，否则丝易炸糊，且不宜炸透。油温也不宜过低，否则丝吸油太多，口感发腻。

五、油炸土豆片

油炸土豆片是风靡世界的休闲食品之一，它口感酥脆，不仅资源丰富，且营养价值较高，深受消费者的欢迎，是一种老幼皆宜的休闲食品。它也是目前国内外发展的方便食品之一，具有色、香、味俱佳的特点。

（一）主要设备

大铁锅，水缸(1m 高)，刨子，去皮刀，秤，筛子(100 目)。

（二）配方

几种调味料配方：甜酥薯片：糖100%；

鲜味薯片：盐80%，味精16%，五香粉4%；

辣味薯片：辣椒粉21.6%，胡椒粉13.5%，五香粉13.5%，精盐48.6%，味精2.7%；

蒜香薯片：蒜粉58.3%，味精8.3%，盐33.3%；

咖喱薯片：咖喱粉55.5%，味精11.3%，盐33.3%。

（三）工艺流程

土豆→人工削皮→清洗→人工切片(或用木工刨子)→迅速用清水浸泡→放入沸水中煮片刻→凉水浸泡并冲洗→取出控干水分→油炸→调味→凉后包装→成品

（四）操作要点

1. 土豆的选择和储藏

为了提高产量并降低吸油量，需选择相对密度大、还原糖低的土豆。不同的品种不要相互混合加工，一般要求选择土豆块茎形状整齐、大小均一、芽眼浅、含淀粉和总固体量高的品种。

2. 去皮

手工去皮：利用特制的手工去皮刀将土豆的芽眼挖除。

碱去皮：将土豆浸泡于15%~25%浓度的碱液中，温度加热到70℃左右，待土豆皮软化后取出，用清水冲洗，并用于去掉表皮，用刀挖去芽眼及变绿部分。

3. 切片

清洗后的土豆进行切片。采用木工用的刨子，要求厚薄均匀，使其成$1.7cm^2$左右的薄片，薄片表面要光滑，可减少耗油量。切好的土豆片马上浸入冷水中(随切随放入冷水中)。

4. 煮片

水煮沸后将从冷水中捞出的土豆片放入沸水中煮片刻。此工序较关键，土豆片的放入量根据水量而定。当土豆片漂起后，马上捞出(也就是使土豆片内无生心)。捞出的土豆片必须放入冷水中进行冲洗，洗掉土豆片表面的淀粉，以减少土豆片油炸时的互相粘连及变色。冲洗后将土豆片控干，或用离心机甩去水分。

5. 油炸

油炸时用一般的铁锅便可。油炸是炸土豆片颜色好坏的关键。通常用的是花生油，也可用花生油和菜籽油各半。当油加热到冒少量青烟(即翻滚不猛烈)时，放入控干的土豆片。加入量多少以均匀的漂在油层表面为宜，以防止土豆片伸展不平。一般炸3分钟左右,当泡沫消失时,便可出锅。

油用一段时间后,应用新油替换。旧油最好放一容器中静止一段时间,取其上层油与新油混合并用。

6. 调味

炸土豆片离开油锅后应立即加盐或调味料。将调味料放在100目的筛内,使调味料均匀地筛到土豆片上。这一点很重要,因为在这个时候油脂是液态,能够形成最大的黏附作用。然后,将成品冷却到室温时,再进行包装。

（五）质量标准味

具有特殊的、应有的风味。不得有哈喇味。

微黄色(白色土豆),金黄色(黄色土豆)。口感：酥、脆。

（六）注意事项

(1)土豆的品种不同,加工方法也稍有不同。一般白色土豆品种比黄色土豆品种要好,黄色土豆油炸时易焦煳,白色土豆的品种炸出的土豆片颜色微黄,黄色土豆炸出的产品金黄色。

(2)切片。加工黄色土豆时,切片厚度要比白色土豆片厚一些,一般在1.9~2.0mm。在沸水中煮的时间也要比白色品种长,但也不宜太长。时间如何掌握,主要是凭经验。

第二节　甘薯类休闲食品加工

甘薯的化学组成因其所生长的土质、品种、生长期长短、收获季节等的不同而有很大的差异。一般甘薯块根中含60%~80%的水分,10%~30%的淀粉,5%左右的糖分及少量蛋白质、油脂、纤维素、半纤维素、果胶、灰分等。

一、红薯脯

红薯脯呈黄褐色,入口甜糯,有一定的营养价值。

（一）主要设备

切片机,煮锅,缸。

（二）配方

白薯50 kg,白糖30~35 kg,氢氧化钙、柠檬酸、亚硫酸钠、蜂蜜适量。

（三）工艺流程

选料→清洗→去皮→切块→硫处理和硬化处理→烫漂→一次糖煮,糖渍→二次糖煮,糖渍→三次糖煮,糖渍→烘干→摊晾→包装

（四）操作要点

(1)选料。选用质地细腻、含糖量较高、新鲜无病、无腐烂的白薯。

(2)切块。将白薯洗净去皮,切成4cm长、1.2~1.6cm宽、1cm厚的块,弃去破碎及不整齐的薯块。

(3)硫处理。将薯块放入浓度为0.3%的亚硫酸钠溶液中,浸泡2~3小时后捞出,用水冲洗。

(4)硬化。再将薯块置于浓度为0.2%的氢氧化钙溶液中浸泡20分钟,取出后用清水冲洗,至洗液为中性时,说明已漂洗干净。然后在开水中煮沸8~10分钟后捞出,于清水中洗净,沥去余水备用。

(5)一次糖煮。用4kg糖和6kg水配成浓度为40%的糖液,将糖液煮沸。然后将薯块放入煮开的糖液中,再煮10分钟停火。

(6)糖渍。将薯块连同糖液一起倒入缸内,浸渍1天。然后捞出,沥去余汁,进行第二次煮制。

(7)二次糖煮和糖渍。配制含55%蔗糖及0.2%柠檬酸的混合溶液。将薯块放入煮开的溶液中,煮10分钟后停火,静置4~5小时,然后捞出,沥去余汁。

(8)三次糖煮。配制含60%蔗糖、0.2%柠檬酸及5%蜂蜜的混合溶液。将薯块置于煮开的溶液中,煮沸15~20分钟(此时可间歇煮沸,以便薯块吸收糖分,使糖内的水分逐步挥发)。煮至糖液中含糖68%以上、pH3.5~3.8时,即可停火,糖渍过夜。

(9)烘干。将薯块沥尽糖液,单层散置于烘干盘中,送入烘房。在65~75℃温度下,烘至薯块不粘手、稍带弹性为止,一般需6~16小时。烘时要勤翻动和倒盘。

(五)质量标准

红薯脯呈黄褐色,入口甜糯。

(六)注意事项

原料要求无病变;烘干时掌握好水分含量,烘至薯块不粘手、稍带弹性为止。

二、糖水甘薯罐头

(一)主要设备

不锈钢罐,煮锅,杀菌机。

(二)配方

薯肉320g,糖水140g。

(三)工艺流程

原料验收→浸泡→清洗→去皮→护色→切块→预煮→修理分选→制糖水→装罐→排气→密封→杀菌→冷却

(四)操作要点

(1)原料验收。采用人工分级法选择新鲜、风味正常、无霉变、虫蛀、干枯、破碎的甘薯。

(2)浸泡。用清水浸泡2小时,便于清洗。

(3)清洗。将浸泡清洗过的薯块放入0.001%高锰酸钾溶液中消毒5~7分钟,最后用清水冲洗至无色。

(4)去皮。①手工去皮:采用削皮刀直接去皮。②化学去皮:一定浓度的碱液在加热条件下作用于甘薯皮,使其表面的角质、半纤维素受碱的腐蚀而溶解,表皮下中胶层的果胶物质失去凝胶性,在短时间内造成1~2层薄壁细胞破坏,致使表皮脱落,而薯肉薄壁细胞比较抗碱而保留下来。具体方法:把甘薯放入5%左右、80~90℃的NaOH溶液中翻动浸泡2分钟,最后用水反复冲洗。③热力去皮:在加热过程中,薯皮与薯肉间的原果胶发生水解而失去凝胶性,从而使薯皮去掉。

(5)护色。甘薯去皮后立即放入1%~1.5%的食盐和0.1%柠檬酸混合溶液中进行护色。

(6)切块。横切成3~4cm,纵切成3~4cm,宽为1~1.5cm的薯块。

(7)预煮。采用0.1%~0.2%柠檬酸及0.1%~0.16%的氯化钙溶液进行预煮,薯块与预煮液的体积比为1:1.2,预煮3分钟,并不时翻动。预煮的目的是破坏薯块中酶的活性,防止变色和果胶水解,也有软化组织,便于糖液渗透的作用。

(8)修理分选。形状不规则的薯块加以修理,煮烂的或变色的薯块分选出来。

(9)制糖水。配制含量为30%的蔗糖溶液,此外在糖水中应加入0.3%~0.4%柠檬酸及0.2%~0.3%的氯化钙,以提高制品风味和硬度。

(10)装罐。每罐填充量为薯肉320g,糖水140g,总净质量460g。装罐时应注意:薯块色泽一致,薯肉和糖水质量应该按规定严格控制,罐的上部要保持一定空隙。

(11)排气及密封。排气的目的主要是排除罐中的空气,其方法主要有两种:①加热排气法:排气温度为95℃,时间10分钟,使罐内中间温度达到85℃。②真空排气法:在真空度为$(5.33~6.67) \times 10^4 Pa$下进行排气。排气后立即密封,以免罐温下降,蒸汽凝结,空气进入。

(12)杀菌与冷却。密封后应迅速进行杀菌,杀菌冷却后经检验合格即为成品。

(五)质量要求

酸甜可口,营养成分保持完整;符合微生物标准要求。

(六)注意事项

原料要选择新鲜、风味正常、无霉变、虫蛀、干枯、破碎的甘薯;杀菌要适度,要做到既能充分杀菌,又要充分保持营养。

三、甘薯软糖

(一)主要设备

去皮机,蒸锅。

(二)配方

砂糖15kg,饴糖15kg,甘薯泥15kg,猪油2.5kg,蜜饯5kg,水4.5kg,香油100mL。

(三) 工艺流程

制薯泥→熬糖→调香→冷却→成型

(四) 操作要点

(1) 制薯泥。选择合适的甘薯去皮，立即浸在 0.1% 的柠檬酸溶液中以防止褐变，然后在蒸笼中蒸熟，在钢丝箩中刮擦去掉筋络硬块，最后用 80 目筛网过滤，滤液即为薯泥。

(2) 熬糖。将砂糖、饴糖加 4.5kg 水煮沸溶化，过滤，继续加温熬至 128℃ 时加入 0.2% 果胶、0.1% 明矾和薯泥，用铁铲拌匀，继续熬至一定黏稠度，再加入猪油、蜜饯，铲拌均匀，离火此工序为整个工艺的关键，熬糖不足，则产品较稀，不能成型；熬糖过度则会产生焦煳现象，影响产品的色泽与口味。另外，薯泥加入时间应在糖液过滤后重新加热时投入，不可在熬糖结束时加入。

(3) 调香、冷却、成型。离火后加入香精，迅速拌匀，然后倒在冷却台或涂有油的冷却盘中，使糖液保持大约 1.2cm 的厚度，冷却、凝固至次日后开条切块，即为甘薯软糖。

(五) 质量要求

产品色泽为咖啡色，质地较软，不发勃，口感较好。

(六) 注意事项

薯泥加入时间应在糖液过滤后重新加热时投入，不可在熬糖结束时加入。

四、甘薯冰激凌

(一) 主要设备

研磨器，杀菌机，切片机，均质机。

(二) 配方

全脂奶粉 10%，人造奶油 6%，鸡蛋 4%，砂糖 16%，甘薯粉 6%，香兰素 0.08%，海藻酸钠 0.2%，明胶 0.3%，羧甲基纤维素 0.2%，单硬脂酸甘油酯 0.2%，然后加水至 100%。

(三) 工艺流程

原料处理→混合→研磨→杀菌→冷却→均质→老化→凝冻→硬化→冷藏

(四) 操作要点

(1) 原料处理。选择无霉变、无异味的甘薯，用流动水冲洗，洗净后的甘薯切成 1.25cm 厚的薄块，进行干燥。再利用 0.05% 的亚硫酸钠、0.15% 的柠檬酸、0.05% 的抗坏血酸组成的复合防护液进行护色。用高能粉碎机粉碎干燥后的甘薯粉，使产品粒度到 80~100 目，调整含水率在 15% 左右，得到甘薯粉产品。

(2) 混合。稳定剂先溶胀再溶解，其他配料均按照常规冰激凌生产工艺处理。

(3)研磨。将甘薯粉、配料和复合稳定剂用胶体磨研磨两次,以便物料混合均匀。

(4)杀菌和冷却。在85℃下杀菌5分钟后迅速冷却,冷却后加香兰素。

(5)均质。杀菌后的混合原料冷却到60℃,用高压均质机在20~50MPa的压力下进行均质。

(6)老化。均质后迅速冷却至2~4℃,老化时间为10~12小时,使物料充分水合。

(7)凝冻。在-4℃~-2℃下进行冷却。高速搅拌15~20分钟,使混合料呈半固态,混入空气使体积膨胀。

(8)硬化冷藏

在-23℃下硬化10小时左右,使冰激凌形成细小冰晶并保持适当硬度。

(五)质量标准

色泽纯正,口感滑腻,质地柔软,甘薯味突出,鲜美异常,营养丰富,老幼皆宜。

(六)注意事项

均质适度能提高混合料黏度,空气易于进入,使膨胀率提高;但均质过度则黏度高、空气难以进入,膨胀率反而下降。在混合料不冻结的情况下,老化温度越低,膨胀率越高。采用瞬间高温杀菌比低温巴氏杀菌法混合料变性少,膨胀率高。

五、甘薯乳

(一)主要设备

夹层锅,打浆机,均质机。

(二)配方

甘薯浆,砂糖、脱脂奶粉、稳定剂、柠檬酸等适量。

(三)工艺流程

选料→清洗→去皮→蒸煮→打浆→过滤→调配→均质→脱气→灌装→杀菌→冷却

(四)操作要点

(1)选料。选取无霉变、无虫蚀、无冻伤和无机械损伤的新鲜甘薯,选取肉质中β-胡萝卜素含量高的橙红色品种,去除肉质为白色的品种。

(2)清洗、去皮。用流动水冲去外表的泥沙和杂物,去除木质化部分的组织和厚皮。

(3)蒸煮、打浆。将洗净修理后的原料放入夹层锅中,在100℃左右温度下蒸煮10~15分钟,使其充分糊化,然后移入打浆机中,加入适量的无菌水打浆。

(4)过滤。采用80目的筛网或滤布对浆料进行粗滤,从而除去较大体积的纤维碎渣,减轻后续过程中均质的负担。

(5)调配。将砂糖溶入适量水中,溶化过滤,将脱脂奶粉、稳定剂、柠檬酸等配料分别溶解成50%的溶液,分别过滤后加入糖浆中,应在加入的过程中边缓慢搅拌边加入。然后,将调和糖浆与过滤后的甘薯浆定量混合,补充至终产品浓度所需的含水率。

(6)均质、脱气。将调配好的浆液送入高压均质机均质，均质后的浆料送入真空脱气机中脱除料液中的空气，以避免在后续的高温阶段发生氧化反应。

(7)灌装、杀菌和冷却。料液送入灌装机定量灌装后，进入压盖机压盖，然后进入高压杀菌锅，进行杀菌处理，在121℃下杀菌20分钟，反压冷却至38℃，即为成品。

（五）质量要求

味道鲜美，营养丰富。

（六）注意事项

选料时要选取无霉变、无虫蚀、无冻伤和无机械损伤的新鲜甘薯，选取肉质中 β-胡萝卜素含量高的橙红色品种，去除肉质为白色的品种。

复习思考题

1. 金丝蜜和银丝蜜加工工艺流程是什么？
2. 油炸土豆片关键技术是什么？
3. 如何制作红薯脯？

第四章 豆类休闲食品加工

> **学海导航**
>
> 1. 了解加工豆类休闲食品常用的原料及原料的营养特点。
> 2. 掌握素肉松、糖蘸豆、纳豆、怪味蚕豆、绿豆糕的加工方法。
> 3. 熟悉豆类休闲食品加工常用的方法及设备。

豆类的种类非常多，大体包括大豆（黄豆、黑豆和青豆）和杂豆（蚕豆、豌豆、绿豆、小豆、豇豆、芸豆、鹰嘴豆等）。其中大豆约占我国豆类总产量的75%~80%。比较而言，大豆是现有农作物中蛋白质含量最高、质量最好、开发潜力最大的作物。东北主产区的大豆蛋白质含量一般为37%~40%，黄淮地区为39%~42%，而一些优良品种可达45%，甚至48%以上。杂豆类的蛋白质含量大多在20%~30%之间，高者可达34%以上。除了蛋白含量高及质量高之外，豆类中的维生素和矿物质元素的含量也很丰富，所以豆类的营养价值非常高，我国传统饮食讲究"五谷宜为养，失豆则不良"的说法，意思是说五谷是有营养的，但没有豆子就会失去平衡。现代营养学也证明，每天坚持食用豆类食品，只要两周的时间，人体就可以减少体脂肪含量，增加免疫力，降低患病的概率。因此，很多营养学家都呼吁，用豆类食品代替一定量的肉类等动物性食品，是解决城市中人营养不良和营养过剩双重负担的最好方法，而豆类休闲食品又是人们获取豆类的很好食物。

第一节 大豆类休闲食品加工

大豆类主要包括有黄豆、黑豆和青豆。大豆类是豆类中营养价值最高的品种，含有大量的不饱和脂肪酸、多种微量元素、维生素及优质蛋白质。黄豆中的卵磷脂可除掉附在血管壁上的胆固醇，防止血管硬化，预防心血管疾病，保护心脏。大豆中的卵磷脂还具有防止肝脏内积存过多脂肪的作用，从而有效地防治因肥胖而引起的脂肪肝；大豆异黄酮是一种结构与雌激素相似，具有雌激素活性的植物性雌激素，能够减轻女性更年期综合征症状、延迟女性细胞衰老、使皮肤保持弹性、养颜、减少骨丢失，促进骨生成、降血脂等。大豆中含有一种抑制胰酶的物质，对糖尿病有治疗作用；大豆所含的皂苷有明显的降血脂作用，同时，可抑制体重增加；所以大豆是高血压、动脉硬化、心脏病等心血管病人的有益食品。

一、素肉松

成品富含植物蛋白，色泽黄亮，质地鲜甜带香，营养价值高。

（一）主要设备

切丝机，蒸煮锅，炒锅，包装机。

（二）配方

豆腐衣 10kg，白砂糖 1kg，酱油 1kg，芝麻油 1kg，茴香 0.15kg，味精 0.15kg，桂皮 0.15kg，生油 0.5kg。

（三）工艺流程

原料→切丝→烧汤→拌料→炒制→拌芝麻油→包装→成品

（四）操作要点

(1) 切丝。选取复合要求的优质豆腐衣，放入切丝机中切成丝状，粗细要均匀。

(2) 烧汤。按配方要求用清水将白砂糖、酱油、味精、茴香、桂皮烧开溶化。

(3) 拌料、浸渍。将切好的豆腐衣放入料汤内拌匀浸渍，取出放在竹匾上沥干待用。

(4) 炒制。铁锅烧热，放生油后将拌汤的豆腐衣丝倒入锅内炒匀，待炒干发松，色泽黄亮时为止。

(5) 拌麻油。将炒后冷却的素肉松，边拌边加芝麻油，拌匀为止。

(6) 包装。50 克或 100 克复合塑料袋包装。

（五）注意事项

炒制时要掌握好火候，以免炒糊影响产品质量。

二、糖蘸豆

糖蘸豆外观雪白，颗粒均匀，不粘连，糖衣不脱落，香酥甜脆。

（一）主要设备

炒锅，包装机。

（二）配方

黄豆或青豆 25kg，绵白糖 30kg，饴糖 2.5kg，植物油适量。

（三）工艺流程

炒豆→熬糖→第一次淋糖→再次熬糖→第二次淋糖→三次熬糖、淋糖→冷却→成品

（四）操作要点

(1)炒豆。选取颗粒均匀饱满的黄豆，除去瘪豆、石块，用净沙炒熟，筛去沙，冷后酥脆，放在擦了油的锅内待用。

(2)熬糖。锅内放入1/3的绵白糖和1/3的饴糖，加少量清水，在火上进行熬糖，熬至110℃时，将糖浆离火。

(3)一次淋糖。将熬好的糖浆缓缓淋入熟黄豆中，边淋边摇动大豆，使之蘸糖均匀。

(4)再次熬糖。再取1/3的绵白糖和饴糖放入另一口锅中，加少量清水进行熬制，熬到120℃左右，便将糖浆离火。

(5)二次淋糖。将熬好的糖浆如第一次方法，进行第二次淋糖。

(6)三次熬糖、淋糖。如上两次将剩余1/3的绵白糖和饴糖进行熬制和淋糖，只是熬糖温度至130℃左右。

(7)冷却、包装。将经过三次淋糖的黄豆进行自然冷却，包装后即得成品。

（五）注意事项

(1)熬糖时要注意火候，控制好温度，以免焦煳，三次熬糖的温度逐渐升高。

(2)淋糖时要快而均匀，边淋糖边摇动大豆，使之均匀包裹。

三、豆酥糖

蛋白含量高，香甜可口。

（一）主要设备

炒锅，钢磨，蒸锅，搅拌机，热塑包装机。

（二）配方

黄豆1kg，面粉0.25kg，绵白糖0.75kg，饴糖0.4kg。

（三）工艺流程

原料挑选→炒豆→磨粉→蒸面→和料→熬糖→保温→成型→包装→成品

（四）操作要点

(1)炒豆。选取颗粒均匀饱满的黄豆，除去瘪豆、石块，洗净晾干后，用沙将豆炒熟，筛去沙，用钢磨磨成豆粉。

(2)蒸面。将面粉蒸熟，晾凉。

(3)和料。将蒸熟的面粉和豆粉、绵白糖放在搅拌机中，将其混合搅拌均匀，然后过筛待用。

(4)熬糖、保温。将饴糖下锅煎熬，尽可能熬稠，但不可熬糊。熬好后，放入小缸中，再将小缸放于恒温热水中，保持饴糖温度。

(5)成型。取面豆糖粉500g，在台板上先撒一层，再取250g饴糖放在撒好的台板

上，表面撒上粉，用擀面杖擀成长方形。将其余的豆面粉均匀地撒在饴糖上，占 2/3 面积，把没撒面的 1/3 折叠在撒好粉的一面，再翻在另外 1/3 上，即成为 3 层。取 500g 豆面糖粉，如上法再做一次，如此反复 3 次以后，用手将糖捏成长形，用木板轧紧、轧实，成为约 1.7cm 厚的块，最后切成四方小块。

(6) 包装。用复合塑料袋封口包装，放在装有干燥剂的容器中。

(五) 注意事项

(1) 成型时注意保持温度在 20℃ 以上。

(2) 因豆酥糖容易返潮，故要用塑料袋装好保存。

四、豆面酥糖

豆面酥糖属于北京传统名优产品。主要特点是做工精细，风味独特，始于清末。根据做工稍有不同，可分为"金记"酥糖和"侯记"酥糖。侯记酥糖的特点是细丝，金记酥糖的特点则是薄片。外形有光亮，甜酥脆香，营养丰富。虽属糖果类，但却不像糖那么甜，吃起来又酥又脆，深受人们的喜爱。

(一) 主要设备

铜锅，铁锅，铲子，小木板，冷却台，拔泡机。

(二) 配方

白砂糖 65kg，柠檬酸 0.02kg，熟豆面 35kg。

(三) 工艺流程

黄豆→烘炒熟→磨粉→过筛
↓
白砂糖→化糖→熬糖→拔白→拔泡→剪块→裹豆面→拔丝→成型→冷却→包装→成品

(四) 操作要点

(1) 选料、粉碎。大豆经过挑选，除去杂质、沙土及病、霉变粒。然后经粉碎机粉碎。

(2) 炒豆面。豆面经锅炒成八成熟，冷却后备用。炒豆面时要注意掌握火候，防止糊锅或有生有熟，以免影响质量。

(3) 熬糖。先将清水 1.5kg 注入锅内，再放砂糖 3.25kg，加热煮沸后加入 1g 柠檬酸，待糖温度达到 160～170℃ 时出锅(冬季 160℃)，即端锅离火。

(4) 拔白。将糖浆倒在有冷却水装置的案台上(也可放在石案板上)，冷却，折叠至软硬合适为止，以便拔泡。

(5) 拔泡。将冷却至适宜温度的糖放在拔泡机上进行拔泡，拔 20～25 次，拔至糖发白。如果没有拔泡机，可用木棍进行人工拔泡。

(6) 剪块。将拔好的糖拽成直径 2cm 左右的长条状，用剪刀剪成 8cm 左右的糖块，放入准备好的热豆面锅中。

(7)拔丝。熬糖的同时,将适量的熟豆面放入锅内,用微火加热,热度为70~80℃左右。两手拿住糖块在豆面中进行拽拔,对折,反复拽9~10扣,使豆面均匀地裹在糖中。对头拧花,放在案子上,用小木板压成块,便为成品。

(8)装盒。将拔好的糖块冷却后,抖净上面的豆面,装进盒内包装。

(五)注意事项

(1)炒豆面时要掌握火候,防止煳锅或生熟不均。

(2)拔糖的豆面锅要专人看管,注意温度,防止煳锅。

(3)豆面不要太热,否则糖易返砂;豆面太凉,则糖易硬,拔不动。

五、海带豆

海带含有丰富的碘和其他微量元素,可以调节人体的新陈代谢和促进生长发育;藻体多糖难以为人体所消化、产热量少。黄豆含有丰富的蛋白质和脂肪,将两种原料按一定比例混合,可相互补充,制成一种新型食品提高了其营养价值。

(一)主要设备

蒸煮锅,切丝机,双层釜,排气包装机。

(二)配方

海带3kg,黄豆30kg,白砂糖25kg,山梨酸甲0.09kg,食盐0.9kg,0.7%山梨酸溶液11.7kg,琼脂6g,水11.4kg。

漂白、杀菌剂配方:

水100kg,硫代硫酸钠0.060kg,次氯酸钠溶液6L。

(三)工艺流程

海带→整理→酸处理→切丝→水洗→煮制
　　　　　　　　　　　　　　　　　↓
黄豆→浸泡→蒸制→调味液浸渍→蒸煮→包装→杀菌→成品

(四)操作要点

(1)海带处理。选用含水量为20%以下的一、二级淡干海带,用2%醋酸水溶液处理20分钟左右,继续浸泡6~8小时,捞出采用横切法切成0.3×10cm的长丝。

(2)水洗。将海带丝浸入3%~4%的食盐水中约1分钟。

(3)煮制。将水洗后的海带放入锅内加水煮沸20分钟。为防止海带过分软化,在煮沸水内加0.5%的氯化钙($CaCl_2$)。然后弃去煮汁,取出海带丝。

(4)黄豆处理。选用的黄豆应除去虫蛀、破皮的豆粒。先用水洗净,然后用水浸泡10~12小时,在浸泡水中加入漂白剂和杀菌剂。

(5)蒸制。沥去黄豆所含水分,并用清水漂洗一次。放在110℃蒸柜内,蒸18分钟。

(6)调味液浸渍。按配方配制调味液,将蒸好的黄豆倒入调味料液浸渍8小时。

(7)蒸煮。将调味料液浸渍的黄豆连同调味料液一起倒入双层釜内加热,同时加入沥去水分的海带丝一起加热60分钟。当糖度达55°Bx时出锅。

(8) 包装。趁热定量排气包装,其中汤汁约为15%~20%。

(9) 杀菌。将包装袋放在100℃热水中杀菌60分钟,杀菌终了的水温不得低于90℃,迅速用冷水冷至室温,装箱,置常温下保存。

(五) 注意事项

蒸制时要控制好温度和时间,过长、过短都会影响产品的口感。

六、纳豆

纳豆是一种发酵豆制品,作为日本人的主要佐餐食品已有1000多年的历史了。吃纳豆对人体健康的益处很多,可防治心脏病、中风、癌症、骨质疏松、肥胖症以及病原菌引起的消化道疾病。而且,至今还未发现食用纳豆对人体有毒副作用。纳豆的医疗保健作用明显,目前,纳豆已成为盛行于日本、加拿大、美国和欧洲的保健食品。

(一) 配方

大豆适量,盐约0.1%,糖约0.2%,芽孢杆菌0.01%。

(二) 工艺流程

芽孢、糖和盐→混匀
↓
大豆→浸泡12小时→蒸煮、消毒→冷却→接种→发酵→后熟→包装

(三) 操作要点

(1) 泡豆。将大豆彻底清洗后用3倍量的水进行浸泡。浸泡时间是夏天8~12小时,冬天20小时。以大豆吸水重量增加至2~2.5倍为宜。

(2) 蒸煮、消毒。将浸泡好的大豆放进蒸锅内蒸1.5~2.5小时,或用高压锅煮10~15分钟,以豆子很容易被用手捏碎为宜。煮的水分较多。在大豆被蒸熟前,在浅盘中铺好锡箔纸,用筷子等尖细物在锡箔上打多个气孔,灭菌备用。大豆蒸熟后,不开蒸锅的盖子,直接倾去锅内的水。将蒸锅的大豆无菌转移到灭菌盆或罐内(无正规灭菌条件时,可将所用盆、罐及勺、筷等用具用蒸煮的办法灭菌),立即盖盖,以免杂菌污染。

(3) 接种。在已灭菌的杯中用10mL开水溶解盐(约0.1%)、糖(约0.2%)和0.01%纳豆杆菌芽孢(或市售纳豆发酵剂,可按其说明使用),将混合液喷洒于大豆中搅拌均匀。

(4) 发酵。把接种好的大豆均匀地平铺于灭好菌的锡箔纸上,厚约2~3cm,不宜太厚。将锡箔纸折叠来(或用另一种锡箔纸)铺盖于豆层上面。若没有锡箔纸或不想用这种铺法,也可在笼屉、高粱秆盖帘等上下可充分透气的盛具上先铺一层绢纱或食品尼龙纱(事先蒸煮灭菌),然后在上面再铺接种好发酵剂的大豆,厚约2~3cm,上面也盖上一层纱。注意:发酵环境的湿度要高。37~42℃培养20~24小时。也可以在30℃以上的自然环境中发酵,时间适当延长。当发酵完时,揭掉锡箔纸或纱时,会看到豆子表面部分发灰折色,室内漂满纳豆的芳香。稍有氨味是正常的,但氨味过于强烈,则有可

能有杂菌生长了。

纳豆生产过程中对空气循环、温度、湿度等因素十分敏感，发酵时的条件不同，发酵的结果也会有所不同。

(5)后熟。发酵好的纳豆，还要在0℃(或一般冷藏温度)保存近一周进行后熟，便可呈现纳豆特有的黏滞感、拉丝性、香气和口味。要增进纳豆的口味，必须经过后熟。如果冷藏时间过长，生产的过多的氨基酸会结晶。因此，纳豆成熟后应该进行分装冷冻保藏。

七、五香豆腐干

(一) 配方

黄豆3kg，精盐600g，酱油250g，桂花15g，姜丁25g，香葱15g，味精10g。

(二) 工艺流程

大豆→浸泡→磨浆→除渣、煮浆→凝固→划脑→上包、压块→切块→浸泡→卤煮→成品

(三) 操作要点

(1)泡豆。将大豆彻底清洗后用3倍量的水进行浸泡。浸泡时间是夏天8~12小时，冬天20小时。以大豆吸水重量增加至2~2.5倍为宜。

(2)磨浆、除渣、煮浆。将泡好的黄豆洗净，磨成浆，滤渣后备用。将磨好的生豆浆上锅煮好，然后再添加20%~25%的水，以降低豆浆浓度和减慢凝固速度，使蛋白质凝固物网络的形成变慢，减少水分和可溶物的包裹，以利压榨时水分排出畅通。

(3)凝固。浆温降至80~90℃时，即可用卤水点浆。点浆时应注意均匀一致，要勤搅，但要防止乱搅。当浆出现芝麻大小的颗粒时停点，盖上盖，约过30~40分钟，当浆温降至70℃左右时划脑上包。

(4)划脑、上包、切块。上包前要把豆腐划碎，这样既有利于打破网络放出包水，又能使豆腐脑均匀地摊在包布上，制出的产品质量紧密，能避免厚薄不匀，空隙较多。将包布铺在格板(板上的格子按所需要的豆腐干的尺寸制定)上，再将豆腐脑加在包布上，这样一层豆腐脑一层布地加，豆腐脑要铺匀，可稍高于格子几mm，数量要根据豆腐干的厚薄来确定，但每批厚薄要一致。然后将包布包扎紧，加压成型，1小时后拆下包布，用刀将豆腐干按格子印割开，放在清水中浸泡30分钟左右取出备用。

(5)浸泡、卤煮。先将500g精盐放入3kg清水中搅匀，再把晾凉的豆干置干盐水缸内，浸泡半天后捞出，沥去水分。取7kg清水倒入锅内，放入100g精盐、姜丁、桂皮(用纱布袋装好)、酱油、香葱、味精，制成卤水。将已制成的卤水回锅烧沸加入豆干，煮30分钟左右，取一豆干观察，如色呈棕红，味道香美，可取出，即为成品。

(四) 质量标准

豆干块型大小一致，外皮色泽棕红，里面呈白色，质地均匀细腻，味道香美。

第二节 杂豆类休闲食品加工

除大豆之外，其他各种豆类也具有较高营养价值，包括红豆、绿豆、蚕豆、豌豆、豇豆、芸豆、扁豆等。它们的脂肪含量低而淀粉含量高，被称为淀粉类干豆。杂豆有很好的功效作用，如豌豆，中医认为，豌豆性味甘平，有补中益气、利小便的功效，是脱肛、慢性腹泻、子宫脱垂等中气不足症状的食疗佳品；蚕豆性味甘平，有健脾利湿的功效，特别适合脾虚腹泻者食用；绿豆性味甘、凉，入心、胃经，有清热解暑，利尿通淋，解毒消肿之功，适用于热病烦渴、疮痈肿毒及各种中毒等，为夏日解暑除烦，清热生津佳品；与其他豆类相比，鹰嘴豆的食疗作用特别突出。它盛产于我国新疆，因豆子的外形酷似鹰头而得名。它有止泻、解毒、强身等作用，富含异黄酮、鹰嘴豆芽素等活性成分和膳食纤维，有降血糖的作用，还可以用来治疗支气管炎、黏膜炎、便秘、痢疾、肠胃胀气、皮肤瘙痒、糖尿病、高血脂等疾病。此外，鹰嘴豆还含有丰富的抗炎症功能因子，有炎症的人应该多吃鹰嘴豆。

一、怪味蚕豆

（一）配方

蚕豆 1.5kg，白砂糖 75g，饴糖 17.5g，熟芝麻 5g，辣椒粉 0.75g，五香粉 0.2g，甜酱 10g，味精 0.5g，盐 0.2g，白矾 1.75g，植物油 50g，花椒粉 0.75g。

（二）工艺流程

原料处理→浸泡→油炸→调味→包糖衣→冷却→包装

（三）操作要点

(1) 原料处理、浸泡。选择籽粒完好、无霉变、无虫蛀的蚕豆，除杂后淘洗干净，用清水浸泡 30 小时后取出，去壳，然后放入白矾水中浸泡 3~10 小时，取出漂洗干净，沥干水备用。白砂糖、饴糖加 100g 水溶化后备用。可加热溶化白砂糖、饴糖。

(2) 油炸。用旺火、油温在 200℃左右将浸矾后的胡豆炸制 10~15 分钟，待胡豆酥脆后即可起锅。

(3) 调味。在锅内放入适量油，烧热，放入甜酱、五香粉、辣椒粉、花椒粉、熟芝麻、味精、精盐等拌匀，再将炸好的蚕豆倒入酱料中，搅拌上味。注意：油不能烧得太热，否则，放入锅中的调味料挥发得太多。

(4) 包糖衣。将溶化好的糖液倒入干净的锅中，上火熬至糖液温度达 115℃后，将糖液慢慢地浇拌在调好味料的蚕豆上，边浇边翻动，使蚕豆表面均匀地粘上糖衣。

(5) 冷却、包装。上好糖衣的蚕豆自然冷却至室温后立即包装。

（四）产品标准

颗粒完整，碎瓣在 2% 以下，上糖均匀，颗粒上糖率为 95% 以上，无粘连。制品呈茶花色，色泽一致，颗粒表面近似桑葚，酥脆，无杂质，并具有香、甜、麻、辣、咸的独特风味。制品含水量在5%以下。

(五) 产品特点

怪味胡豆是四川特产，畅销全国。口味特殊，麻、辣、酥、脆、香、甜、咸诸味融合，奇异鲜美。

二、兰花豆

(一) 配方

蚕豆10kg，辣椒160g，精盐500g，花椒粉100g，五香粉100g，糖精1.5g，清水10kg，花生油适量。

(二) 工艺流程

原料处理→浸泡→油炸→调味→冷却→包装

(三) 操作要点

(1)原料处理。选择籽粒完好、无霉变、无虫蛀的蚕豆，除杂后淘洗干净，放入桶中。

(2)浸泡。将清水烧沸，加入100g盐和糖精，搅匀，倒入装有蚕豆的桶中，加盖浸泡1天后取出。用刀将每颗蚕豆的端头纵横各划1刀，呈十字形，然后把蚕豆晾干。

(3)油炸。将油加热至沸，然后将处理好的蚕豆倒入烧沸的油锅中，用旺火油炸蚕豆，至蚕豆表面开花、豆壳呈紫色时迅速捞出，滤去油，准备调味。分批放入油炸，炸至蚕豆酥脆时取出。

(4)调味。将辣椒去蒂，切成细末，与盐、五香粉拌匀，入锅，用温火炒片刻起锅。将精盐、五香粉、辣椒、花椒粉拌入油炸的蚕豆中，搅拌均匀，冷却即为成品。

三、脆香椒盐豆

(一) 原料配方

干蚕豆500g，花生油50mL，花椒盐15g。

(二) 操作要点

(1)将无虫蛀、饱满的干蚕豆用水洗净，浸泡2天(每天换水1~2次)后捞出，沥净水分，吹晾至干。

(2)将铁锅置于旺火上烧热，加入花生油烧至七成熟，倒入蚕豆翻炒10~15分钟后，再改用文火继续翻炒，待蚕豆皮呈暗红色散发出焦香味时，即可离火。

(3)花椒盐制作：将花椒用旺火炒焦(无麻涩味)，碾成细末与精盐拌匀后，再次上火翻炒2~3分钟。

(4)将花椒盐趁热撒入炒熟的蚕豆中拌匀，晾凉后即成。

(三) 产品特点

颜色暗红美观，椒盐香味浓郁，口感香脆，用于款待宾客，即经济实惠，又新颖别致。

四、辣味开花蚕豆

(一) 原料配方

蚕豆 5000g,精盐 250g,花椒粉 50g,五香粉,蛋白糖 5g。

(二) 工艺流程

蚕豆→盐浸→破皮→炸制→调味→包装→成品

(三) 操作要点

(1) 先将清水入锅煮沸,加入食盐 50g 和蛋白糖 5g,倒入装有蚕豆的桶中,加盖浸泡一天。

(2) 将蚕豆取出沥干,用刀片将蚕豆的端头纵横各割一刀(呈十字形),晾干待用。

(3) 往锅中注入生油,用旺火烧沸后倒入蚕豆,炸至豆面生花,豆壳呈紫色时迅速取出,滤去余油。

(4) 将花椒粉、精盐、五香粉拌在一起,入锅用温火稍炒一下取出,拌入炸好的蚕豆中调匀,经冷却后即为成品。

(四) 产品特点

辣味开花蚕豆是一种大众化的休闲食品,制品香、辣、酥脆,很受群众喜爱。

五、糖豆瓣

(一) 原料配方

鲜青蚕豆瓣 5000g,白砂糖 5000g,饴糖 750g,植物油适量。

(二) 工艺流程

蚕豆→去皮→炸制→拌糖→冷却→包装→成品

(三) 操作要点

(1) 将鲜蚕豆去皮,植物油剥成豆瓣,用清水洗净。

(2) 将素油入锅,用大火烧沸,然后徐徐放入豆瓣,每次炸 1/4,用爪篱不停地翻动。待豆瓣中的水分蒸发完了,并在锅里发出沙沙的响声时,马上捞出沥干油。

(3) 把砂糖和饴糖放入锅中,加清水 500g,熬成糖浆,待糖浆稍冷以后,加入一些玫瑰花末,将豆瓣放入,轻轻翻动,待完全冷却以后,成为白色颗粒即可。

(四) 注意事项

(1) 制作时间不可过长,否则豆瓣变黄,不能保持鲜绿的色泽。每千克豆瓣炸好后,可得 500g 左右成品。

(2) 如做椒盐豆瓣,可不放糖。在炸好的豆瓣中放入花椒粉和精盐即可。咸淡要适口,以稍淡为好。

（五）产品特点

糖豆瓣是江南一带的特产，豆瓣经油炸后质地酥脆，色泽嫩绿。再配上白色的糖浆，红色的玫瑰，色香味俱佳。

六、糖胡豆（糖蚕豆）

（一）原料配方

菜油750g（实耗150g），干胡豆500g，白糖250g，明矾5g，炒芝麻100g。

（二）操作要点

(1)先将明矾砸细入冷水中溶解，再下胡豆浸泡（夏、秋季泡2天，冬、春季泡3~4天）。每天换水一次。

(2)沥干蚕豆水分，去掉蚕豆豆眉。油锅烧至五成热时下胡豆（快起锅时宜小火），待胡豆炸酥呈谷黄色时，用漏勺捞起。

(3)另锅置于中火上，下油50g，加热到五成热时放糖，炒制成糖汁。糖翻炒后放入胡豆，翻炒均匀，直至裹上糖，再放芝麻，拌匀起锅即成。如不喜甜味，胡豆炸酥后，亦可拌成鱼香味或撒上椒盐成椒盐味。

七、西米蚕豆

（一）原料配方

鲜蚕豆200g，鲜樱桃100g，西米200g，糖桂花少许，白糖200g。

（二）操作要点

(1)将鲜樱桃洗净，去核，放入碗内，加入白糖50g腌渍。

(2)将鲜蚕豆剥去皮，洗净。用沸水煮熟捞出，用清水过凉备用。

(3)将西米淘洗干净，放入盆内，用清水泡上。

(4)锅内注入清水烧沸，将西米捞入锅内，烧开后，改微火煮熟呈稀粥状时，加入白糖、糖桂花、糖樱桃、蚕豆，再烧开后，视樱桃肉、蚕豆浮起时即可，盛入碗内即可食用。

（三）产品特点

色泽鲜艳，酸甜适口。

八、拌蚕豆沙

（一）原料配方

干蚕豆150g，四川榨菜1块，腌雪里蕻50g，白糖、香油各15g，味精少许。

（二）操作要点

(1)先将干蚕豆放入水中泡发，剥去豆皮，将豆瓣放入干净的碗内置蒸锅内，隔水蒸酥后取出，放在锅内用锅铲压成泥，晾凉后盛入盘内。

(2)将腌雪里蕻放水中清洗干净，挤干水切成碎末(越细越好)，榨菜用水洗去浮辣，切成细末(越细越好)。

(3)将雪里蕻末、榨菜末一同放入豆泥盘内，加入白糖、香油、味精，拌均匀后即成。

（三）产品特点

豆沙细腻，味道鲜美。

九、绿豆糕

（一）京式绿豆糕

1. 配料比例

绿豆粉 13kg，绵白糖或白糖粉 11.7kg，糖桂花 0.25kg，清水适量。

2. 操作要点

(1)拌粉。将糖粉放入和面机里，加入用少许水稀释的糖桂花，搅拌；再投入绿豆粉，搅拌均匀，倒出过 80 目筛，即成糕粉(以能捏成团为准)。

(2)成型。在蒸屉上铺好纸，将糕粉平铺在蒸屉里，用平板轻轻地推平表面，约 1cm 厚；再筛上一层糕粉，然用一张比蒸屉略大一点的光纸盖好糕粉，用糕镜(即铜镜、铜捺)压光；取下光纸，轻轻扫去屉框边上的浮粉，用刀切成 4cm×4cm 的正方块。

(3)蒸制。将装好糕粉的蒸屉四角垫起，依次叠起，放入特制的蒸锅内封严；把水烧开(不宜过开，以免糕色变红)，蒸 15 分钟后取出，在每小块制品顶面中间，用适当稀释溶化的食用红色素液打一点红；然后将每屉分别平扣在操作台上，冷却后即成。

（二）苏式绿豆糕

1. 配料比例

(1)豆沙绿豆糕

绿豆粉 8.25kg，绵白糖 8kg，麻油 5.75kg，面粉 1kg，豆沙 3kg。

(2)清水绿豆糕

绿豆粉 9.15kg，绵白糖 8.65kg，麻油 6.25kg，面粉 1kg。

2. 操作要点

(1)拌粉。将绿豆粉、面粉置于台板上，把糖放入中间并加入麻油的一半搅匀，再掏入豆粉和面粉，搓揉均匀，即成糕粉。

(2)制坯。预备花形或正方形木质模型供制坯用。清水绿豆糕制坯简单，只需将糕粉过 80 目筛后填入模内(木模内壁要涂一层麻油)，按平揿实，翻身敲出，放在铁皮盘上，即成糕坯。夹心即豆沙绿豆糕制坯，是在糕粉放入模中少一半时放入馅心——豆沙，再用糕粉盖满压实，刮平即成。

(3)蒸糕。制成的糕坯连同铁皮盘放在多层的木架上，然后将糕坯连同木架入笼隔水蒸 10~15 分钟，待糕边缘发松且不粘手即好。若蒸制过久，会使粉坯松散或缩筋。

(4)成品。蒸熟冷却后在糕面刷一层麻油即成。

十、鹰嘴豆

目前中国有少数食品加工厂家在生产鹰嘴豆小吃和风味食品，膨化和制罐头是其中常用的加工方法，鹰嘴豆经膨化加工和油炸成金黄色，比籽粒原来体积大近一倍，脆香可口，俗称"黄金豆"或"珍珠果仁"，在东南亚、南亚和中国大中城市受到人们的普遍喜爱。鹰嘴豆罐头在南亚和东南亚地区有销路。

(一) 膨化及油炸鹰嘴豆

先将籽粒在清水中吸胀，捞出后，放在预先加热到 250℃ 的干净沙子中，过 15~20s 后筛去沙子，即得到膨化了的鹰嘴豆。再将处理过的鹰嘴豆放在热油锅里过一下，滤干油后，撒上适量细盐，凉后即可食用，或包装成袋以便储存。

(二) 鹰嘴豆罐头

常见的有盐水罐头和番茄酱罐头两种。其中盐水罐头的制作方法如下：将鹰嘴豆籽粒清洗干净，在清水中浸泡 18 小时左右，待籽粒充分吸水膨胀，冲洗，将籽粒倒入沸水中过 15~20 分钟，以起到软化的作用，之后马上放入冷水中。将冷却后的籽粒装满罐头盒，随后注入含有 1% 纯净食盐的热溶液中，有的制造商还加入 1% 的柠檬酸。装罐，封盖，杀菌。

复习思考题

1. 原料豆类可以分成哪两类？它们的营养价值有何特点？
2. 素肉松的制作工艺是什么？
3. 纳豆怎样制作？经常食用有什么好处？
4. 兰花豆怎样制作？
5. 绿豆糕怎样制作？

第五章 坚果类休闲食品

> **学海导航**
>
> 1. 了解加工坚果类休闲食品常用的原料及分类、原料的营养特点及在休闲食品中所占的地位。
> 2. 掌握瓜子类休闲食品的加工方法及关键技术;熟练掌握西瓜子、葵花子的加工方法;鱼皮花生、椒盐花生米的加工方法;掌握甜核桃仁、糖炒栗子、五香板栗的加工方法。
> 3. 熟悉加工坚果类休闲食品常用的设备。

坚果一般分两类:一是树坚果,包括杏仁、腰果、榛子、核桃、松子、板栗、白果(银杏)、开心果、夏威夷果等。二是种子,包括花生、葵花子、南瓜子、西瓜子等。

坚果中含有丰富的蛋白质、脂肪,还含有维生素 B_1、B_2、B_6,维生素 E、微量元素(磷、钙、锌、铁)、膳食纤维等。另外,还含有单、多不饱和脂肪酸,包括人体的必需脂肪酸亚油酸、亚麻酸。

坚果对人体健康的好处主要表现在以下几个方面:清除自由基;降低妇女发生Ⅱ型糖尿病的危险;降低心脏性猝死率;调节血脂;提高视力;补脑益智。坚果类休闲食品以其种类多、口味香美而深得人们的喜爱。本章主要介绍瓜子类、花生类、核桃类、栗子、杏仁类等休闲食品的加工。

第一节 瓜子类休闲食品加工

瓜子是历史悠久、最具传统特色、深得男女老少喜爱、营养价值很高的休闲食品。随着人们生活水平的提高,瓜子的消费量越来越大。由于瓜子的潜在市场,瓜子又是可行销国内外市场的"长腿"产品,具备了小产品做大文章的属性。因此,不少企业投资瓜子产业,促进了行业的发展,大型知名企业不断涌现,仅落户内蒙古西部地区日产30t以上的大型炒货企业就有十多家,还有不断增长的势头,企业的增多,使竞争十分激烈，竞争又促进了工艺的改进、设备的更新和产品风味的提高。

我国目前日产10t以上的大中型炒货企业主要采用两种工艺流程：一种是煮制入味，进烘烤房进行烘干、上复烤线进行复烤、二次加香。另一种工艺是煮制入味后，上述工艺的其余工序在一条烘烤生产线上完成。这两种工艺的共同缺点：一是设备庞大，厂房占用面积大，一条日产30t的生产线及设施等投资得600万元左右；二是能耗大。以目前应用最多的以导热油为传热介质的烘烤生产线为例，由于生产线传热管线长，保温性能差，热能重复利用少，瓜子在线烘烤时间长，因此煤耗、电耗和导热油老化折旧等加在一起，使能耗成本很大；三是瓜子煮制入味时间长、瓜子营养损失多，皮膜易损坏，香精、香料蒸发多，保留少，属于被动入味方式，很难煮制出理想味道，效果差；四是庞大的生产线升温和降温是缓慢渐进的，温度反差达不到瓜子加工的需求，不能很好地将瓜子自身存在的天然香味激发出来，也产生不了"膨化"效果，加工的瓜籽仁发硬、口感不好、外观不饱满等，商品性差。

为了解决上述工艺存在的问题，可采用负压快速入味技术，该技术的应用是解决瓜子入味难的撒手锏。其主要流程是负压快速入味（入味时间由2小时左右缩短至几十秒钟，入味时间缩短了几十倍，节约能源80%），提升脱水烘干，滚筒急火快速炒制。这种新工艺同上述两种工艺比较，厂房占有减少50%，设备投资减少40%，加工时间可缩短6小时，能耗降低25%，生产总成本可降低20%。该系统采取负压强制入味，并实现了入味程度的可控制；入味常温进行。这就从根本上解决了瓜子入味难和高温煮制香味易挥发的难题，使瓜子调味用料成本大大降低，也为口味创新提供了技术保证。用这种方法入味的瓜子，因不经高温煮制，营养保留多，瓜子皮膜损伤少，产品外观好，没有煮制入味瓜子皮壳产生的不良气味，瓜子口味纯正。这种工艺温度反差大，瓜子有明显的"膨化"效果，不但能很好地激发出天然香味，而且籽仁酥脆，外观饱满，商品性好，较好地解决了上述工艺中存在的不足。

在美国，早在20世纪60年代就在炒货行业广泛采用了负压快速入味技术。负压快速入味系统并不十分复杂，它主要由真空获得系统、真空工作室、控制系统、调味料配制系统等组成，国内已研制出了这种设备。用这种设备一台可代替十多台煮锅的效率，可满足日产30t瓜子的入味需求。

这几年随着入味新设备的研制成功和耐高温香精的推出，如耐高温香精、综合增香精、护味剂、增味剂、清凉剂等新型食品添加剂的面市，特别是一些能够很好地激发天然香味物质的面市，使破解瓜子入味难和"留住性"差的难题成为可能。如最新面市的茶瓜子、冰凉瓜子、天然香瓜子等就是应用新型香精、香味剂的代表。

尽可能地激发瓜子自然香味，可满足现代人追求自然风味的欲望。炒制时把握"度"非常关键，要掌握好瓜子炒制到什么程度能将天然呈味物质激发出来，但又不破坏或少破坏瓜子自身存在的天然抗氧化成分，从而达到既要使瓜子变香，又要保持一定的保质期，既可减少调味料和香精的投入，又降低生产成本。

一、瓜子的基本加工方法

瓜子的加工主要是去除瓜产中的水分，炒出香味，使瓜子香而脆，同时，加入各种调味料，使其吸附在瓜子表面，或渗入瓜子中。

（一）工艺流程

原料选择→筛选→手工精选→清洗去膜→煮制入味→炒制→筛杂→调味（↑各种调味品）→冷却→包装→成品

调味步骤加入香料、香料调味液

（二）操作要点

(1) 原料选择。选择成熟度好、瓜子平整、没有霉变和雨淋过的瓜子为原料，同时注意选择"弯翘板"少、"阴阳板"（瓜子没有完全成熟，有部分白边）少且没有隔年的新瓜子为原料。在原料选择时还要注意，遭受冷害的瓜子千万不能使用，这是因为瓜子原料在室外储藏过程中，没有注意保温，瓜子受冻变质，使得瓜子籽仁颜色褐白，加工后籽仁苦涩。

(2) 筛选。有条件的企业，可采用比重式筛选机。经过比重机的处理，可将原料中的石子、泥土、瓜皮、瓜瓤、白皮和"阴阳板"等杂质清除干净，同时能将瓜子按大小筛分成特大片、大片、中片和小片等4种规格。

(3) 手工精选。经过比重机筛选后的瓜子原料，仍然有部分"弯翘板"和极少量"阴阳板"存在，需将其手工拣除。

(4) 清洗去膜。将筛选干净的瓜子倒入带搅拌装置的电动洗锅中，洗锅容量为一次可投入瓜子500~1000kg，加入足够量的清水，开启搅拌后，添加石灰粉。清洗20分钟左右，手抓一把瓜子感觉略滑不涩，瓜子能从指缝中挤出，即说明瓜子已清洗干净。如果手抓一把瓜子，感觉很滑，说明瓜子没有清洗干净；若石灰添加过量，手抓一把瓜子会感觉发涩，不光滑，指缝中挤不出瓜子，则说明清洗失败。石灰粉的用量为每500kg瓜子夏天加石灰4kg，冬天加石灰7.5kg。瓜子清洗干净后，放出石灰水，再用清水淘洗两遍，将瓜子洗干净备用。

(5) 煮制入味。将洗好的瓜子投入到盛有调料汤的不锈钢煮锅内煮制，待开锅后开始记录时间，60分钟后即可煮好，将瓜子捞出沥水。台湾瓜子的风味基本上是甜味和咸味，其调味料主要是由甘草、天然香料等构成的有机组合，企业可根据需要进行不同配组，实现产品的口味特色。

(6) 炒制。凡用于炒方法制作瓜子，大多需用砂粒拌炒。所用之砂，根据原料品种不同，可采用白砂，也可采用黄砂，家庭制作时，只要是干净的河砂即可。砂砾一般以直径2~3mm、形圆者为佳。先将砂粒在流水中洗净，拣去石块，筛去细砂，然后晒干。取铁锅置火上，洗净待水分烧去后，倒入沥干的砂子，翻拌炒至烫手。如果不用砂砾拌炒，也可用粗盐，亦需炒至烫手。将煮好的瓜子经沥水后倒入，并不断翻炒，使其均匀受热。炒锅温度一般控制在200~220℃。原料由生变热,爆炸声由少到多;进入高峰后,爆炸声又逐渐稀落;到基本听不到爆炸声时,瓜子表面颜色呈现灰白色,取几粒瓜子嗑开、籽仁较脆、瓜子皮内部洁白、颜色一致,口嗑时有清脆的声音,此时瓜子水分合适,即可出锅。

(7)筛杂、调味。当瓜子炒熟后,出锅,趁热立即筛去砂子,再将瓜子倒入干净的锅内,加入调料溶液,迅速拌匀,微火焙干即可。

(8)冷却。出锅后的瓜子应迅速冷却至室温。这时炒好的瓜子应该是易嗑,即"一嗑三"——两片完整的瓜子皮和一片完整籽仁,有炒瓜子特有的香味。

(9)包装。炒好的瓜子应及时分装,避免瓜子水分变化。

(三)注意事项

(1)原料的选择与清洗:只有好的原料,才能炒出上等的瓜子。若清洗不净,则瓜子表面难看,不卫生。

(2)炒制:炒货的燃料以柴火为佳,火势先要猛烈,然后再用文火缓炒。瓜子不能炒得过干,也不能过湿。否则,瓜子难嗑、易碎或表面发污,没有光泽,且容易变质。有些品种不需要用盐或砂拌炒,只要将各种配料用热开水拌匀,与原料一起入缸中,搅拌均匀,然后上盖浸泡一定时间,取出,稍晾干后入锅缓炒至热。

(3)包装:产品应尽快分装成小袋。如采用塑料编织袋包装,内层应衬有塑料袋,扎紧袋口,以防止瓜子返潮或瓜子失水过分干燥。将瓜子放在阴凉通风处,避免阳光曝晒,注意防鼠害。

二、瓜子加工实例

(一)甘草西瓜子

产品具有晶莹、甘草香味浓郁的特点,并具有解毒、解痉、镇咳、止喘的功效。常食甘草西瓜子,有宜健康。

1. 配方

西瓜子100kg,生石灰10kg,花生油2kg,甘草0.6kg,精盐5kg。

2. 工艺流程

原料选择→清洗→煮制入味→炒制→浸泡→成品

3. 操作要点

(1)原料清洗:将石灰溶入水中,加水量以能浸没瓜子为限,倒入西瓜子浸泡5小时,然后捞出,用清水漂洗干净,备用。

(2)煮制入味:将精盐和甘草放入锅中,倒入30L清水,置于旺火上煮沸60分钟,滤去甘草便可。

(3)炒制:取铁锅加0.8kg花生油置于旺火上烧至八成热,倒入洗净的西瓜子不断翻炒,待西瓜子中水分快干时、再加0.6kg花生油,改用文火翻炒至西瓜子热后,第三次加入 0.6kg 花生油，稍加翻炒即可离火。

(4)浸泡：将甘草、食盐加水煮制，然后滤汁待用。将炒好的西瓜子趁热倒入甘草盐汁中，盖上盖浸焖 1～2 小时即成。

(二) 五香瓜子

1. 配方

瓜子 100kg，桂皮 125g，小茴香 65g，牛肉精粉 100g，八角 250g，食盐 5kg，花椒 32g，植物油 1.25kg。

2. 工艺流程

瓜子→石灰液浸泡→漂洗→加香煮制→拌香料→烘烤→磨光、拌油、摊晾→包装→成品

3. 操作要点

(1)瓜子筛土，去除杂质、剔去劣质和不能加工的瓜子，备用。用水充分搅拌溶解石灰。带多余的石灰沉淀后，取澄清的石灰液入储槽中，再将筛选过的瓜子倒入石灰液中浸泡 24 小时。经浸泡的瓜子捞出盛入粗铁筛内，用饮用水冲洗干净，并除去杂质和劣质的瓜子。

(2)取生姜、小茴香、八角、花椒、桂皮，装入二层纱布袋内，纱袋要宽松，给辛香料吸水膨胀时留空隙。辛香料需要封装苦干袋，备用。

(3)将浸泡清洗过的瓜子倒入夹层锅内，再倒入相当于瓜子 4 倍的水量，煮沸 1 小时捞出。

(4)锅中加入 150L 水，加入 10% 水量的食盐，并加入辛香料、牛肉精粉，倒入煮后的瓜子，再加热煮沸 2 小时。需要经常补充水至原体积，然后捞出沥干水。

(5)把 5kg 食盐和 2kg 白糖拌入刚煮出的瓜子中，搅拌均匀。取洁净的竹算，上面铺塑料编织网，将瓜子均匀地撒在上面，每算上放瓜子约 1kg，将装有瓜子的竹算送入烘房。烘房的温度一般在 70～80℃ 之间，烘烤约 4 小时。烘烤过程中，应经常启动排气机排潮，间隔 30 分钟排 1 次，每次 1～2 分钟；也应经常翻动瓜子，以利于烘干。

(6)将冷却后的瓜子倒入磨光机内，上料量约占磨光机容量的 2/3，打磨 30 分钟后，添加瓜子质量 2%～3% 的食用色拉油，然后继续打磨 100 分钟，至瓜子光亮、平滑、美观，没有白边（不含有盐分）即可。若瓜子表面有部分灰边，则说明色拉油欠缺，应再加入少量色拉油继续打磨至质量要求；若色拉油添加过量，瓜子经过打磨后表面发污，没有光泽，则应再加入少量待磨瓜子继续打磨，直至达到产品光洁度后即可。色拉油中可添加适量抗氧化剂 BHT 或 BHA。值得注意的是，现在市场上有些大板瓜子虽然外观很光亮，但不是打磨所致，而是有些不法商人添加工业石蜡等化工原料伪造而成的。两者之间鉴别的方法是，打磨的瓜子手感光滑、干爽、不黏手；添加工业石蜡的瓜子手感腻、涩、发黏。然后送入保温库均匀摊开。晾至表面略干，即可进行包装。瓜子表面允许食盐反渗出的白色存在。

4. 注意事项

瓜子油脂含量很高，经高温加工后特别容易产生氧化变质，所以生产瓜子必须采取综合措施，尽可能延长瓜子的保质期。首先应控制好后加工温度，在瓜子含水量高时可采用180℃左右高温，使水分尽快蒸发，瓜子含水量低于20%时烘烤温度应控制在150℃以下，至子仁变硬时烤炒温度应降110℃左右。当仁表面由灰白变为略见微黄时，应迅速下线或出锅，如发现瓜子"成色"已到，出锅后的瓜子应迅速摊开，以防余热使瓜子"成色"过火。

延长瓜子保质期的另一措施是，加工时添加瓜子专用抗氧化剂。尤其是在高温季节生产的产品，必须放抗氧化剂。原因是黑瓜子上亮时，由于加入了油脂，又多了一种易氧化变质的物质。添加适量抗氧化剂其成本增加甚微，因为其添加量为万分之一点五左右，保质期则可延长3~8倍。

瓜子的氧化变质是有条件的，如氧的存在、温度、湿度及光照等都是促使氧化变质的条件。所以，选择包装时应选择透气性差的，包装袋的视物透明孔应当小一些，产品摆放时不能有阳光直射，库房要干燥通风，高温季节应设法调节库房内温度。

烘烤后外加一定量食用油脂的目的是提高瓜子亮度和保持湿度且不容易反盐，但是由于瓜子皮壳密度低，隔氧能力差，所以更容易变质。

（三）奇香瓜子

1. 配方

瓜子100kg，大料2kg，桂皮2kg，茴香2kg，花椒300g，盐6kg，糖精200g，味精200g。

2. 工艺流程

选择原料→煮配料→煮瓜子→炒瓜子→炒干脱皮瓜子→成品

3. 操作要点

选料：选取无霉烂变质、无虫咬、大小较均匀的瓜子。

煮配料与瓜子：按配方将大料、茴香、桂皮、花椒、盐、糖精、味精各装入布袋内封好，放入开水锅里煮。当开水锅里煮出味时再放入选出的瓜子，盖上易透气的织布。蒸煮时火要匀，勤翻动，以不烧干水为宜，蒸煮1~2小时可捞起。再重新倒入新瓜子按以上方法可重复进行6次，配料即全部用完（但第二锅开始加用糖精、味精、盐，均按第一锅的配方加煮。其他配料不变）。

炒干脱皮：将蒸煮好的瓜子放入旋转式瓜子机里炒干，脱去瓜子表面黑皮，火要小并均匀，约1.5小时即可。

（四）牛肉汁西瓜子

1. 配方

西瓜子100kg，小茴香1kg，大料1kg，牛肉汁100L（或牛肉精粉）2kg，精盐10kg，生石灰5kg。

2. 操作要点

(1) 将石灰倒入 100kg 水中,溶化后加入筛选后的瓜子。浸泡 5~8 小时,然后捞出,用清水漂洗干净,去掉壳上黏膜。

(2) 将洗净的西瓜子倒入锅中,放入精盐、大料、小茴香和牛肉汁浸泡 3~4 小时,然后置于旺火上煮沸至热。

(3) 将煮好的西瓜子捞出,沥去牛肉汁和香料,然后再放入烧热的铁锅中,用文火翻炒至干。要勤翻搅,以免炒糊。或用旋转炒锅加工。

3. 注意事项

为了增加风味,可在调味料配方中增加味精、增鲜剂 I+G,及肉味水解蛋白液。为了延长货架,可添加瓜子专用的抗氧化剂。其产品特点为味道鲜美,浓厚。

(五) 话梅瓜子

1. 配方

西瓜子 100kg,小茴香 10g,食盐 500g,甜蜜素 100g,干橘皮 300g,话梅香精 100mL,甘草 500g,乌梅 100g,桂皮 20g,柠檬酸 150g。

2. 操作要点

(1) 称取干橘皮、甘草、桂皮、小茴香、乌梅。加水 20kg,加热煮 1~2 小时,过滤的话梅汁 10~15kg,加入 150g 柠檬酸和甜蜜素 100g,再加入食盐拌匀。

(2) 将瓜子入锅翻炒,至有爆裂声时,说明瓜子将熟,将话梅汁倒入锅内,再炒至干后起锅。待其冷却,便可盛在密封的容器内,将话梅香精加入、翻炒均匀后,密封 2 小时即成。

(六) 奶油西瓜子

1. 配方

西瓜子 100kg,生石灰 10kg,花生油 3kg,香兰素 50g,白糖 1kg,牛奶香精 100mL。

2. 操作要点

(1) 将石灰溶入水中,加水量以能浸没瓜子为限,倒入西瓜子浸泡 5 小时。然后捞出,用清水漂洗干净,去掉壳上黏膜。

(2) 取铁锅置旺火上烧热,加 1/3 的油烧至八成热,倒入西瓜子,不断翻炒,待西瓜子中水分快干时,再加入另外 1/3 油,改用文火翻炒至西瓜子熟后,迅速均匀洒入用少量沸水将糖溶化的糖液,同时加入剩下的 1/3 花生油和用少量水化开的香兰素溶液,稍加翻炒即可离火。

(3) 将炒好的西瓜子晾凉后,加入牛奶香精拌匀即成。

3. 注意事项

牛奶香精应为水油两用型。配方中可加入甜蜜素。产品特点:芬芳香甜。

(七) 酱油西瓜子

1. 配方

西瓜子100kg，桂皮1kg，酱油20kg，风化石灰10kg，茴香1kg。

2. 操作要点

(1)将风化石灰放入盆中，用水化开后滤去渣子。将西瓜子倒入石灰水中浸泡10小时左右，除掉西瓜子表面的胶质，捞出用清水淘洗干净。

(2)将洗净的西瓜子放入锅里，加入酱油、茴香、桂皮和适量水(加水量以淹没瓜子为度)，煮沸后用中火将汤汁熬干。水快干时，要不断翻炒，待略干即成。

(3)把煮好的西瓜子取出，放在通风的地方晾干。为避免尘土污染，上面要加盖一层纱布。晾至八成干时，即为酱油瓜子成品。

3. 注意事项

制酱油瓜子可按食盐17%，茴香0.4%，桂皮0.5%，绿矾0.2%和瓜子一起入锅，加水煮1小时，晒干后拌入少量植物油以增色、增香。

(八) 十香瓜子

1. 配方

黑瓜子100kg 大茴香1.5kg，桂皮500g，公丁香300g，细壳灰(或石灰)1kg，薄桂500g，小茴香300g，甘草500g，食盐12kg，三奈500g，花椒300g，砂仁10g。

2. 操作要点

(1)将颗粒饱满、无虫蛀、无破损、粒籽大的瓜子倒入缸中，放进清水，加入壳灰搅匀。水以淹没瓜子为度，浸10小时左右捞出，用清水冲洗去黏液，漂净沥干备用。

(2)将上述辛香料粉碎成粉，分别包好。取清水30L，放入锅中加热煮沸，加入甘草、大小茴香、砂仁、薄桂、三奈等香料熬制30分钟后，再将瓜子投入搅拌。然后旺火烧沸，加入盐拌匀，盖严盖焖煮1小时，再转微火煮，并加入花椒、公丁香搅匀，使瓜子静置锅中一夜。

(3)次日清晨滤出瓜子，沥水，摊铺于竹席上晒至酥脆后(晒干)，擦些麻油，撒些五香粉即为气味芬芳的成品。也可用烘房人工干制。

(九) 奶油葵花子

1. 配方

葵花子100kg，食盐10kg，香兰素50kg，奶油香精0.1kg，甜蜜素500g，炒制用白砂150kg，(左右)。

2. 工艺流程

选择原料→炒瓜子→浸泡瓜子→二次炒瓜子→成品
　　　　　　　　　　　　　↑
　　　　　　　　　　　　增香剂

3. 操作要点

(1)选料:选取无霉烂变质、无虫咬、大小较均匀、干净的瓜子。

(2)炒瓜子:在滚筒炒锅内放入白砂,炒热后投入选择的瓜子,启动鼓风机催火炒10分钟,待瓜子烫手时出锅,筛去砂子。

(3)浸泡瓜子:在铁锅中加入30kg水和10kg食盐,加热至起盐霜,然后溶入甜蜜素,冷后待用。将炒过的瓜子趁热倒入盐水中,令其及时吸收盐水,使咸味能渗透到瓜子里,然后捞起沥干。注意盐水要浸透瓜子,否则成品色味不佳。泡好的盐水使用几次后浓度降低,需添加盐和甜蜜素。

(4)复炒瓜子:调味后的瓜子要复炒,要用文火,火力要均匀,使瓜了水分逐步蒸发,咸甜味逐步被瓜子肉吸收。约炒50分钟,待瓜子表面有白霜,倒入用少量水溶化的香兰素及香精,翻炒均习,即可出锅。

4. 注意事项

第一次炒制的目的是为了提高瓜子温度,减少瓜子的水分含量,使瓜子在浸泡过程中吸收较多的调味液。因此第一次炒制只需炒至烫手为止,一般在70~80℃,不必炒熟。

复炒时火不宜旺,因为若用急火炒,瓜子壳面的盐及调料反被铁锅吸附,而使瓜子壳表面盐霜呈棕黄色,团此需用文火缓炒。

(十)多味葵花子

1. 配方

葵花子100kg,花椒200g,食盐10kg,桂皮1kg,大料1kg,甜蜜素50g,小茴香1kg,奶油香精50mL,胡椒粉50g,水150L,姜粉30g。

2. 工艺流程

选择原料→煮瓜子→磨光→干制瓜子→炒瓜子→成品
　　　　　　↑　　　　↑
　　　　　调味液　　奶油香精

3. 操作要点

(1)调味液制备:将大料、桂皮、小茴香、花椒、胡椒粉、姜粉等配料用纱布袋装好,放入沸水中煮沸30分钟。将调味料捞出即为调味液。

(2)煮瓜子:把瓜子、食盐、甜蜜素与调味液一同大火煮沸,然后改用文火连续煮1~2小时,每隔10~15分钟翻动一次,1小时后开始频繁翻动,使所有葵花子成熟一致,入味均匀,直至锅内水分基本炒干。

(3)磨光与干制瓜子:将瓜子起锅,趁热装入麻布口袋(一次不宜装太多),进行搓揉,尽量使每粒葵花子都摩擦掉黑皮,然后再撒上奶油香精,倒进热锅炒干或烘烤干,也可以在烈日下曝晒至干脆易嗑。

(4)炒瓜子:将已经磨光与、干制的瓜子筛选分级,再用文火炒制,使白皮稍呈黄色为好。这样制出的多味葵花子,食而不燥,甘甜生津。

(十一) 烤香葵花子之一

1. 配方

葵花子 100kg,大料 2.5kg,花椒 1kg,大蒜 1kg,食盐 10kg。

2. 操作要点

(1)用清水将葵花子淘洗干净,将大蒜去皮拍碎,与花椒、大料一起装入小纱布口袋,扎住袋口。

(2)盆内加入食盐和清水(水面淹过葵花子),搅拌使食盐溶化,把洗净的葵花子和调料纱布袋一起放入盆内,浸泡 12 小时。

(3)将浸泡好的葵花子和调料袋、盐水一起倒入锅中,用旺火煮沸 20 分钟,停火后再焖 20 分钟。然后把葵花子捞出,沥净水分。

(4)将葵花子采用微火慢慢炒干或在阳光下晒干,但瓜子上面最好再盖上一层纱布,防止尘土污染。或将葵花子装入干净的纱布袋中,扎口放在暖气片或火炕上,缓缓烤干。若采用自然干燥,不要堆得太厚,以免馊变。

(十二) 烤香葵花子之二

1. 配方

葵花子 100kg,桂皮 1kg,精盐 5kg,小茴香 1kg,白砂糖 3kg,味精 200g。

2. 操作要点

(1)将饱满的葵花子漂洗干净,沥去水分。

(2)将洗净的葵花子倒入锅中,放入精盐、桂皮、小茴香和适量清水(水要浸没瓜子),拌匀置旺火上煮沸 30~50 分钟,待锅中汤汁浓缩收干时,洒入白糖和味精,迅速翻拌均匀,即可离火。

(3)将煮好的葵花子趁热倒入平底锅中,用文火慢慢烤干,要勤翻搅,以免烤糊。

(十三) 玫瑰瓜子

玫瑰具有养颜作用,用玫瑰加工成瓜子适口性好,备受爱美女士的欢迎。

1. 配方

黑瓜子 100kg,公丁香粉 1kg,食盐 5kg,开水 60kg,糖精 100g,玫瑰香精 600g,五香粉 3kg,食用红色素少许。

(或按另一种配方:红糖 2%~3%、糖精 0.01%、食盐少许,加工后拌入 0.02% 的玫瑰香精)。

2. 操作要点

(1)将水煮沸,加入食盐、糖精、五香粉、公丁香粉及食用红色素,搅拌均匀,即为配料液。

(2)把选好的瓜子洗净,放在缸中,倒入制作好的配料液,滴入玫瑰香精,搅拌均匀，加盖放置24小时，其间要翻3~4次。

（3）将瓜子取出，沥干水分，投入铁锅炒制。开始时火力不宜过大，待水分炒干后，略加大火力，翻炒要快，待瓜子壳面中心呈现芝麻黑点时，要控制火势，慢慢焙炒至熟。即为成品。成品干燥酥脆，香浓可口。

（4）可制成小包装便于出售。

（十四）椒盐白瓜子

1. 配方

白瓜子100kg，花椒粉500g，食盐15kg。

2. 操作要点

（1）将食盐、花椒粉放入盆中，冲入开水5kg。再将白瓜子倒入搅拌均匀，放置5小时左右，中间要翻转2~3次、取出后摊开晾干待用。

（2）用旺火将锅中的白砂炒热，倒入瓜子慢慢翻炒，当听到噼啪声时，再加紧翻炒5分钟左方，赶快离火，筛去白砂，冷却即成。

（十五）盐霜白瓜子

1. 配方

南瓜子100kg，精盐1kg。

2. 操作要点

（1）将南瓜子洗净，沥干水分备用。

（2）细盐放入碗内，加少量水溶化为浓盐水。将南瓜子倒入浓盐水中，充分拌匀、然后将南瓜子摊开晾干，备用。

（3）将晾干表面水分的南瓜子倒入锅内，加入干净的砂子，置炉火上炒。炒至噼啪声逐渐由大减弱，再炒5分钟，即起锅。用筛子筛去砂子，晾凉后即可。炒熟的瓜子一定要凉透后再装入容器内、否则不脆不香。注意：瓜子拌盐水后，一定要晾干再和砂子同炒。如果瓜子表面湿润，砂子会粘附在瓜子上，炒后不易筛除，吃起来会感到牙碜。

第二节　花生类休闲食品加工

花生又名"长生果"，是我国的主要油料作物之一，在许多地区均有栽培，年产量居世界第二位。花生中不仅含有丰富的油脂，而且蛋白质含量较高，易于消化吸收。花生蛋白质中含有全部必需氨基酸，具有较高的营养价值、其主要氨基酸含量为：精氨酸9.9%、缬氨酸8%、亮氨酸7%、苯丙氨酸5.4%、异亮氨酸3%。赖氨酸3%，组氨酸2.1%、苏氨酸1.5%、蛋氨酸1.2%. 色氨酸1%。花生蛋白还含有较多的谷氨酸和天门冬氨酸，这2种氨基酸对促进脑细胞发育和增强记忆力有良好作用。与大豆相比，含有比大豆更少的抗营养因子，使人们对其中的营养成分利用率更高。

长期以来，各种花生食品以其种类多，且各具特色备受广大消费者青睐。但与我国总产量相比，花生系列制品的开发方面仍做得很不够，因为大部分花生以原料出口，每年仅有10%~15%的花生用于加工成花生制品，并且品种少，产品档次低，加工技术、设备落后，多以传统制品为主。因此，在我国，开发花生系列食品具有极为广阔的发展前景。

一、鱼皮花生

鱼皮花生为传统休闲食品之一，历史悠久，咸甜，酥脆，味美可口，具有花生香味，很受人们的喜欢，尤其是儿童青少年，销售市场广阔。

（一）主要设备

主要设备有糖衣机、转动烤炉、搅拌机、塑料袋热合机。

1. 抛光锅(糖衣机)

糖衣机的形状似荸荠，锅口向上与地面成45°倾斜。一般锅体较扁，由紫铜制成、入口处较窄，中间大，后体又变小，锅口直径为50~60cm，锅最大处直径为80~90cm，转速为26r/min，所需电动机功率为1.5kW。生产能力每小时约可处理原料160kg。这种糖衣锅的锅体也可做成圆桶形的、其他规格大小，原料可用铁板或其他材料。抛光锅(糖衣机)的形状见图5-1。

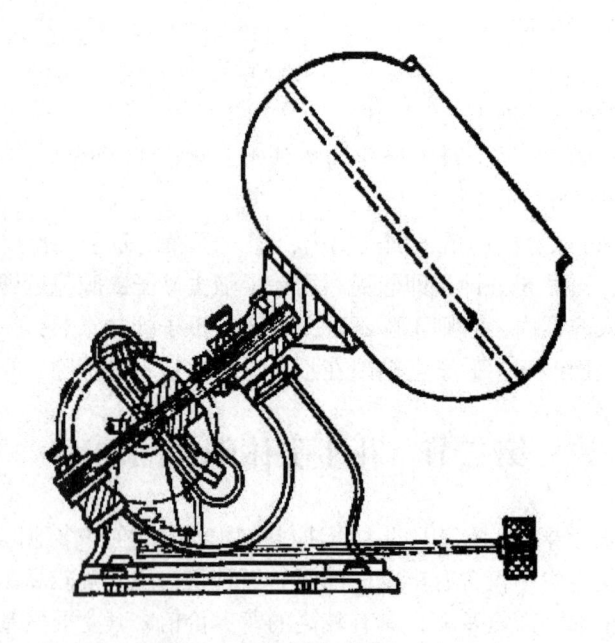

图5-1 抛光锅(糖衣机)

2. 转动烤炉

转动烤炉由可转功的笼子和加热的炉子组成。炉体为长方形，烤笼可为长方形，能够架在炉子上，并与加热装置(煤、液化气或电加热)有一定的距离。花生仁在转笼里转动烘烤，炉体边框均为50mm×50mm角铁，四面和底均为5mm厚的铁板，炉体的底板外应焊接横梁，以便能承受加热装置的重量。一般加热装置(煤、液化气或电加热)的重量大约250kg，转笼的两边为铁板圈，厚度5mm，宽30mm，在整个笼子的中间部位有一个两端同样的铁板圈，其圆周面用不锈钢网子围住，网眼大小以不漏掉花生米为宜，用铁丝网也可以，转笼两端的堵板为厚5mm的铁板，并与摇把固定连接好。制作转动烤炉的材料可用其他材料，其大小也可根据生产调整。

（二）配方

花生米25kg，麻油500g，标准粉15kg，酱油4kg，大米粉7kg，味精50g，白砂糖4kg，三奈50g，饴糖3kg，八角50g，泡打粉150~200g。

（三）工艺流程

```
                糖液
                 ↓
生花生米→筛选→成形→半成品→烘烤→调味→冷却→成品
         ↓    ↑
        次品  混合粉
```

（四）操作要点

1. 选择原料

挑出霉变、碎瓣及不规则的花生，筛出大、中小粒，分别保管使用。

2. 制备混合粉

将面粉10kg和大米粉7kg在搅拌机中混合均匀，制成混合粉，备用。

3. 制备调味液（糖汁）

三奈、八角加清水，加清水的量以能淹没两种料为准，加热煮沸20分钟左右，趁热取汁，再煮，再取汁，将两次汁合在一起，加入味精，为调味香料汁。

加饴糖放入锅中，边加热边加入白砂糖，待白砂糖溶解后离火。然后加入调味香料汁的一半。待冷却至室温后加入泡打粉。若无饴糖，按清水与白砂糖为1:5的比例混合，加热熬煮成糖浆。这样的糖汁黏度可能低，为了增加糖液的黏附性，可加入适量的环状糊精（即CD），以增加糖液的粘附性。

4. 成型

先将生花生米放入糖衣机中，开机转动。随后将糖汁细而均匀地浇在花生米上，再薄薄撒一层标准粉（3kg左右），然后浇一层糖汁，撒一层混合粉，直到将调合粉全部撒在花生米上为止。一般分4次以上将混合粉撒完。最后再把剩下的标准粉2kg撒在花生米表面上，裹实摇圆便可出转锅。

5. 阴干

将成型的半成品摊开、阴干，夏季晾24小时左右，冬季60小时左右，即可烘制。

6. 烘烤

将成型的半成品装入烤炉的转笼中，推入烤炉，开启转笼及加热器，烘烤温度控制在150~160℃。初烤时可用木棒随时敲打转笼，使不黏结，烤至笼内发出阵阵咯咯声，表面呈微黄色时，即可出炉检查。剖开产品，里面花生仁呈牙黄色，马上倒入调味料锅中，进行调味。

7. 调味

按1:1的比例加清水稀释酱油，然后加热煮沸后，加入另一半调味汁，混合均匀。趁刚出炉的熟坯尚热，迅速适量泼上调味液，开动机器搅拌均匀，然后转入大转盘中，冷却，表面撒上少量熟清油，混合均匀。

8. 包装

冷却成品，将变形、烤糊等次品剔除。其余用塑料袋包装。

（五）质量标准

外形：颗粒均匀，呈椭圆形，无裂口。
色泽：外表呈黄红褐色，有光泽。
组织：皮薄而均匀，壳酥脆。
口感：酥脆可口，甜咸适度。
水分3.5%，蛋白16%，脂肪20%。

（六）注意事项

(1)生花生裹上粉后，不好烤熟，可先将挑选好的花生烤熟，冷却后再裹上粉，最后在烘烤。虽然改进的工艺需要烘烤两次，但花生易烤熟；第二次烘烤因时间短花生外边裹的粉也较酥脆。

(2)可采用带震动筛的烘烤炉。

二、蜂蜜花生

蜂蜜花生由于配料中加入蜂蜜，不仅口感香甜，而且提高了制品的营养价值。与鱼皮花生相比，将后面工序中的烤花生改为炸制，不但省时省力，还节省了设备及投资。产品要比鱼皮花生酥脆，风味也更佳。

（一）主要设备

生产蜂蜜花生的主要设备有糖衣机，六面体拌粉机或双轴和面机，电炸锅，塑料袋热合机、远红外烤箱或铁锅。

（二）配方

花生米50kg，淀粉或α-淀粉3~5kg，标准粉或米粉35kg，白砂糖9kg，精盐0.5kg，花椒面0.015kg，酱油0.5kg，姜粉0.01kg，味精0.01kg，胡椒粉0.01kg，辣椒面0.04kg，香甜泡打粉0.3kg，大料粉0.02kg，蜂蜜1.5kg。

(三) 工艺流程

$$\text{调味液 + 蜂蜜液}$$
$$\downarrow$$
花生米→筛选→烘熟或炒熟→成型→半成品→油炸→冷却→成品
$$\uparrow$$
$$\text{复合粉}$$

(四) 操作要点

1. 选择原料

选择颗粒饱满的优质花生米，最好选用短型小粒花生米，原料不得有虫蛀、发霉、破瓣，一般筛选分成两级，即 1000～1600 粒/kg 和 1600～2000 粒/kg，除去太大的或太小的花生仁。

2. 蜂蜜液配制

将 1kg 蜂蜜加入 0.5kg 沸水中搅拌均匀，使蜂蜜完全溶解在水中。

3. 调味液配制

将清水 6～8kg 放入锅内，放白糖 9kg 化开，再按配方加入定量的盐、酱油、味精、辣椒面、大料粉、花椒面、姜粉等其他辅料，加热煮沸，熬煮 5 分钟，加入胡椒粉搅拌均匀。然后离火使调味液温度降到室温，再加入泡打粉，整个过程注意不要糊锅和溢出。

4. 复合粉的混合

在拌粉桶中或其他容器中放入 1/3 配料量的面粉，加入全部淀粉，先搅拌均匀，然后加另 1/3 面粉，继续搅拌。最后加入所剩面粉，混合一定时间后，最好再过筛一次，以充分混合。

5. 烤熟花生

将花生米烤熟，但不能掉红皮，可用净砂将花生米炒热，也可装盘，送入 115～120℃ 的烤箱，装盘厚度不得大于 2cm，以免生熟不均。要每隔一段时间搅拌一次，质量要求以烤熟为准。时间约 2 小时。

6. 成型

将熟花生米(除去半粒，吹掉碎皮)轻轻倒入糖衣机内，开机转动。加入蜂蜜液少许，使其汁细而均匀地浇在花生米上，直至表面都涂盖上一层发亮的蜂蜜为止。一般为花生米量的 2%～3%，然历再薄薄撒一层复合粉，使其表面附上一层白粉，转动 1～2 分钟后，然后第二次浇调味液，随之一层复合粉、一层调味液交替使用，到面粉用完为止。一般分 6～8 次加完复合粉，再转动几分钟糖衣机，摇圆裹实便可出锅。整个成型操作控制在 30～40 分钟完成，出锅静置 30～40mm，便转入油炸工序。

7. 油炸

往锅中倒入占锅体积 1/3 的油，油温升至 170～180℃，放入成型的花生。花生相当于油量的 1/2~2/3 左右，入锅后轻轻拌动，等油温上升后就加快拌动，以防不匀，并降低火力，在 2~3 分钟内将其炸至淡黄色，至橙黄色时立即捞起控干。

8. 冷却

成品应风冷或自然冷却至室温。有条件的应立即放入离心机中甩油冷却，晾透后再进行包装。

（五）质量标准

橙黄色球形，外表光亮；口感甜香酥脆；水分 3%，脂肪 30%~35%，蛋白质 15%~18%。

（六）注意事项

烤制花生时的温度要适宜，并不断翻动花生，避免烤糊。油炸不能太高，否则易将半成品炸糊。库房要干燥通风，储存时要防鼠害。

三、多味花生米

（一）配方

花生仁 500g，白砂糖 200g，饴糖 200g，水 100g，精盐 5g，胡椒粉 5g，辣椒粉 5g，花椒粉 3g，甘草粉 3g，粳米 400g，菜油 400g，（约耗 50g）八角、桂皮适量。

（二）工艺流程

混合粉制备→沙炒→熬糖→和料→油炸→沥油→成品

（三）操作要点

1. 混合粉制备

把粳米、八角、桂皮倒入洗净并烧热的炒锅中，用锅铲不停地翻动，待粳米呈淡黄色时将熟粳米出锅，冷却后碾成粉，按配方加入精盐、胡椒粉、辣椒粉、花椒粉、甘草粉拌均匀，成混合粉，待用。

2. 砂炒

用净砂子炒制花生仁，待花生仁呈淡黄色时出锅。注意：炒制过程中应多检查花生仁的生熟，以免炒糊。

3. 熬糖

将清水倒入锅中烧开，放入饴糖、白糖，用小火边加热、边不停地搅动，当糖温熬至 135℃左右时，拿筷子挑糖，能拉成细长丝时即停火。

4. 和料

将炒好的花生仁倒进糖锅，用锅铲轻轻翻动，使糖液牢牢地黏裹住熟花生仁。将粘有糖液的花生仁倒入混合粉中，用手或搅拌机迅速拌匀，使混合粉牢牢地黏裹住熟花生仁，最后用网筛过筛备用。

5. 油炸、沥油、成品

将植物油烧至七成热，倒入粘有混合粉的花生仁，炸至金黄色时捞出，沥净油即为成品。

四、花生酥(潮式)

以熟花生仁与糖浆为原料，经捶打混合制成。由于制作考究，其味醇厚香甜，酥脆，且具有浓郁的奶油芳香，是馈赠亲友和节日必备的上等食品。

(一) 主要设备

生产花生酥的主要设备有炉灶，熬糖锅，搅拌机，冷却台(水流式)，液压机，压片切块机。

(二) 配方

花生仁 8kg，奶油 1kg，白砂糖 5kg，香兰素 30g，饴糖 4kg。

(三) 工艺流程

```
           花生仁→烘烤→去皮
蔗糖 ⎫               ↓
饴糖 ⎭→化开→熬糖→拌和→滚压←→折叠→压片、切块→包装→成品
```

(四) 操作要点

1. 花生仁选择与加工

剔除霉变花生及杂质，然后将花生在 105℃ 以上烘烤熟，冷却、去皮备用。也可用净砂炒制花生，炒熟后筛去砂子，去皮备用。

2. 熬糖

往锅中加清水 1.5kg 左右，随即加入白砂糖，加热。待白砂糖溶化后加入饴糖，加热至沸，再加入部分奶油，文火熬制，至糖液温度升至 140℃ 左右时，将香兰素和剩余奶油全部加入，搅拌均匀，即可。

3. 拌和

将熟花生米倒入熬好的糖浆中搅拌均匀，最好用机器快速搅拌至匀，然后倒入冷却台上，边冷却边折叠糖膏，以使花生仁和糖混合均匀，并能排出糖膏中心的空气。

4. 辊压、折叠

将拌好花生仁的糖膏稍冷后放在双滚机上进行辊压、折叠，再辊压、再折叠，直至花生仁没有明显的颗粒为止。

5. 压片、切块

将糖坯放在操作台上整形、切成若干块，然后再用机器进行压片、切块。可根据需要调整切块大小。

6. 包装

切好的糖块凉透后再进行筛选，剔除不整齐糖块，进行包装即为成品。

（五）质量标准

外形：长方形块状，糖块整齐，四边刀口整齐，无毛茬。
色泽：谷黄色。
组织：断面微现酥层，坚实。
滋味：入口酥甜，利口不粘牙，具有浓郁的奶油和花生米香味。

（六）注意事项

如果没有双滚机，可采用人工捶打折叠方式。预先应将花生米捣碎，然后和糖浆混合。将粘有糖浆的花生米倒在石板上，用木槌边捶捣边折叠，反复多次，直至花生仁和糖全部充分交融，不再呈原样时即可。

五、花生粘

花生粘的制作是根据糖溶液达到饱和或过饱和浓度时可以结晶的原理，使花生米的周围挂上一层均匀的糖衣。

（一）配方

熟花生米 12.5kg，香兰素 6g，白砂糖 21kg，白矾 2g，清水 10kg。

（二）工艺流程

香兰素
↓
清水 + 白砂糖→化糖→熬炼→离火→成型→冷却→包装
↑
花生仁→烘烤→去皮→熟花生米

（三）操作要点

1. 熟花生米的制备

生花生米必须经过挑选，剔除霉变花生及杂质除，然后将花生在 105℃ 以上烘烤熟，冷却、去皮备用。也可用净砂炒制花生，炒熟后筛去砂子，去皮备用。

2. 熬糖

先将清水 10kg 注入锅内，再加入白砂糖，加热熬炼，待糖液温度达到 130~140℃ 时，离火，放入香兰素、白矾，搅拌均匀，准备浇淋花生米用。

3. 成型

将烤熟的花生米放入转锅内，开动机器，随后将熬好的糖汁一勺一勺地浇在花生米上。注意糖汁要细浇，浇均匀。一般一锅糖浇 5~6 分钟。

4. 冷却、包装

将打好的成品倒入冷却盘中,充分冷却,以除去热气,然后再进行包装。

(四) 注意事项

(1) 熬糖要注意火候,熬至使糖汁色泽洁白为止。熬制时间短,糖液稀;熬制时间长,糖色泽深。

(2) 浇糖汁要注意浇匀,避免出现疙瘩块。如出现疙瘩时,必须挑出回锅,以保证产品质量。

(五) 质量标准

口味:甜酥适口,营养丰富,有花生香味。

色泽:外表洁白,有刺状突起。

六、香酥果系列

香酥果是以花生为原料,在鱼皮花生的工艺基础上,按花生粘的加工方法生产,使产品甜中有味,可制成各种风味。

(一) 主要设备

抛光锅(糖衣机),转动烤笼。

(二) 配方

1. 麻辣型

麻辣型香酥果配方见表5-1。

表 5-1 麻辣型香酥果配方

物料名称	使用量(kg)	物料名称	使用量(kg)
花生米	7	碳酸氢钠(食用级)	0.05
面粉	7	碳酸氢铵(食用级)	0.05
食糖	1.6	精盐	0.25
花生油	0.28	芝麻	0.2
花椒粉	1.09	饴糖	0.55
辣椒粉	0.09	酱油	0.41
胡椒	0.03	味精	0.04

2. 甜咸型

甜咸型香酥果配方见表5-2。

表5-2 甜咸型香酥果配方

物料名称	使用量(kg)	物料名称	使用量(kg)
花生米	7	碳酸氢钠	0.05
面粉	7	碳酸氢铵	0.05
白砂糖	1.6	精盐	0.24
食油	0.28	饴糖	0.55
味精	0.04	酱油	0.04

3. 桂花型香酥果配方

桂花型香酥果配方见表5-3。

表5-3 桂花型香酥果配方

物料名称	使用量	物料名称	使用量
面粉	7kg	桂花浆液	0.7kg
花生米	7kg	碳酸氢钠	0.06kg
白砂糖	7.2kg	碳酸氢铵	0.06kg
花生油	0.28kg	精盐	0.06kg
着色剂	35ml	桂花精	14ml

4. 甜香型香酥果配方

甜香型香酥果配方见表5-4。

表5-4 甜香型香酥果配方

物料名称	使用量(kg)	物料名称	使用量(kg)
面粉	7	碳酸氢钠	0.06
花生米	7	碳酸氢铵	0.06
白砂糖	7.2	精盐	0.06
花生油	0.28		

5. 咖啡型香酥果配方

咖啡型香酥果配方见表5-5。

表 5-5　咖啡型香酥果配方

物料名称	使用量(kg)	物料名称	使用量(kg)
面粉	7	咖啡粉	0.28
花生米	7	碳酸氢钠	0.06
白砂糖	7.2	碳酸氢铵	0.06
花生油	0.28	精盐	0.06

6. 橘子型香酥果配方

橘子型香酥果配方见表 5-6。

表 5-6　橘子型香酥果配方

物料名称	使用量	物料名称	使用量
面粉	7kg	碳酸氢铵	0.06kg
花生米	7kg	精盐	0.06kg
白砂糖	7.2kg	橘子精	56ml
花生油	0.28kg	着色剂	28ml
碳酸氢钠	0.06kg		

7. 桂花可可型香酥果配方

桂花可可型香酥果配方见表 5-7。

表 5-7　桂花可可型香酥果配方

物料名称	使用量(kg)	物料名称	使用量(kg)
面粉	7	可可粉	0.7
花生米	7	精盐	0.06
白砂糖	7.2	碳酸氢钠	0.06
花生油	0.28	碳酸氢铵	0.06

(三) 工艺流程

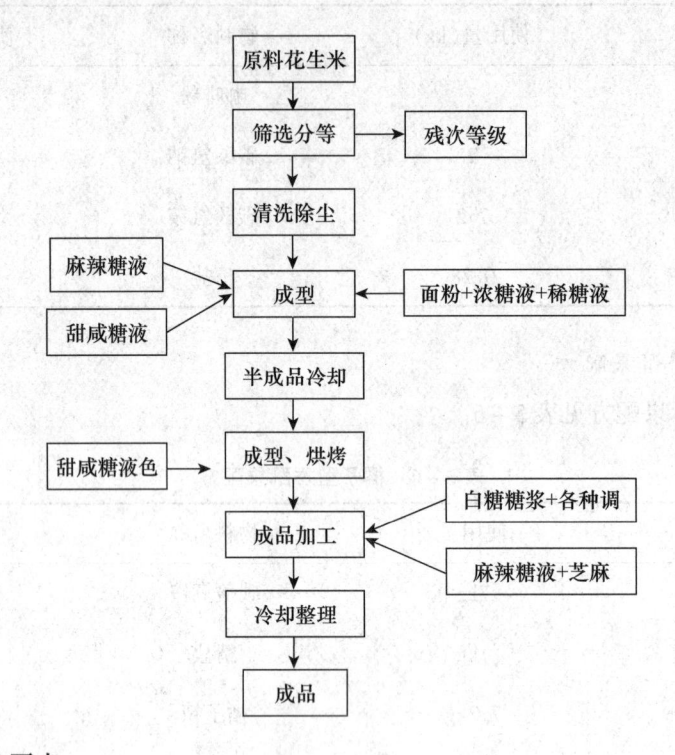

```
原料花生米
    ↓
  筛选分等 → 残次等级
    ↓
  清洗除尘
    ↓
麻辣糖液 →
         成型 ← 面粉+浓糖液+稀糖液
甜咸糖液 →
    ↓
  半成品冷却
    ↓
甜咸糖液色 → 成型、烘烤
    ↓
         成品加工 ← 白糖糖浆+各种调
                  ← 麻辣糖液+芝麻
    ↓
  冷却整理
    ↓
   成品
```

(四) 操作要点

1. 花生米的选择

将花生米分成3种，大型：用大于3目的筛筛选；中型：用小于3目而大于2目的筛筛选；小型：二筛筛下的花生。

挑出每种花生中霉的坏的、破瓣的，保存于通风干燥处，备用。

2. 花生米处理

将选好的花生米7kg在清水中浸泡数秒钟，除去尘土，立即取出控干备用。

3. 溶液配制

(1) 浓糖液(成型用)：将25.5kg白糖放入锅中，加水6.5~7kg，置火上加热熔化，并不断搅拌，待完全溶化后离火，再加少许水(以防结晶)，冷却浓糖液至室温。将食盐、碳酸氢钠、碳酸氢铵各1.5kg在清水中搅拌至完全溶解，加入已经冷却至室温的浓糖液中。加水稀释浓糖液至50kg，搅拌均匀备用。

(2) 稀糖液(成型用)：将浓糖液稀释1倍，即浓糖液：水=1:1。

(3) 浓咸甜(或甜咸)糖液：在浓糖液中加入6%的精盐(即每千克添加60g)，搅拌均匀。

附：稀咸甜(或甜咸)糖液：将浓咸甜(或甜咸)糖液稀释1倍。

(4) 浓麻辣糖液：在浓糖液中加入6%的食盐、4.5%的花椒粉、4.5%的辣椒粉(即每千克增添食盐60g、花椒粉45g、辣椒粉45g)，搅拌均匀。

附：稀麻辣糖液：将浓麻辣糖液稀释1倍。

(5)甜咸以及麻辣挂糖色的糖液：将20.5kg酱油及27.5kg饴糖在锅内慢慢加热，使之溶化，并搅拌调匀。溶化完毕后离火，冷却近室温时加入2kg味精，搅拌溶解，备用。此溶液直接用作甜咸挂糖色用。若此液再加入3%胡椒粉，则可作麻辣型挂糖色用。

(6)柠檬黄溶液：将1g柠檬黄溶于100mL水中(用量筒量即可)，摇匀备用。

(7)橘黄溶液：将4g柠檬黄及2g食品红溶于100mL水中，摇匀备用。

4. 成型与烘烤

将花生米7kg放入滚球机中(外表全部湿润)，开动机器，撒适量面粉，使花生外表均匀裹上一层面粉，再细细加入浓糖液，使全部滚匀，再撒入面粉滚匀。此时花生上已经裹了两遍面粉和糖液。将油倒入浓糖液中，搅匀。随之一层糖液一层面粉，撒入滚球机中，交替到浓糖液用完，然后用稀糖液代替浓糖液，与面粉交替撒入滚球机中，直到稀糖液和面粉全部用完为止(有时稀糖液有剩余)。

将半成品在室温下晾干或风干约10分钟后，在转笼中烘烤20～30分钟，转速20～30r/min。要求均匀翻滚。控制好烘烤炉的温度，按预定时间抽查是否成熟，一旦成熟立即将料取出烘烤转笼，凉至室温，集中保存。一般半湿成品烘干后失水约15%。

麻辣型和甜咸型香酥果的成型操作与上叙述基本一致，只是用浓的、稀的麻辣糖液和浓的、稀的咸甜(或甜咸)糖液代替浓的、稀的糖液。

5. 成品加工

(1)甜香型：将白糖2kg(第一锅挂糖衣需多加150g作为粘耗，第二锅以后均按规定加糖)和水500g加入锅内，加热，并不断搅拌，直至全部溶化。当糖液全部溶化后，必须连续测量其温度，当温度降至118℃时，离火，拌入预先备好的半成品5kg连续均匀搅拌，直至全部糖液混粘于半成品中开始凝结时停止搅拌，移出成品，在凉筛中冷却摊平。等冷至室温后过秤记录，计算出品率，集中包装。

(2)桂花型：操作同甜香型。在加入5kg半成品前，加入桂花糖浆350g、桂花精7mL、柠檬黄色素1.75mL(1%)，搅拌均匀，加入5kg半成品，其余操作和注意事项同甜香型。

(3)可可型：操作同甜香型。在加入5kg半成品前加入可可粉350g，搅拌均匀，然后再加5kg半成品，其余操作同甜香型。

(4)咖啡型：操作同可可型，以咖啡140g代替可可粉。

(5)橘子型：操作同可可型，以28mL橘子精和14mL橘红色素代替可可粉。

(6)麻辣型：原料数量、操作步骤同甜香型，仅以麻辣糖液代替浓糖液使用。

当半成品烘烤完毕(成熟)后，立即出料倒入锅内，加约500g麻辣糖液、150g芝麻，迅速搅拌，使其很快均匀，呈棕红色，略有光泽。当将要粘连时，停止搅拌，倒入凉筛中冷却(筛下垫回收糖渣板或箩筐)冷却至空温。

(7)甜咸型：原料数量、操作步骤同甜香型，仅以甜咸糖液代替浓糖液使用。

当半成品烘烤成熟后,立即将料倒入锅内,加约500g甜咸糖液、150g芝麻,迅速搅拌均匀,呈棕红。当将要粘连时停止搅拌,倒入凉筛中冷却(下面垫好回收糖渣板或箩筐),冷却至室温收藏。

(五)质量标准

几种味型的香酥果的质量标准见表5-8。

表5-8 几种味型的香酥果的质量标准

种类	色泽	规格外观	口感
甜咸型	棕红	椭圆或球形	甜香适口酥脆
甜香型	白色	椭圆或球形	甜香酥脆
桂花型	微黄	椭圆或球形	甜酥有桂花香味
橘子型	橘黄	椭圆或球形	甜酥有橘子香味
可可型	棕色	椭圆或球形	甜酥有可可香味
咖啡型	浅棕	椭圆或球形	甜酥有咖啡香味
麻辣型	棕红	椭圆或球形	香酥麻辣

七、琥珀花生

琥珀花生是用花生米、白砂糖、食用油制成的,是南味小食品之一。该花生具有琥珀的色泽,保持花生米的自然形态美,食用时香甜适口。是很受欢迎的一种花生制品。

(一)主要设备

主要设备有铁锅,冷却台,筛子,热合机等。

(二)配方

花生仁5kg,食用油少量,白砂糖5kg,水适量,饴糖1kg。

(三)工艺流程

生花生米→挑选→洗净
　　　　　　　　　↓
水+白糖→化糖→过筛→共煮→调文火搅拌返砂→调武火紧炒→出锅→平摊→凉透→包装

(四)操作要点

1. 花生米加工

选择颗粒饱满、大小均匀,干净不掉皮的花生,要严格剔除霉变、发芽、有寄生虫的花生,用清水洗干净。

2. 化糖、共煮

用适量的水将白砂糖溶化,然后将糖液过滤除去杂质,再加入与白砂糖等量的花生米与糖液共煮,使花生表面已经充分均匀地沾满了糖液。

3. 炒制

继续用大火加热。由于不断搅拌和加热,水分不断蒸发,致使花生表面所粘的糖开始返砂并形成不规则的晶粒,此时即调节火候。改用文火炒制 1~2 分钟,促使返砂。待返砂均匀,再把文火调成武火,并加速搅拌,当返砂糖晶遇到高温,又开始熔解,待返砂糖晶熔解 70% 的时加入食用油,加热搅拌均匀,待返砂糖晶继续熔解至 90% 左右时,加入少量饴糖,迅速搅拌,随即出锅。

4. 冷却

出锅后的花生平摊在装有流动水的冷却台上,或采取其他冷却方式,待花生完全凉透后包装。

(五)质量标准

色泽:呈琥珀色,表面光亮,有光泽。

外形:颗粒整齐,粘糖均匀,表面呈现出凹凸不平的形态,允许有极少量颗粒粘连,但不得有 3 个以上的花生粘连在一起,不得有返砂现象。脱皮粒不得超过 3%,不能有糊粒。

滋味:甜、酥、脆、香。

(六)注意事项

琥珀花生因挂有少量饴糖,有一定的吸湿性。因此在夏季必须要等制品凉透,再包装入袋,但存放日期不宜过长,最多放置 30 天,其他季节可保存 60~90 天。

八、甜酥花生

甜酥花生,香甜,酥脆,百吃不腻,是具有独特风味的花生小吃。

(一)主要设备

主要设备有熬糖锅,油炸锅,糖衣机,铝盆或搪瓷盆、铁丝笊篱,铁勺。

(二)配方

带皮花生米 5kg,花生油或棕榈油 5kg,小麦精粉 2kg,水适量,白砂糖粉 3kg(实耗 0.1kg)。

(三)工艺流程

```
            糖液
             ↓
生花生米→筛选→成型→半成品→油炸→冷却→包装→成品
             ↑
            混合粉
```

(四)操作要点

(1)原料选择。选择颗粒饱满、大小均匀的花生,剔出破瓣及不规则的花生,原料不得有虫蛀、发霉、破碎。

(2) 糖液制备。将白砂糖 2.5kg 和水 2.5kg 一起放入锅中加热煮沸,其间不断搅拌,使糖溶化为糖液,离火待用。

(3) 混合粉制备。将剩余的白砂糖 0.5kg 粉碎成粉,然后与 0.5g 精面粉混合、过筛成混合粉,备用。

(4) 成型。将花生米倒入糖衣机内,开机转动,向锅中慢慢加入糖液。使其汁液细而均匀地浇在花生米上,直至表面都涂盖上一层糖液,然后再薄薄撒一层混合粉,转动几分钟,再加糖液和混合粉。待加完混合粉后,用相同的方法分几次加入剩余的 1.5kg 精面粉,一般分 5~6 次加完全部粉,包括混合粉和精面粉。再转动几分钟糖衣机,裹实摇圆便可出锅,作为花生坯子,等待油炸。到最后可能会剩余一些糖液。

(5) 油炸、冷却、包装。将花生油或棕榈油放在油锅中加热到 180~190℃,然后将花生坯子放在油锅中,继续大火加热,待油沸腾以后,改用文火。同时用笊篱轻轻翻动花生,将花生炸成焦黄色,捞出倒入铁筛中,沥出多余花生油或棕榈油,经冷却后便可包装。

(五) 质量标准

口感:香甜酥脆。
外观:焦黄色,颗粒状,不掉面皮。
色泽:棕黄色。
水分 <4%,粗蛋白 15%~18%,粗脂肪 25%~35%。

(六) 注意事项

油炸花生坯子是,油温要控制好,不能太高,因为温度太高,可能造成外糊里生的现象;但温度不能太低,因为温度低,炸熟需要的时间长,可能造成花生外裹的坯子松动,容易掉皮。另外,花生坯子放在油锅中以后,要大火尽快使油温上升至沸腾。

九、花生蘸

花生蘸洁白如雪,香酥甜脆,是一种极受人喜爱的大众化休闲食品。

(一) 配方

生花生米 5kg,白糖 6.75kg,饴糖 0.6kg,植物油 15kg。

(二) 工艺流程

选料→炒熟筛净→ 一次淋糖→二次淋糖→三次淋糖→冷却→包装→成品
　　　　　　　　　　　↑　　　　↑　　　　↑
　　　　　　白糖→溶化→熬糖　　熬糖　　　熬糖
　　　　　　　　　↑　↑
　　　　　　　　　水　饴糖

(三) 操作要点

1. 选料

挑选颗粒饱满、大小均匀的生花生米作原料,要求无霉变、虫蛀、破瓣、发芽。

2. 炒熟

用净沙炒花生至呈象牙色，即为成熟。筛掉净沙，冷却后搓去红衣，放在搽了素油的锅内或盆内。

3. 蘸糖

将1/3的白糖和1/3的饴糖，加清水400毫升左右，一起放入锅中熬制，至110℃左右，离火，缓缓倒进熟花生仁，边倒边搅动花生仁。此为第一次淋糖。要求花生仁均匀粘上糖。

4. 第二次淋糖

将剩余的白糖和饴糖分成两份，取一份按第一次淋糖的方法进行熬制，要求温度为120℃左右。按第一次淋糖的方法进行淋糖。

5. 第三次淋糖

将剩余的白糖和饴糖按第一次淋糖的方法进行熬制，要求温度为130℃左右。按第一次淋糖的方法进行淋糖。

6. 冷却、包装

待经过三次淋糖的花生冷却、不粘连，即可包装。

（四）产品质量

外观雪白，颗粒均匀，互不粘连，糖衣不易脱落，香甜酥脆。

十、脆仁巧克力

脆仁巧克力以花生仁为心子，再涂裹一层均匀的巧克力，经上光精制而成。它选料严格，工艺讲究，制品既有巧克力的芳香，又有花生仁的清香风味，是儿童非常喜爱的食品。

（一）主要设备

主要设备有糖衣机，胶体磨、保温锅，冷风机，烤箱等。

（二）配方

花生仁10kg，白糖粉40%，可可液块18%，卵磷脂0.4%，可可脂25%，香兰素适量，奶粉15%，虫胶适量，阿拉伯树胶适量。

（三）工艺流程

花生仁→选料→烘烤→分次涂巧克力酱→成圆→静置→抛光→包装
           ↑
  熔化→精磨→精炼→保温→巧克力酱
  ↑
可可脂 + 可可液块 + 全脂奶粉 + 糖粉

(四) 操作要点

1. 选择料与烘烤

选择颗粒饱满、大小均匀的花生，要严格挑选出霉变、发芽的花生、虫蛀的花生。用清水洗干净。然后放在105℃的烘箱中烤熟，一般烘烤1~2小时。要求熟果仁饱色白，无碎粒。

2. 巧克力酱料的制备

(1) 先将代可可脂加热熔化，熔化温度控制在42℃左右，然后加入可可液块、全脂奶粉、糖粉，搅拌均匀。酱料的温度控制在60℃以内。

(2) 溶化的巧克力酱料先经过精磨，再精炼，然后保温备用。

其中精磨时间为18~20小时，温度控制在40~50℃，酱料含水量不超过1%，平均细度达20μm。精炼时间为24~28小时，温度控制在46~50℃。在精炼将近结束前，添加香兰素和卵磷脂，然后最好再用胶体磨均质一次，置45℃左右的保温锅中保温备用。

3. 涂巧克力酱

将烤熟冷却至近31℃的花生仁按糖衣机生产量的1/3倒入锅内，开启糖衣机，然后用勺子将备用的巧克力酱料慢慢加入机内。每次加入量不宜太多，待第一次加入的巧克力酱料冷却、结晶后，再加入下一次料，如此反复循环，直至达到所需要的厚度(一般2~2.5mm)。花生仁与巧克力酱料重量比控制在1:1。

4. 成圆

继续转动糖衣机，使花生表面凹凸不平之处通过摩擦力作用达到修正，直至圆整为止。取出，静置数小时，以使外裹的巧克力更结实，内部结构更稳定。

5. 抛光

事先将阿拉伯树胶与水按2:5的比例混合均匀，备用；将虫胶与酒精按1:8的比例混合均匀，备用。

继续转动糖衣机，先慢慢倒入虫胶，然后再慢慢倒入阿拉伯树胶，到光球体外壳达到工艺要求的亮度时便可停机取出，包装。这期间要注意锅内温度不可太低，可开启热风，以加快上光剂的挥发。

(五) 质量标准

大小均匀，圆整，光亮，不发花，口感细腻。

(六) 注意事项

(1) 花生仁必须经过严格挑选，颗粒均匀，并且只要求烘烤到9~10成熟，这样才能使制品具有醇香味。注意：不能烤糊。

(2) 在涂巧克力酱的过程中，酱的温度应控制在31℃左右。酱料温度过高，会使巧克力酱变稀，不能裹在果仁上。温度过低，则巧克力酱易结块，也不能涂在果仁上，且涂层布均匀。因此一定要控制好酱料的温度。为防止温度过低，可在糖衣机下加一电炉,以提高温度。

(3)作为心子的花生仁要经过降温,达到一定温度时才能使用,即心子温度与巧克力酱温度要一致,否则会导致产品组织和外观质量的降低。

十一、绿衣花生

将绿色蔬菜打糊,与面粉等料掺和,然后裹花生的外表,烤制而成的第一种花生休闲食品。该产品表面有漂亮的绿色斑点,而且与其他花生产品相比,增加了蔬菜中的营养成分,使营养价值更高。

(一)配方

花生仁 400~500g,面粉 150~200g,淀粉 20~40g,精盐 3~6g,绿色蔬菜 300~600g,味精 0.2~0.5g,增稠剂 1~5g,蓬松粉 1~3g,蜂蜜 10~50。

(二)工艺流程

```
                固体混合料(面粉、淀粉、增稠剂、蓬松粉)
                            ↓
花生仁→清理、烘烤→挂衣→二次烘烤→二次挂衣→烘干→冷却→包装→成品
                    ↑                    ↑
绿色蔬菜→洗净→制菜糊→制混合液←精盐+味精        菜糊粉
```

(三)操作要点

(1)制蔬菜糊。将绿色蔬菜去除根蒂、腐叶、清洗干净。用开水漂烫后,置于打浆机中打成糊状。

(2)制菜糊粉。取总菜糊量的3/5,添加适量的面粉、淀粉、精盐、味精搅匀,在50~70℃条件下烘干制成蔬菜糊粉或冷冻干燥成蔬菜糊粉。

(3)制菜糊混合液。将剩余的菜糊、精盐、味精加适量的水,搅拌均匀,制成混合液。

(4)制固体混合料和蜂蜜水。剩余的面粉、淀粉同增稠剂、蓬松粉混合均匀,配制成固体混合料。将蜂蜜加5~10倍的水,配成蜜水。

(5)花生仁的清理、烘烤。将霉变、虫蛀、发芽、破瓣的花生仁清理出去,在100~130℃的温度下烘熟,去皮,冷却至室温。

(6)挂衣、二次烘烤。将烘烤成熟的脱皮花生放入糖衣机,边旋转边交替撒入混合液和固体混合料,经反复操作至固体混合料基本均匀分布在每粒花生仁上,然后取出,进行二次烘烤(或短时油炸),冷却。

(7)二次挂衣、烘干。将烘熟的绿衣花生再次置入糖衣机中,边转动边撒入蜂蜜水及菜糊粉,使菜糊粉均匀粘满花生,然后置于50~70℃条件下烘干,室温冷却,密封包装。

十二、椒盐花生米

(一)配方

花生米10kg,茴香20g,精盐300g,桂皮30g。

(二) 工艺流程

生花生→清洗
↓
辅料→溶化→浸泡花生米→沥干→炒制→成品

(三) 操作要点

(1) 原料选择与清洗。将花生米过筛分档，剔除破碎、霉烂、发芽的颗粒。然后放入 70~80℃ 热水中浸泡 1 分钟，边泡边搅拌，皮泡起后捞起。

(2) 辅料溶化、浸泡花生米。将精盐、茴香、桂皮烧煮成汤，倒入洗净的花生米内，静置 4 小时左右，使之渗入花生米内。

(3) 炒制。将已经浸泡入味的花生米捞出、沥干水，备用。将干净白砂入锅，加热，炒至 50~60℃ 时投入花生米，用旺火翻炒，当发出噼啪声时，再用小火炒 6 分钟，即可出锅。

(四) 注意事项

(1) 浸泡时间不宜过长，水温不宜过高。
(2) 炒制时，白砂投入量与花生比为 2:1，白砂应经常更换。
(3) 花生米宜完全冷却后包装入箱，否则易变质有哈喇味。

十三、奶油花生片

(一) 配方

花生仁 2kg，香兰素 10g，面粉 0.75kg，色拉油 0.2kg，(涂盘用)，白脱油 0.75kg，面粉 0.4kg，(涂盘用)，白砂糖 3.5kg。

(二) 工艺流程

白面 + 白砂糖 + 香兰素　白脱油
　　　　↓　　　　　　　↓
花生仁→切粒→拌和→搅拌成糊→挤糊→烘烤→成品

(三) 操作要点

(1) 原料预处理。挑拣颗粒饱满的花生，洗净，用滚刀碾碎成绿豆大小的碎粒。注意：碾碎的豆粒不能过大，以免挤糊时堵塞裱头；也不能斩成碎末，以免影响成品透明度。

(2) 制糊。将面粉、白砂糖、香兰素和碎花生倒入铜锅，用木流板稍加拌和，然后倒入温热的奶油和适量热水调制成糊。热水温度为 35℃ 左右。

(3) 挤糊。铁盘用布擦净，涂抹一层薄油，再撒些面粉，然后将花生糊装入角袋 (用大号平裱头)，左手捏住袋口，右手捏在离裱头约 7cm 处，将糊逐一挤入铁盘，坯子直径约 1.5cm (大小可调整)，间隔距离要大一些，约为 3cm。

(4) 烘烤。将生坯入炉，炉温不宜过高，为 170~180℃。由于油、糖受热溶化，生坯向四处流淌，自然摊成薄片。当花生片周边呈棕黄色即可出炉。出炉后稍等片刻，趁花生片还热、未发硬，立即用油灰刀逐一铲离铁盘。注意：一定要趁热将奶油花生片铲离铁盘，否则若等它冷透后铲，则会造成大量碎片。

（四）质量要求

色泽由中间的玉牙色逐步过渡到周边的棕黄色，片圆而薄，半透明，松脆香甜，奶油花生味浓。

十四、五香花生米

（一）配方

花生米 1kg，五香粉 25g，食盐 60g，白糖 25g，水适量。

（二）工艺流程

辅料→溶化→浸泡花生米→沥干→炒制→成品

（三）操作要点

1. 浸泡花生米

将食盐、糖、五香粉放入盆中，加入适量开水搅拌溶解（加水量以能浸没花生为准），倒入挑选洗干净的花生米，加盖浸渍 2 小时，取出沥净水分。

2. 炒制

先取洁净的河沙，放入铁锅中炒至发热，再加入沥干的花生米，不断用铁铲翻炒，炒至花生米转为黄色，并发出爆裂声后，改用小火炒片刻至花生米酥脆，端锅离火，筛出花生米即可。

（四）注意事项

(1)浸泡时间不宜过长，否则花生米会胀开，炒后香味差，不易炒熟、晾干。

(2)所用砂粒一定要过筛用水洗净，否则小矿粒易粘在花生米上，风味不佳。

(3)所用花生米须颗粒饱满、大小均匀，颜色一致，且必须清除杂质及霉粒、破损粒。

(4)洗净、浸泡过的花生米炒前一定要晾干，炒的过程中要不断搅动，使花生米均匀受热，避免里生外焦或炒焦发黑的现象发生。

十五、奶油花生米

（一）配方

花生米 10kg，五香粉 200g，食盐 300g，奶油 200g，糖精 10g，热开水 3kg。

（二）工艺流程

辅料→溶化→浸泡花生米→沥干→炒制→成品

(三) 操作要点

(1) 选料、水焯。选择颗粒饱、大小基本均匀、表皮齐全的花生作原料，洗净花生洁净。将洗净的花生米放在沸水中浸一下马上捞起，放入缸中。

(2) 辅料溶化。将食盐、糖精、五香粉、奶油等，倒入热开水中溶化，搅拌均匀。然后倒入花生米缸中，搅拌均匀，用布盖好，浸泡40分钟，取出，沥净水，稍晾干待用。

(3) 炒制。将清洁黄砂入锅炒热，再倒进花生米不停地翻炒，直到噼噼作响，取出几粒花生米，如果用手轻易能捻下皮，花生米肉呈象牙色，吹晾以后，用牙咬时感到发脆，即可起锅，筛去黄砂，冷却即成。

第三节 核桃类休闲食品加工

核桃，落叶乔木，原产于近东地区，又称胡桃、羌桃，与扁桃、腰果、榛子并称为世界著名的"四大干果"，被誉为"万岁子""长寿果"。核桃营养丰富，含有丰富的蛋白质、脂肪、矿物质和维生素。每100g中含蛋白质15.4g，脂肪63g，碳水化合物10.7g，钙108mg，磷329mg，铁3.2mg，硫胺素0.32mg，核黄素0.11mg，尼克酸1.0mg。脂肪中含亚油酸、磷脂多，此外，还含有丰富的维生素B、E。多吃核桃能滋养脑细胞，增强脑功能；防止动脉硬化，降低胆固醇；有润肌肤、乌须发的作用，可以令皮肤滋润光滑，富于弹性；核桃还可用于治疗非胰岛素依赖型糖尿病，对癌症患者还有镇痛，提升白细胞及保护肝脏等作用。

一、甜核桃仁

(一) 配方

核桃仁10kg，糖粉2kg，食盐粉（过70目）24g。

(二) 工艺流程

原料→筛选→水煮→速冷→甩水→油炸→甩油→晾冷→撞皮→挑选→蘸油→拌糖→分选→装罐→密封→检查→杀菌→冷却

(三) 操作要点

(1) 备料。挑选优质、无哈喇味的核桃仁，并按大小分选放在干燥、洁净的地方。

(2) 水煮、速冷。将核桃放入双层锅内，每次50kg，沸水烫3~4分钟，待水再次沸腾后即可捞出，用流动清水冷却，并漂洗除去涩味。

(3) 甩水。沥干核桃仁水分，或用离心机甩水1~2分钟，使核桃仁含水量在10%左右。

(4) 油炸。控制油温150~160℃，将4~5kg核桃仁装入油炸筐内，置于油锅中进行油炸，炸制时间一般为2~4分钟。

(5) 甩油、晾冷。离心机内衬上布，将炸好的核桃仁倒入，趁热甩油30~50秒，然后倒入筛子上，吹风冷却。

(6) 撞皮。将冷却后的核桃仁放在撞皮机上，开机使皮衣脱落，时间 2~3 分钟。筛孔径为 0.6cm。

(7) 蘸油、拌糖。将挑选后的核桃仁放入拌糖机内，开动机器，加入少量花生油，按拌糖料配方将糖粉与食盐粉混合均匀，再撒在核桃仁上，拌匀，最后筛去多余未粘附的糖盐粉。

(8) 包装。将以上得到的核桃仁分拣后装罐即得成品。

二、琥珀核桃仁

(一) 配方

核桃仁 70kg，白砂糖 50kg，液体葡萄糖 5kg，蜂蜜 2kg，柠檬酸 30g，NaOH 少量。

(二) 工艺流程

原料选择→去皮→上糖→炸制→甩油→包装

(三) 操作要点

(1) 选料、去皮。挑选优质、无哈喇味、无虫蛀的核桃仁为原料。配置 150kg 0.4%~0.8% 的 NaOH 溶液，将所选的核桃仁放入其中，加热使溶液升温至 50~70℃，浸泡核桃仁 15~20 分钟，即可去皮。然后用大量清水漂洗、浸泡去皮核桃仁，直至无异味。注意：采取碱液去皮之后，一定要将碱液漂洗干净。

(2) 上糖。按配方将砂糖、液体葡萄糖、蜂蜜、柠檬酸与 20kg 水混合、加热。待糖全部溶解后，放入核桃仁，并改用文火煮制 10~15 分钟。当糖液浓度达到 75% 以上时，出锅冷却到 30℃ 左右。可用糖度计测定糖液的浓度。

(3) 炸制。将植物油倒入油锅中加热至 140~150℃，放入核桃仁，油炸 1~2 分钟，呈琥珀黄色时出锅，立即用冷风稍冷却。

(4) 甩油。将炸好的核桃仁放入离心机中，甩油 2~3 分钟后，除去破碎、焦烂，合格品入袋，真空包装。

三、烤核桃仁

(一) 配方

核桃仁 80%，色拉油适量，玉米糖 20%，水适量。

(二) 工艺流程

原料→筛选→水煮→漂洗→涂糖→烘烤

(三) 操作要点

(1) 原料筛选、水煮。挑选优质、无哈喇味的核桃仁作原料。将清水放入蒸煮锅中，加热煮沸，然后加入核桃仁蒸煮 1 分钟。

(2) 漂洗。用热水漂洗核桃仁，以除去核桃中的涩味。

(3)涂糖。在大碗中用橡皮刮勺将玉米糖均匀涂抹在核桃仁上。
(4)烘烤。将色拉油放入深平底锅,加热至180℃。用长匙将核桃仁放于油锅中烘烤,即为成品。

四、果珍核桃仁

(一) 配方

核桃仁250g,果珍粉50g,白糖100g,花生油750g,麦芽糖50g,白醋少许。

(二) 工艺流程

核桃仁→沸水浸泡→去皮→温水洗净→捞出控水→油炸→捞出沥油→150g水煮沸→加白糖、麦芽糖→熬化→加果珍→搅匀→糖浆变浓→淋上白醋→放入核桃仁→拌匀→晾凉→成品

(三) 制作要点

(1)选料、去皮。挑选优质、无哈喇味、无虫蛀的核桃仁为原料。用沸水浸泡核桃仁后,用牙签挑去仁皮。然后再用温水洗净,捞出控水。

(2)油炸。将植物油倒入油锅中加热,放入核桃仁,用小火炸至金黄色,捞出沥油,备用。

(3)熬糖。按配方加入白糖、麦芽糖,加水150g煮沸,再加果珍,搅匀,待糖浆变浓时,加入少量白醋,搅匀,作为熬糖液。

(4)粘糖。将油炸的核桃仁放入熬制的糖液中,搅拌均匀,晾凉,即为成品。

五、多味核桃仁

(一) 配方

大料1%,豆蔻0.3%,桂皮0.3%,丁香0.2%,甘草0.3%,小茴香0.2%,花椒0.1%,食盐4%,水约93%,核桃适量。

(二) 工艺流程

选料→浸泡去涩→调味液浸泡→烘烤→成品包装

(三) 制作要点

(1)选料。选择新鲜、饱满、无病虫、大小和壳厚较为一致的核桃为加工原料,或用10%盐水漂洗选果,去掉空果及病虫果,然后风干备用。

(2)浸泡去涩。把选好的核桃用清水或淡盐水浸泡,清洗去涩,每天换水1次,3天后捞出,风干。

(3)调味液浸泡。调味液的配制方法:将上述各种调料按比例称取后混合均匀,用水煮沸1小时左右(注意增补损失的水分),其水溶液即为调味液。将去涩的核桃仁直接泡在调味液中,防止漂浮,每天搅拌2~3次,使其入味均匀,5天后捞出,沥干

水分。

(4)烘烤。将浸泡入味的核桃仁放在烤炉或烘烤房中烘烤,温度控制在75～80℃,防止温度过高产生焦煳现象。烤制过程中翻动2～3次,使其受热均匀,烤到核桃仁发脆,有浓郁香味为止。

(5)成品包装。冷却后按大小分级,然后以不同重量包装,封入塑料食品袋内,然后放低温通风处保存即可。

六、椒盐山核桃

(一) 配方

山核桃生坯10kg,细盐2kg,粗盐250g。

(二) 工艺流程

原料选择→初炒→浸盐→再炒→包装

(三) 制作要点

(1)选料。选用已成熟、核仁饱满的果实。晒干后用风车或筛子去掉杂草、树叶等杂质,脱涩。

(2)初炒。初次炒时,不用加砂,用旺火炒至山核桃壳缝合线自然张开,手摸山核桃感到烫手即可。

(3)浸盐。用细盐配制盐水,用盐量为山核桃重的18%左右(家庭炒制也可用此比例)。将炒热的山核桃浸在盐水里,使山核桃仁充分吸收盐分,然后捞出,沥去盐水。

(4)再炒。锅中加粗盐250g,将其炒热后立即倒进山核桃。先用旺火炒,当炒至山核桃表面水分全部挥发后,再用文火继续炒,至核桃呈象牙色就可起锅。炒制过程中,应不断翻动,以免生熟不均匀。

(5)包装。让炒熟的核桃自然冷却后,用铝皮箱或塑料薄膜食品袋包装密封,家庭少量储存时,可使用瓷器或玻璃瓶。

(四) 质量标准及注意事项

成品表面微带白色盐霜,100kg生坯炒熟后不少于95kg,脱仁容易,核仁饱满,食之香、脆、略带咸味,回味绝佳。

注意事项:炒制过程中也可以不加食盐和浸盐水,使其具有山核桃原有的风味。

七、核桃软糖

(一) 产品配方

核桃仁15kg,淀粉50kg,葡萄糖15kg,枣泥3.5kg,白砂糖10kg,棕榈油2kg。

(二) 工艺流程

水、砂糖、葡萄糖→加热溶化→过滤→配料熬制→混合→冷却→压片→切块→包装→成品

(三) 操作要点

(1) 变性淀粉乳的制备。将 50kg 淀粉与等量水充分混合。再加 4900mL 28% 食用盐酸酸水解 2~2.5 小时,然后用纯碱中和,调 pH 为 5~5.4 即得到变性淀粉乳。盐酸酸水解时需要回流装置。

(2) 配料熬制。将 12kg 水、10kg 白砂糖、15kg 葡萄糖混合加热、溶化、过滤,再加 3.5kg 枣泥、8kg 制备的变性淀粉乳、2kg 棕榈油充分混合,加热至 112~115℃ 离火。

(3) 混合。将 15kg 核桃仁在 125~130℃ 烘箱中烘干,与熬至的上述混合料混合搅匀。

(4) 成型。搅匀后的混合料倒在冷却台上冷却,用压片机压片成型,切块,包装。

八、桂花核桃糖

产品酥脆、香甜、醇厚、甘爽,能和中润肠,益肺补体,有突出的核桃仁和桂花的香味,是营养丰富并具有强身功效的美味食品。

(一) 主要设备

煮锅,油炸锅,离心机,冷却台。

(二) 配方

核桃仁 22.5kg,水 5.6kg,白砂糖 22.5kg,香兰素 0.04kg,饴糖 6.5kg,猪油 2.5kg,糖桂花 0.5kg。

(三) 工艺流程

桃仁→去涩→糖煮→油炸→甩干→冷却→成品

(四) 操作要点

(1) 原料处理。选取无生虫、走油现象和霉败味的核桃仁,剔除黑皮、铁皮及杂质,将整个核桃仁分为 4 瓣,成品每颗含 1 瓣。

(2) 灌水脱涩。将核桃仁投入 90℃ 热水锅中,并不断搅拌,以脱去涩味,灌水 1 分钟后捞出沥干。

(3) 油酥。将猪油 2kg 放入锅中,加热烧至 170~180℃ 左右,将桃仁放入锅内油炸 4~5 分钟,炸至核桃仁酥脆即可捞出沥油。

(4) 熬糖。按配方将白砂糖和水一起放入锅中加热煮沸使糖溶化,然后加入饴糖,充分溶化后过 100 目筛,加入剩下的猪油继续熬煮,边熬边搅拌,当温度达 140℃ 即可。

(5) 拌料成型。糖离火后,立即将核桃仁、糖桂花、香兰素倒入锅中,迅速搅拌均匀。然后按每颗成品桃仁 1 颗,迅速分颗成型。

(6) 冷却包装。成型后的桃仁自然冷却后立即按要求包装即为成品。

(五) 注意事项

油炸时应注意适当铲拌,避免焦糊。要控制好炸制的温度,不宜过高或过低,过高容易炸煳，过低则容易炸碎。

第四节　栗子、杏仁类休闲食品加工

栗子富含淀粉、蛋白质、脂肪、B族维生素、无机盐等多种营养成分，素有"干果之王"的美称，能防治高血压、冠心病、动脉硬化、骨质疏松等疾病，是抗衰老、延年益寿的滋补佳品。其中所含的核黄素（维生素 B_2），对小儿口舌生疮有辅助治疗的作用。中医认为栗子能补脾健胃、补肾强筋、活血止血，经常食用能强身愈病。

杏仁含有丰富的单不饱和脂肪酸，有益于心脏健康；含有维生素 E 等抗氧化物质，能预防疾病和早衰。杏仁中含蛋白质27%、脂肪53%、碳水化合物11%，每百克杏仁中含钙111毫克，磷385毫克，铁70毫克，还含有一定量的胡萝卜素，抗坏血酸及苦杏仁甙等。中医认为杏仁具有润肺、散寒、祛风、止泻、润燥之功能。它可以润肺清火、排毒养颜，对因肺燥引起的咳嗽有很好的疗效，能润泽肌肤，通利血络，杏仁中的杏仁甙是抑制肿瘤生长的良药。

一、糖炒栗子

（一）配方

板栗50%，食用油少量，细砂50%，饴糖数量。

（二）工艺流程

选料→炒制熟砂→砂炒栗子→成品

（三）操作要点

(1)选料。选取果实饱满、颗粒均匀、干燥、果壳老结的板栗。大小栗子应分开加工，以免炒制过程小出现小粒熟、大粒生或大粒熟、小粒焦的现象。

(2)炒制熟砂。将洁净的细砂过筛晒干倒入锅中，加入适量饴糖、食用油，加热炒成熟砂，备用。

(3)砂炒栗子。将熟砂炒热至烫手，再倒入栗子。按比例加入适量饴糖、食用油，连续上下左右翻炒，20~30分钟后用筛筛去砂粒即可。

二、椒盐杏仁

椒盐杏仁是采用饱满的大扁杏仁制成，咸脆酥香，含有丰富的蛋白质、脂肪、钙、磷、铁，营养价值较高，具有润肺止咳，缓和滋养的作用，是南味食品的名特产品之一。

（一）配方

甜杏仁500g，花椒盐30g。

（二）工艺流程

杏仁→挑选→煮沸→捞出→加花椒盐→拌匀→备干→烘烤→冷却→包装→成品

(三)操作要点

(1)杏仁选择。要求使用大扁杏仁,其中以九眉扁最佳,白玉扁次之,不得用苦杏仁,杏仁要求颗粒整齐饱满,不得有碎瓣或掉皮。

(2)煮沸。将铁锅注入清水置于火上烧开,倒入洗净的杏仁,煮沸5~10分钟,待杏仁皮能用手轻轻搓下时,即可离火捞出,沥净水分,放在容器里加盐。

(3)加花椒盐。边加盐边颠翻,使盐与杏仁拌均匀,然后用洁净的苦布盖上,放至次日烘烤,使盐浸入杏仁内。将花椒用旺火炒焦(无麻涩味),擀成细面与精盐拌匀后,再次上火翻炒2~3分钟。

(4)烘烤。把杏仁码放在铁盘内,摊放均匀,不得有几个杏仁摞在一起,以免出现烘烤不透或色泽不均的现象。烘烤温度120℃。

(5)包装。冷却后进行筛选包装。

(6)保管。①保持库房干燥,注意防潮以免使杏仁吸潮发软。相对湿度最好在70%以下。②夏季及秋初生产时包装应用塑料食品袋,以保持杏仁酥脆的良好质量。

(四)产品特点

色泽金黄美观,口味清香纯正,具有止咳润肺,美容养颜的功效,经常食用有益于健康。

三、杏仁糖

杏仁糖味甜而酥脆,有杏仁的清香味,白色糖皮上粘有点点的红玫瑰花瓣,十分美观,不仅营养价值高,而且还具有祛痰消咳的功能。

(一)产品配方

甜杏仁2.5kg,饴糖200g,白砂糖3kg,干玫瑰花20g。

(二)工艺流程

白糖→化开→熬糖
      ↓
杏仁→烘干→第一次拌糖→第二次拌糖→冷却→成品

(三)操作要点

(1)杏仁的选择与烘干。选择粒大饱满、无虫蛀、霉变的甜杏仁为原料。将选择的杏仁放入烘箱中烘烤至熟备用。也可用砂炒杏仁至熟。若用的是熟杏仁,则要烤至外皮稍烫手备粘糖用。注:杏仁不烫手则粘不上糖。

(2)熬糖。在杏仁烘制的同时,取白砂糖1.25kg,加清水250g放入锅中加热溶化后,再加入饴糖100g搅拌均匀,待糖液温度达到140℃时,即可离火。

(3)第一次拌糖。将烫手的杏仁随即倒入熬好的糖锅中,用铲子翻拌,一直翻到糖发砂时,倒在竹筐内,轻轻摇动几次,使粘了糖的杏仁不粘连什一起。

(4)第二次拌糖。取剩余的糖,加水250g,加热煮沸,再加入100g饴糖,加热。

待糖液温度达到135℃时，即可离火。将拌过第一次糖的杏仁倒入锅内，用铲子翻拌，速度要快，看到锅边上的糖起砂时，将干玫瑰花撒在糖上，继续用铲子翻拌，直到糖全部起砂后，立即倒入竹筐内，摊开冷却即为成品。

（四）质量标准

外形：颗粒均匀、无粘连结块。

色泽：纯白、玫瑰花散布均匀。

口味：甜香酥脆，有杏仁的清香味。

（五）注意事项

(1)熬糖时火候一定要掌握适度，不要过老，另外要不断搅拌，以免煳锅，影响制品口味和色泽。

(2)放玫瑰花的时间要掌握适时，过早裹得不均匀，过晚则不易粘在糖的表面。

第五节　其他坚果类休闲食品加工

一、腰果

（一）焦糖腰果酥

1. 配方

腰果120g，低筋面粉115g，黄油65g，细砂糖30g，鸡蛋15mL，焦糖酱50g。

2. 工艺流程

低筋面粉＋黄油→面糊→烘烤

↓

腰果→第一次烘烤→熟腰果→第二次烘烤→冷却→成品

↑

细砂糖＋水→焦糖酱

3. 操作要点

(1)焦糖酱的制作：奶锅内倒入125g细砂糖和25mL冷水，小火加热直到沸腾，持续煮沸至水分完全挥发，糖的颜色开始变成深琥珀色，此时立刻关火，并倒入60mL开水，用木勺充分搅拌均匀，冷却即成。

(2)黄油糊制作：黄油软化后，加入细砂糖，用打蛋器打发至蓬松状态，加入打散的鸡蛋，继续搅打均匀，成为黄油糊。

(3)面糊制作：将低筋面粉通过筛网筛入黄油米糊里，用橡皮刮刀翻拌均匀，拌到面粉全部湿润，与黄油糊充分混合，成为面糊。

(4)烤制面糊：将面糊铺在烤盘里，用手整型成厚约1cm的长方形饼底，将烤盘放入预热好的170℃的烤箱，烤20分钟左右，直到表面成微黄色。

(5)腰果裹上焦糖：腰果事先用烤箱烤熟，煮好焦糖酱，把焦糖酱倒入烤好的腰果里，拌匀，让每一颗腰果都裹上焦糖酱。

(6)第二次烘烤：烤箱里的饼干底烤好后，取出，均匀铺上裹上焦糖酱的腰果，重新放入烤箱，180℃烤10分钟左右，直到表面金黄色出炉，冷却后即为成品。

（二）怪味腰果酥

1. 配方

腰果500g，白糖700g，甜面酱15g，熟花椒粉15g，辣椒粉15g，玉米淀粉50g，盐少许。

2. 操作要点

(1)烘箱烤熟腰果。

(2)制作嫩糖浆：炒勺上火，放入白糖和适量水，投入甜面酱、辣椒粉和少许盐，制成嫩糖浆。

(3)把烤熟的腰果加入糖浆，翻拌均匀，随时加入玉米淀粉，再搅拌，待糖浆黏稠时，加入熟花椒粉，拌匀，倒出，晾凉即可。

二、开心果

（一）五香开心果

1. 配方

开心果1.5kg，精盐100g，回香籽10g，桂皮5g，甘草5g，丁香、花椒各3g，八角、山柰各2g，生石灰150g。

2. 操作要点

将生石灰块加水2kg，石灰块溶化后除去灰渣，放入果仁搅拌，并在石灰水中浸泡5小时，捞出，用清水洗净果仁上的薪质。将香料用纱布包好，放入开水锅内，倒入果仁，用大火煮30分钟，加入精盐，改用小火煮60分钟，离火，连汁带果仁浸渍1小时。然后将果仁倒出滤干，并洒少量麻油，入烤箱烘干即成。

（二）椒盐开心果

1. 工艺流程

开心果仁→挑选→煮沸→捞出→加精盐→拌匀→备干→烘烤→冷却→包装→成品

2. 操作要点

将果仁用开水煮沸后，捞出，加适量精盐翻拌均匀，用洁净苫布盖上，放至次日，使精盐浸入果仁内。把果仁码放在盘内，摊放均匀。不得有几个果仁粘在一起，以免出现烘烤不透或色泽不匀的现象。用烤炉烘烤，烤至成熟但无焦糊感即可，冷却后筛选包装。

3. 注意事项

保持库房干燥,以免果仁吸潮发软,空气相对湿度最好保持在70%以下。夏季及秋初生产时包装应用塑料食品袋,以保持果仁酥脆。

三、松子

(一) 脆松糖

脆松糖是南味食品中的特色产品,属于中式硬糖。脆松糖的风味独特,清香酥脆,口味甜美,回味悠长,深受广大群众和外国友人的好评。脆松糖也是日本人喜爱的食品,是在用餐前常食用的休闲食品。

1. 配方

白砂糖46.5%,松子仁46.5%,葡萄糖6.5%,柠檬酸适量。

2. 工艺流程

松子→砸碎取仁→烘烤→去内皮→挑选
            ↓
白砂糖、水→化糖→加葡萄糖→过箩→熬糖→拌松子仁→冷却→出条→整形→切块→包装→成品
         ↑
       柠檬酸

3. 操作要点

(1)熬糖。先将砂糖和水放入锅内,加热煮沸后,加入葡萄糖和柠檬酸适量,熬至160℃左右(温度根据气候而定)。

(2)拌松子仁成型。将松子砸碎取仁,然后烘烤,去内皮,挑选出虫蛀、坏的松子。将熬制的糖液倒入冷却盆中,加入松子仁翻拌,送到案台上搓成条子,再用尺将条子压扁夹成长方条状,用刀切断成长方块形,经包装即成脆松糖。

4. 质量标准

(1)感官标准

色泽:淡黄色,有光泽。

外形:长扁圆形,表面光滑,松子仁分布均匀,无断裂现象。

滋味:香脆而甜,有松子的清香独特风味。

组织:硬脆。

(2)卫生标准

大肠菌群0/100g,杂菌<2000/g。

(3)理化标准

水分含量为1.9%,总还原糖12.14%。

（二）软松糖 I

1. 配方

砂糖15%，柠檬酸适量，饴糖34%，鲜干玫瑰花瓣少许，松子肉45%。

2. 工艺流程

柠檬酸
↓

白砂糖、水→化糖→加饴糖→煎熬→拌松仁→加玫瑰花→冷却→包装→成品

3. 操作要点

砂糖和水一起倒入锅内，加热煮沸后，加入饴糖和柠檬酸适量，煮至140℃左右（具体温度根据气温高低而定）。将预先烘得发烫的松子仁倒入锅内，用铲刀迅速搅拌均匀。拌到糖起砂时，将糖倒入筛中，将粘连结块的粒子拆开，略加整理即可。第二次，第三次煮法和拌法与第一次相同，随煮随拌，拌完即成。

4. 质量标准

水分含量为2.4%，总还原糖8.92%。

（三）软松糖 II

1. 配方

砂糖24%，淀粉2.1%，葡萄糖24%，松子仁42%，饴糖6.2%。

2. 工艺流程

饴糖
↓

白砂糖、水→熬煮→加淀粉→加葡萄糖→拌松仁→冷却→平糖→切块成型→包装→成品

3. 操作要点

把砂糖放入锅内，加水煮沸后即把事前用水调和的淀粉糊用筛滤入锅内，煮沸。然后再把葡萄糖和饴糖一并加入，用铲刀在锅内不断铲动，防止锅底的糖烧焦。烧到118℃左右（根据气温而定），将糖锅端下来，将松子仁倒入锅内搅拌，随后倒入冷却盒，冷却后将糖平整，使厚薄均匀，然后切块成型，包装即成。

4. 质量标准

水分含量为7.5%，总还原糖23.09%。

四、胡桃块

（一）配方

胡桃仁1kg，蛋白0.4~0.5kg，白砂糖1.5~1.7kg。

（二）工艺流程

胡桃＋白砂糖→炒制→装盘→烘烤成品

（三）操作要点

1. 炒制

挑选品质好，无发霉的胡桃为原料，除去桃隔膜和其他杂质，洗净，沥水，放在锅内，加入白砂糖、蛋白，置炉火上加热，用棒搅拌几下，搅至砂糖溶化即可离火。注：不宜多搅，否则易返砂。

2. 装盘

将铁盘刮净，涂一层猪油，再撒一薄层面粉，用锅铲将炒制的糖胡桃铲到铁盘上。

3. 烘烤

将铁盘置于炉温170℃的炉子上烘烤，待胡桃块呈棕色即可出炉。注意：炉温不宜过高，烘烤过程中要翻盘，以防烤焦，烤糊。

（四）质量标准

成品为不规则块状，表面棕黄有光泽，入口松而甜脆，有浓胡桃香味。

复习思考题

1. 坚果类休闲食品包括哪些种类？
2. 目前我国的大中型炒货企业主要采用哪两种工艺流程？它们有何特点？
3. 目前我国主要的瓜子原料有哪些？其特点是什么？
4. 瓜子的基本加工方法是什么？加工时应注意哪些问题？
5. 怎样生产鱼皮花生？
6. 怎样生产脆仁巧克力，绿衣花生？

第六章　果蔬类休闲食品

学海导航

1. 掌握青梅脯、蜜饯等糖渍类果蔬的加工方法及关键技术。
2. 掌握苹果、杧果脆片等干制果蔬的加工工艺及关键技术。
3. 熟悉果蔬类休闲食品加工常用的加工设备

　　古人有云："遍尝百果能成仙。"果品以艳丽多姿的形色，芬芳浓郁的果香，鲜美醇厚的滋味，丰富的维生素、矿物质，深得人们喜爱。以果品为原料制成的各类食品，都具有滋补强身的作用，可以说既是佳果又是良药。

　　近几年我国的水果生产逐年增产，水果生产已经成为发展农村经济的重要产业，果业的大发展带动了水果加工、储藏、运输等各业的发展，进一步促进农村经济的发展。目前我国水果的加工水平还有待进步，每年用于加工产品的原料仅占水果产量的20%左右，与世界发达国家水果加工量为50%~60%相比还有很大差距。为此，我国还需大力发展水果加工业。

第一节　果蔬糖渍类

　　果蔬糖制是以果蔬为原料，与糖或其他辅料配合加工而成。利用高糖防腐保藏作用制成果蔬糖制品，是我国古老的食品加工方法之一。果蔬糖制品具有高糖（蜜饯类）或高糖高酸（果酱类）的特点，有良好的保藏性和储运性，是储存果品蔬菜的一种有效方法。加工方法不同，产品色、香、味、形及组织均有不同程度的改变，从而丰富了食品的花色品种，满足社会各阶层的需要。糖制品加工是果蔬原料综合利用的重要途径之一。糖制品对原料的要求不严，除正品果蔬外，各种果蔬的级外品，各成熟度的自然落果,酸、涩、苦味果和野生果等,均可依其加工特性,加以合理利用,用作糖制,改善食用品质。通过综合加工,可充分利用果蔬的皮、肉、渣或残、次、落果,甚至不宜生食的橄榄和梅子,制成果脯、蜜饯、凉果和果酱。尤其值得重视的野生果实(如猕猴桃、野山楂、刺梨、毛桃等),可制成当今最受欢迎的无污染、无农药制品。

近年来,我国水果产量逐年提高,产量相对过剩,这为果脯蜜饯加工提供了充足而廉价的原料。糖制品生产工艺比较简单.投资少,见效快,极适于广大果产区和山区就地取材,就地加工,获取最大经济效益和社会效益。

一、青梅脯

青梅脯又称青梅,多掺入其他果脯之中,用于什锦果脯配色,也可用于糕点等食品的装饰材料。

青梅脯呈扁圆整形,色泽碧绿,含糖饱满,质地柔软。半透明,有弹性,口味酸甜。

(一)主要设备

大缸

(二)配方

鲜青杏 20kg,食盐 30kg,白砂糖 35kg,明矾 500kg,食用绿色素适量,亚硫酸氢钠 30kg。

(三)工艺流程

选料→清洗→腌制→去核→脱盐→浸渍→染色→煮制→整形→烘干→包装

(四)操作要点

(1)选料。制作青梅的青杏,需在已充分长成而仍为绿色时采摘,以个大肉厚为佳,核硬,成熟度为 5~6 成,变黄的则不适用。

(2)腌制。将青杏放入大缸中或水泥池中,一层杏一层盐,盐要撒均匀,下面少些,上面多些。然后浇入清水,使盐水将杏浸没,腌制 7~10 天即可。

(3)去核。捞出杏,用刀剖开去核,也可用木块将果肉压裂,去除果核。

(4)脱盐。把杏坯放入缸内,用清水浸泡约 12 小时,中间需换 3~4 次水,使杏坯基本无咸味。在最后一次换水时,每 50kg 杏加入亚硫酸氢钠 30g、明矾 500g。

(5)糖渍。捞出脱盐的杏,沥干水分,放入缸内,一层杏一层糖,每 50kg 杏加糖 35kg,糖渍 24 小时,使杏坯充分吸糖。

(6)糖煮。青杏质地比较坚实,一般采用多次糖煮法。将糖渍的杏与糖液一同入锅,煮沸 10 分钟,糖渍 24 小时,如此连续煮制 3~4 次,待杏坯呈半透明状时即可捞出,沥去糖液。为使制品色泽鲜艳光亮,第一次煮时可加入少量食用绿色素,也可用柠檬黄和靛蓝调色,并加入适量明矾,以促进着色。

(7)整形。将捞出的杏坯沥净糖液,用手逐一压扁,铺在烤盘上,入烘房烘烤。

(8)烘干。烘房温度控制在 55℃左右,烘烤 10 小时即可。

（五）质量标准

成品的水分含量为 16%~18%，含糖 60%~65%。

（六）注意事项

制品要求鲜绿、脆嫩。原料宜选鲜绿质脆、果形完整、果大核小的品种，于绿熟时采收。

二、李脯

李子的直径都在 2~5cm，表皮有紫红、青绿和黄色等，李子肉一般为黄色和红色，制成的李子脯有黄色、红色和褐色等。

（一）主要设备

大缸，煮锅。

（二）配方

鲜李 100kg，柠檬酸少量，白砂糖 95kg。

（三）工艺流程

选料→漂洗→预煮→糖渍→糖煮→干燥→成品

（四）操作要点

(1) 原料处理。选用九成熟的鲜果，用清水漂洗干净。

(2) 预煮。李子漂洗放进沸水中预煮 5 分钟，取出再用水漂洗至冷却。

(3) 糖渍。每 100kg 果实加砂糖 50kg，放入缸中，糖渍 1 天。

(4) 糖煮。将果实连同糖液一起倒入锅中，加入少许柠檬酸和剩余糖的 2/3，煮沸后重新入缸糖渍，2 天后再次入锅加热，并加入剩余的糖，再糖渍 2 天，经 3 次加热糖渍后，沥去多余的糖液。

(5) 干燥。将糖煮后的李坯送入烘干房，温度控制在 55℃左右，烘至不粘手为止。

（五）质量标准

成品的色泽美丽，呈透明的鲜黄色或红色，手摸不粘，食之酸甜适口，含总糖<65%。

三、海棠果脯

海棠果脯是用海棠果糖制而成，酸甜可口且具有较高的营养价值。

（一）主要设备

刺空机，干燥箱，炊具。

（二）配方

海棠果 50kg，柠檬酸 50g，食盐水 1.5%，0.2%~0.3% 亚硫酸氢钠，白糖适量。

(三) 工艺流程

原料→分选→清洗→刺孔→硫处理→糖制→干燥→修整→包装→成品

(四) 操作要点

(1) 原料要求。选用大小均匀、新鲜完整、成熟度 8 成、无病虫害的海棠果。

(2) 预处理。将海棠果漂洗干净后，剪短果柄，长度以 1～2mm 为宜。然后挖出花萼，用刺孔机或手工在果面上均匀刺孔，再浸入 1.5% 的食盐水中。

(3) 硫处理。果实用 0.2%～0.3% 的亚硫酸氢钠溶液浸泡 8 小时或用熏硫处理。

(4) 糖制。在锅内配制浓度为 55%～60% 的糖液 32～35kg，加入柠檬酸 50g。将糖液煮沸后倒入 50kg 海棠果加热至沸，维持 10 分钟，待果实变软时，浇入 55% 的糖液 3 千克。待糖液再沸腾时，按上述方法再浇入两次糖液。之后再沸腾时，分 3 次各在沸腾后 10 分钟左右加干白糖 2～3kg、浓糖液 1kg。最后根据煮制情况再加入 2～3 次白砂糖，每次 5～6kg。加完糖后，煮制 20kg 左右，糖液浓度达到 65% 以上时出锅。整个煮制过程约需 1.5 小时，出锅浸泡 24 小时，然后捞出沥干糖液进行干燥。

(5) 干燥。干燥温度 65℃ 左右，干燥时间 20 小时左右。干燥至手摸海棠脯表面不粘手时，含水量在 16%～18% 时即可。

(6) 修整、包装。干燥后的海棠果脯置于 25℃ 左右的室内回潮 24 小时，然后修整，去掉果脯表面的杂质、斑点及碎渣，挑出煮烂的、干瘪的和色泽不好的等不合格产品另行处理。合格品用包装材料和容器包装好后装箱入库。

(五) 质量要求

成品呈米黄色，色泽鲜艳明亮，颗粒均匀、整齐，浸糖饱满，无生心，不脱皮，不返砂，不流糖。具有原果风味，甜酸适宜，无杂味。总糖 65%～70%，水分 16%～18%。卫生指标符合国家食品卫生要求。

(六) 注意事项

海棠果成熟度要适宜，分次加糖，糖液浓度达到 65% 以上时出锅。

四、桑葚糖

桑葚糖是用营养价值丰富的桑葚经糖制浇花制成，成品色泽洁白，风味独特，深受人们喜爱。

(一) 主要设备

筛子，转桶，炊具

(二) 配方

白砂糖 10.5kg，大米花 0.4kg，白矾 1g，杨梅香精 5g，清水 5kg。

(三) 工艺流程

选料→熬糖→浇花→包装

(四) 操作要点

(1) 选料。大米花必须过筛子，筛出小花或杂质，留大花做原料。

(2) 熬糖。先舀清水 5kg、白砂糖 10.5kg 放入锅里加温熬糖，待糖质较浓，糖泡大小均匀，糖温达到 135℃ 左右，再放杨梅香精 5 克，下锅浇花。

(3) 浇花。先称大米花 0.4kg 放入转桶内，开动转机，随手将熬好的糖汁，一勺一勺地浇在大米花上，一般浇糖 5 分钟左右，使糖变砂，便可出成品——桑葚糖。随后出转桶，倒出冷却，用食品袋包装即为成品。

(五) 质量要求

色泽洁白，甜而易化，散落适口，有杨梅香味。

(六) 注意事项

大米花必须过筛子，糖汁要浇细而均匀。

五、蜜饯果桑

(一) 主要设备

洗盆，煮锅，果盘等。

(二) 配方

果桑，蔗糖

(三) 工艺流程

选料→清洗→糖渍→糖煮→上糖衣→包装→成品

(四) 操作要点

(1) 选料、清洗。选取成熟饱满、无病虫危害的果实做原料；用清水将其果皮表面污物充分清洗干净，沥干水分备用。

(2) 糖渍、糖煮。将沥干水分的果实用 50% 的砂糖溶液浸渍 24 小时；然后将糖渍果与糖液一并入锅糖煮，并加果重 35% 的砂糖拌匀，煮 15~20 分钟，待糖液温度达 110℃ 以上时起锅，沥去糖汁。

(3) 上糖衣、包装。将糖煮后的果实捞入果盘中，拌以 10% 的砂糖，使其均匀附于果实表面，形成一层白霜。然后用食品袋(盒)分装即成。

(五) 质量要求

色泽淡黄，甜酸可口；组织柔软；含糖量在 70% 左右；具果桑风味，无异味。

(六) 注意事项

原料成熟度要适宜，煮制时间要适当。

六、金樱子糖膏

(一) 主要设备

平面臼，煮锅，玻璃瓶。

(二) 配方

砂糖，香精适量。

(三) 工艺流程

选料→原料处理→破碎→清洗→煮料→调配→浓缩→成品

(四) 操作要点

(1)选料及原料处理。选择新鲜、成熟果实做原料，把果实用布袋包起来搓去果外刺毛。

(2)破碎、清洗。将果实放在平面臼内捣碎，筛去杂物，用清水洗净。

(3)煮料。将原料加水放入锅内煮1.5小时，滤出汁液，滤渣加水再煮一次，第二次滤汁与第一次滤汁合并作为浓缩用料液。

(4)调配。在料液中加入适量砂糖和香精调味。

(5)浓缩。将料液继续加热煎熬，至料液变红发黏，挑起成丝状胶汁时，取出冷却，用玻璃瓶分装即成。

(五) 质量要求

膏体浓稠，酸甜可口，具金樱子独特风味，无异味。

(六) 注意事项

选择新鲜、成熟果实做原料。

七、菱角酱

(一) 主要设备

胶体磨，打浆机，灭菌锅，炊具

(二) 配方

100kg菱果泥，0.15kg淀粉酶，白砂糖15kg，适量柠檬酸，桂花0.5kg。

(三) 工艺流程

原料清洗→去壳、去囊衣→浸泡→预煮→粉碎→酶解→调味→浓缩→装罐→封口→杀菌、冷却→成品

(四) 操作要点

(1)原料清洗。去壳前用流动水彻底冲洗壳外的杂质、污泥和微生物，并用0.1%高锰酸钾溶液浸泡消毒3~5分钟，再用流动水冲洗干净。

(2)去壳、去囊衣。用不锈钢刀破壳剥壳，将去壳后的菱果肉浸于1%食盐水或清水中护色。然后投入浓度为0.3%~0.4%，温度95℃左右的氢氧化钠溶液中浸泡1~2分钟，取出后一边搓动一边用流动水冲洗，至囊衣去除后，用流动水漂洗10分钟。

(3)浸泡。菱果肉:水=1:1.5，在水池内浸泡8小时左右，注意经常换水，以免发酵变质。

(4)预煮。菱果肉:水=1:1.5,在沸水中倒入菱果肉,保持微沸至菱果肉开裂,完全软烂为止。

(5)粉碎。煮烂的菱果肉用绞碎机或打浆机绞碎或打碎,再用胶体磨超微磨碎。

(6)酶解。100千克菱果泥加入0.15千克淀粉酶,调整pH6~6.5,在60~70℃下酶解30分钟。

(7)浓缩、装罐、封口。配方为菱肉浆100kg,白砂糖15kg,适量柠檬酸,桂花0.5kg。先溶化白砂糖、柠檬酸,过滤后,加入菱肉浆,浓缩至糖度35波美度,加入桂花,浓缩至终点糖度不低于40波美度,保持90℃左右装罐,在13.33~20千帕下封口。

(8)杀菌、冷却。在10~30分钟/100℃杀菌,冷却至38℃,擦去罐外水迹、油污,入库保湿。7天后检测合格者,贴标包装外销。

(五)质量要求

酱体呈乳白色,质地细腻稠密,香甜可口。

(六)注意事项

去壳、去囊衣过程注意护色,采用分段冷却。

八、糖蜜马蹄

(一)主要设备

煮锅,洗盆。

(二)配方

鲜马蹄25kg,白砂糖15kg。

(三)工艺流程

选料、洗涤→煮沸→浸泡→糖煮→冷却→成品

(四)操作要点

(1)选料、洗涤。选质地老、大小均匀、新鲜的大个马蹄为原料。将马蹄洗净,用刀削去外皮,随后放入清水中浸泡。

(2)煮沸浸泡。将马蹄倒入沸水中煮沸至熟,然后捞出倒入清水中浸泡6小时,沥干水分。

(3)糖煮。取一半白糖和15kg水一起加热溶解后,将马蹄倒入浸渍4小时。然后煮沸20分钟,浸渍4小时。最后将剩余白糖加入马蹄中一起煮沸,至糖液浓缩到滴入水中能结珠状时,即可将糖液滤出。

(4)冷却。在锅内不断迅速翻拌马蹄,使温度下降,水分蒸发,冷却至马蹄的外层渐渐结晶,即为成品。

(五)质量要求

成品色泽洁白,表面结晶呈霜状,肉质脆嫩,入口甜爽清香。

(六) 注意事项

选质地老、大小均匀、新鲜的大个马蹄为原料。

九、马蹄蜜饯

(一) 主要设备

铝锅,洗盆。

(二) 配方

马蹄 100kg,砂糖 15kg。

(三) 工艺流程

选料→清洗→去皮→烫煮→浸泡→糖渍→糖煮→冷却→包装

(四) 操作要点

(1)选料。选用含糖量高、组织较硬、新鲜及个体大小均匀的荸荠为原料。

(2)清洗。将选好的马蹄放入清水中浸泡 25 分钟左右,然后洗净皮上的泥沙及杂质,沥干备用。

(3)去皮。一般用手工刨去外皮。个体大的切成两半,随即投入清水中浸泡护色。

(4)烫煮。将削皮后的马蹄放入沸水中烫透,捞入清水中,浸泡 12 小时后,捞起沥干备用。

(5)糖渍。先将砂糖 15kg 加清水 35kg,加热溶解,再倒入浸泡过的马蹄 100kg,一起装入缸中糖渍,糖渍约 12 小时后捞出。沥出的糖液另加砂糖 10kg,加热煮沸 20 分钟,使糖溶解后,再趁热倒入盛有马蹄的缸内继续浸渍。然后按上法每隔 24 小时加糖一次,每次加糖 7.5kg,共加 4 次。

(6)糖煮。将糖渍过的马蹄连同糖液一起倒入铝锅内煮沸 10 分钟,加入 2.5kg 砂糖,并不断搅动,煮至糖液浓缩到滴入水中能结成团珠状时,即可起锅沥去糖液。

(7)冷却。将煮糖后的马蹄移入另一锅中冷却,不断迅速翻动,促进水分散发和冷却,冷却后即为成品。

(8)包装。用食品塑膜袋分袋密封,再装入硬纸箱中即可上市。

(五) 质量要求

成品色泽微黄、晶莹透明,味甜适口,含糖量约 70%。

(六) 注意事项

原料宜用含糖量高、组织较硬的,糖煮时间要合适。

十、白兰瓜脯

(一) 产品介绍

白兰瓜风味独特,气味芬芳,是广大消费者喜爱的水果。

(二) 配方

白兰瓜100kg,亚硫酸钠适量,白砂糖65kg,明矾、石灰适量。

(三) 工艺流程

选料→去皮→切分→硬化→硫处理→烫漂→糖渍→糖煮→晒干→成品

(四) 操作要点

(1) 选料。选成熟度适宜,肉厚质地稍硬,无虫害的脆瓜。

(2) 去皮。洗净、去外皮,切成两半,剔除籽、瓤后切成薄片。

(3) 硬化。用浓度为4%的石灰水浸泡4~6小时后,用清水漂洗16小时。

(4) 硫处理。用浓度为0.3%亚硫酸钠溶液浸泡6小时。

(5) 烫漂。将白兰瓜片放入煮沸的浓度为0.2%的明矾水中维持2~3分钟,捞出用冷水冷却。

(6) 糖渍。用瓜片重40%的糖粉浸渍瓜片,铺一层瓜片,放一层糖粉,层层码放,腌1天左右。

(7) 糖煮。采用一次煮成法,把瓜片加入煮沸的40%的糖液中,维持8~10分钟。然后加入干糖和适量转化糖液,使糖液浓度上升。继续上火煮制,使糖液浓缩至65%后停火,移入浸缸浸泡2d左右,即可捞出,沥干糖液。

(8) 烘干。将瓜片置于烘盘上,放入烘房,在60~70℃下烘20小时,即为成品。

(五) 质量标准

成品色泽鲜艳,晶莹柔软,口味纯正,香甜可口,有原瓜风味。

第二节 干制果蔬类

果蔬脆片是一种纯天然、采用现代化技术加工而成的安全、卫生、全新的休闲食品。它保持了新鲜水果原有的成分、营养和风味。口感纯香脆酥,不含任何添加剂(香精、色素、改良剂),具有低糖、低脂、低盐、高纤维素等特点,近年来流行于欧美、东南亚等地区。

果蔬脆片尤其是对特殊行业的从业者(军用、地矿、勘探、远航)而言,是较为理想的食品。目前国内已能生产出相关设备,这为我国果蔬脆片的发展提供了可靠的"硬件",也为果蔬资源的深加工开辟了新途径。

果蔬脆片的原料十分广泛,苹果、梨、杏、菠萝、花生仁、核桃、南瓜、冬瓜、木瓜、哈密瓜、甘薯、马铃薯、白薯、青椒、胡萝卜、山楂、红枣、杧果、青豆、蘑菇、莲藕等都适合生产,在我国果蔬脆片的消费量呈较好的上升态势,因此果蔬脆片在我国有极好的开发价值和发展前景。

20世纪90年代初,日本研制出低温真空油炸法生产果蔬脆片的技术,后从日本、中国台湾及香港引入内地。目前,果蔬脆片技术除低温真空油炸法外,还有加压减压膨化法、微波膨化法等。

低温真空油炸法利用速冻原理，使果蔬内部水分变成小冰晶体，然后采用真空油炸（所用油可为棕榈油、棉籽油等植物油），使果蔬的水分在真空状态下，经热油介质的热传导，从内部迅速蒸发，同时水分强烈的沸腾汽化，产生压强使组织膨胀，呈酥松状。

低温真空油炸法是在真空条件下油炸脱水，果蔬受热的温度低、时间短，能较好地保留原果蔬的成分、营养和风味。

微波膨化法是指由磁控管发出频率为300MHz～300GHz的超高频电波加热果蔬，果蔬在微波场作用下，内部的水分子高速振动并相互摩擦，产生大量的热，迅速汽化而脱水、同时细胞内部和细胞间的空气、水蒸气产生一定的压力，使果蔬膨化。

该法的特点是：微波干燥比普通干燥时间短，物料受热少；无论油料形状是否规则，都将得到均匀加热蒸发水分；产品膨化度好，营养损失（特别是维生素 C 的损失）最少，能耗低；反应灵敏，在开机 5 分钟后即可正常运转。其不足点是费用大，要有避免微波泄漏的安全防护措施，以防微波对人体器官产生伤害。

加压气流膨化法是将预干燥后的果蔬片，放入加压罐，对其进行加热，并通入压缩气体加压，当果蔬细胞内压力与罐内压力平衡后，突然降低罐内压力，利用此时果蔬内外压差，使水分发生急剧蒸发，制品在脱水的同时细胞膨胀，实现膨化。

加压减压膨化法的特点是：制品含油印任何添加剂，保留了原果蔬的成分、营养、风味，但能耗高。

一、苹果脆片

（一）产品介绍

苹果脆片是近年来开发的一种果蔬风味食品，它以新鲜苹果为原料，采用先进的真空低温油炸技术精制而成，由于其保持了原果品的色、香、味，并有松脆的口感、低脂肪、低热量、高纤维，富含维生素和多种矿物质、不含人工添加剂、携带方便、保存期长等特点，特别适合心脏病、糖尿病患者食用，同时也是偏食儿童及减肥者的最佳零食，更是居家、旅游、休闲必备的食品。

（二）主要设备

清洗去皮机，切片机，油水分离器，真空油炸机，脱油设备，调香设备

（三）工艺流程

原料→预处理→切片→护色→杀青→浸渍→速冻→真空油炸→脱油→调味→包装→成品

（四）操作要点

(1) 原料。以红玉苹果为佳，国光、鸡冠、金冠等也较好，选用成熟度适中的苹果，不可使用香蕉苹果(因其极易变软)，应除去霉烂和病虫害的苹果。

(2) 预处理。原料选用1% NaOH 液和0.1%～0.2%洗涤液在40℃浸泡10分钟然后清水冲洗。去果把、花萼，切为3mm 的均匀厚片。

(3)护色。将切好的果片及时浸在护色液中,护色液可选用食盐、柠檬酸,浓度分别为1%和0.1%。

(4)杀青。使苹果中的酶失去活性,若用漂烫的方式、则工艺参数为80~90℃、2~6分钟。杀青时间视果块组织密度而定,组织紧密者,刚杀青时间稍长,反之则时间短。但杀青时间不能太长,以免影响成品形态和果块固形物含量。

(5)浸渍。将果片浸在糖度为30%的糖浆中。

(6)真空油炸。将油锅先预热到110℃,然后将装有料层厚度为10mm左右果块的油炸筐放入油炸锅中,抽真空使真空度达0.095MPa时,将油炸筐浸入油中,并保持筐转动。此时油温为90~100℃,真空度由0.06MPa逐渐升至0.092MPa,维持25~30分钟,在此过程中、果片温度控制在50~60℃,并根据水分蒸发量调整加热温度。到油液面平稳时,将油炸筐提升离开油液,保持抽真空2分钟后出锅。

(7)脱油。真空状态下离心脱油,工艺参数:0.06Mpa、120r/min、2分钟。

(8)调味。可在连续调味机内进行,用0.1%柠檬酸、12%~15%糖液喷在脆片上增加风味。稍加烘干,冷至室温用PET/PP复合袋包装。

(五)质量标准

(1)感观指标。具有苹果色泽;片形平整、内部呈多孔组织;有原果实滋味,口感酥脆。

(2)理化指标。水分含量低于6%;脂肪含量低于12%;糖类含量高于65%;酸度(以苹果酸计)低于0.5%;酸价(以脂肪酸计)低于1.5;过氧比价(以脂肪酸计)低于0.25;砷含量低于0.5mg/kg;铅含量低于0.5mg/kg。

(3)微生物指标。黄曲霉素≤5μg/kg;细菌总数≤500个/克;大肠菌群≤30个/100克;霉菌≤50个/克;致病菌不得检出。

(六)注意事项

果蔬脆片生产过程中常见的质量问题有:产品变形;油出现暴沸;产品粘连;产品含油量高而酸败。

产品变形往往发生在油炸后,有的脆片出现卷曲变形和收缩变形。这是由于原料中干物质过少(不足2%),在油炸时水分大量蒸发,原料收缩不均匀所致。尤其是速冻后的果蔬,其分子间隙大,油炸后产品卷曲更为严重。

采用浸渍工序,可有效地防止卷曲变形,因为浸渍液具有高渗透压,果蔬内水分冻结后,浸渍物会滞留在果蔬片间隙内,增加固形物的含量,防止油炸时果蔬的卷曲变形。

油暴沸出现在油炸工序中,当油锅内真空度和油温度都较高时,会使水蒸气压大于锅内残存压力,产生暴沸,从而使大量的油跟随着水蒸气抽出来,造成不应有的损失。所以,在操作时,应采用逐步减压、缓慢升温的方法。即开始时,在较低真空度下,果蔬中的水分可大量蒸发排出,这时不必用过高的温度和真空度,随着原料中水分的减少,再逐步提高真空度和温度,以防暴沸产生。

产品粘连,是由于油炸时,果蔬片在油炸筐内码放过厚。因重力积压使果蔬片未被炸透,互相产生热粘连,形成上下层压力不同,导致果蔬片实际真空度不均匀。因此,一般料层厚度控制在10cm在行为宜。

另外,应使油炸筐能在锅内旋转,使油温强制循环,果蔬片得以搅动散开,受热均匀,干燥速率提高。

此外,脱油温度是影响制品含油量的一个重要因素。在保证制品不变焦、不变形的情况下,温度高脱油效果好。其原因是油黏度随温度升高而减小,使脱油变得容易,尤其是对速冻后的甘薯,效果最为明显。

二、杧果脆片

(一) 主要设备

干燥设备,如冷冻升华干燥器、微波严燥器或真空干燥器。

(二) 工艺流程

杧果→清洗→去皮、核,切片→漂烫→淋水冷却→淋硫→糖渍或盐渍→淋水冲洗→干燥→回潮、除湿→包装→成品

(三) 操作要点

(1)原料及预处理。选用质地细密、无霉烂和病虫害的成熟杧果。切成6mm厚的杧果片。

(2)漂烫、淋硫。漂烫的目的是防止果肉酶促褐变,同时使果科中细胞质质壁分离,利于干燥使水分逸出。漂烫的工艺参数为95~100℃、3~5分钟,然后迅速冷却,防止果块过度受热而组织软化。淋硫是为了护色,以防冷却干燥后的产品在储藏期间质量劣变。工艺参数一般为:0.25%~2%的亚硫酸盐或亚硫酸氢钠液,浸淋5分钟左右。

(3)糖渍或盐渍。为了除去果实中50%左右的水分,以缩短脱水时间,并减少果实受热、变色、变味的机会。糖渍法适合成熟杧果,糖浆浓度视杧果品种而定,一般为22~27°Bé。具体做法是:先用低度糖浆浸渍20小时左右,再换成高度糖浆浸渍数小时。盐渍法主要用于未成熟杧果或酸杧果,一般用2.5%~5%干盐腌渍。浸渍后,应用净水洗去果片表面的糖分或盐分,以利于脱水。

(4)脱水干燥。可用冷冻升华干燥、微波严燥、真空干燥。冷冻升华干燥是目前脱水干燥处理中最先进的技术,操作时将盛有果块的盘送入冷冻干燥箱后,首先在低温真空下预冻,然后抽真空,使固体水分升华。最后,加热排除果块中多余的水分,使制品达到要求。

真空干燥是在箱式真空干燥设备中进行,工艺参数为100 kPa、果块温度为60~65℃。特点是干燥质量好,成品色泽、风味与鲜果十分相近。

微波干燥适合于盐渍脱水后的果块。而糖渍后的果块中的糖,会因高温而褐变,降低成品品质,因此微波干燥不适于糖渍后的果块。

(5)回潮、除湿。让杧果脆片在室温下与空气中的水分平衡,稍微让其吸湿,以消

除干燥不均匀带来的质量问题，使果片各部分水分含量均匀一致。然后，再将吸湿后的制品送入真空干燥箱内，再行干燥，消除吸入的过多水分，得到符合工艺要求的苹果脆片。

（四）质量标准

具有苹果色泽；片形平整、内部呈多孔组织；有原果实滋味，口感酥脆。

黄曲霉素≤5μg/kg；细菌总数≤500 个/g；大肠菌群≤30 个/100g；霉菌≤50 个/g；致病菌不得检出。

三、大蒜脆片

（一）工艺流程

原料→预处理→漂洗→甩水(去浮水)→预干→脱水干燥→检选→包装→成品

（二）操作要点

（1）原料。蒜瓣完整、成熟，蒜头直径在4cm以上，水含量在70%以下，无病虫害和霉烂。

（2）预处理。用切蒂机或人工切蒂，分瓣，剥去蒜皮，除去残粒，然后漂洗、切片至1.5~1.8mm厚(切片机转速：80~100r/min)，在24小时内投入下道工序。

（3）漂洗。清水流动漂洗，除去碎残片及黏液。

（4）甩水。用离心机甩干蒜片表面的水分，缩短干燥时间。

（5）预干。甩净水的蒜片在自然环境中放凉，以进一步失水。

（6）脱水干燥。利用微波干燥，工艺参数为65℃，5~16分钟。为确保蒜片质量，应通过调整进料量和微波输出功率来严格控制温度，以防温度过高产生黄片、焦片。成品水分含量为4%~65%。

（7）检选。在分选室内分出正品与次品。正品片大、完整、厚薄均一、呈白色或乳白色；次品片小、微黄。见表6-1。

表6-1 蒜片干燥时间、温度与产品质量的关系

干燥温度(℃)	干燥时间(min)	色泽	水分含量(%)
61	10	微黄	5
61	11	淡黄	4.5
63	9	微黄	5
62	8	白色	6.5
64	11	黄色	4
65	6	乳白	4.5
70	6	褐色	4

(三) 质量标准

色泽：白或乳白。黄片、褐片、焦片均为次品。
组织及形状：片形厚度、大小均匀一致。
含水量：低于7%。
其他理化及微生物指标均符合国家食品卫生标准。

四、哈密瓜脆片

(一) 工艺流程

原料→预处理→硬化护色→杀酶→浸渍→真空油炸→脱油→冷却→包装→成品

(二) 操作要点

(1) 原料。七八成熟绿皮红肉的烟台红、伽师瓜或86号系列品种。

(2) 预处理与硬化护色。预处理包括：将新鲜哈密瓜削皮去籽或去瓤，切片戊4~5cm长、3~4mm厚的瓜片；采用饱和钙盐水的上清液，进行硬化护色处理，将瓜片置于饱和石灰乳上清液中3小时；然后用水漂净石灰味。

(3) 杀酶。将护色色后的瓜片进行漂烫，即置于90℃、1%的NaCl中5~6分钟，钝化酶，同时排除原料组织内的空气之后，及时捞出。

(4) 浸渍。浸渍液为食用糊精与CMC混合填充剂，该液具有高渗透压。浸渍工艺参数为真空度0.08 MPa、时间20分钟。

(5) 真空油炸。开始时油温90℃左右，真空度0.085 MPa，当温度为98~100℃、真空度为0.09 MPa时，油炸结束，历时约45分钟。

(6) 脱油。采用真空脱油，在真空状态下，利用离心力将瓜片中的油甩出。

(三) 产品质量标准

色泽：脆片内外红(黄)绿相间，或金黄色，色泽均匀。
组织形态：片形完整、厚薄大小均一，无杂质，无明显的缩变，组织酥脆蓬松。
口感：香甜可口，有浓郁的原果实风味。
理化指标：水分5%~6%；粗脂肪低于25%。
微生物指标：细菌总数<500个/g，大肠菌群<30个/100g，致病菌不得检出。

五、南枣干

(一) 产品介绍

南枣成品外观乌亮透红，纹理细致，长约4cm(约1寸)，故又名寸枣。上等南枣肉质坚实，肉色淡黄，食之甘美醇甜而软糯，为枣中珍品。南枣产区集中于浙江的义乌、金华、兰溪三县，尤以义乌为主。因南方多雨，都以日晒和烘烤相结合的方法干制而成。

(二) 工艺流程

原料→烫红→熟煮→烘晒

(三) 操作要点

(1) 原料。选用果大、肉厚，肉质致密，出干率高的品种。充分成熟、果皮全红的枣子，干制后的成品质量好，称为元红。未完全成熟、带白色的枣子，加工时要先经烫红处理，成品品质欠佳，叫作冲红。

(2) 烫红。用大锅烧水，至将沸时，把装在小竹箩里的枣子连箩带枣放入锅内浸烫片刻(1~2秒钟)，至枣色由白转深黄时捞起。倒入大竹箩中，每次小箩盛枣1~1.5kg。当大箩装满后，覆以草帘，保温2小时，再铺于晒床上暴晒半天，枣皮即可转红起皱。

(3) 熟煮。将全红枣与烫红枣分开，倒入沸水锅中，加盖急煮10~15分钟，并加搅动，煮熟的枣子用手搓揉，枣面会出现细密的皱纹，手指可捏到枣核。每次煮制以25~30千克为宜。煮枣的水可重复使用。

(4) 烘晒。将煮好的枣子铺于竹编烘盘上。每盘装枣50kg，先晒1天，烘1~2小时，约每隔15分钟翻耙一次，以免烘焦。接着再晒1天，再烘1次。然后连续日晒10余天，直至枣皮坚韧，枣仁离核。

六、樱桃干

(一) 产品介绍

樱桃在我国栽培较早，主要产区有山东烟台、青岛等地。樱桃富含铁、磷等元素，营养价值很高，性味甘温，有调中、益脾之功。对四肢瘫痪、风湿腰痛等症亦有效用。樱桃取汁贮之，小孩饮之有预防麻疹的功效。取樱桃不断摩擦冻疮处，可防冬季冻疮复发。

(二) 工艺流程

原料处理→沸碱漂洗→熏硫→烘干回软→分级包装→成品

(三) 操作要点

(1) 原料处理

要求选用无杂质、不破裂、不渗水、柄短核小、果粒大小较均匀、味甜、汁少的品种，去除霉烂、未成熟等不合格果。然后摘除果柄，装入篮子在水槽或盆内用流水冲洗2~3次，去除杂质。

(2) 沸碱漂洗

为了缩短干制时间，将樱桃放在0.2%~0.3%沸碱液中热烫片刻，然后在清水中充分漂洗除去碱液，放在篮子内5~10分钟，控净水分。

(3) 熏硫

将果实装入烘盘送进熏硫室，将硫黄置于钵中，加入木片等助燃，点燃关闭熏硫室的门，熏1小时左右。

(4) 烘干回软

将熏硫后的樱桃均匀地铺在烘盘上，送进烘房进行干燥。开始温度控制在60℃左右，待稍干时，将温度升至75~80℃，经8~12小时后取出，挑出未烘干的果实，放在另一烘盘上再次干燥。若天气晴朗也可以在阳光下暴晒至干。为达到果实内外水分平衡、质地柔软，应将樱桃干倒入木箱中，回软2~3天。

（四）质量标准

一级樱桃干呈暗红色，二级则为带淡红色彩的暗灰色。按级别用食品袋包装后再装入纸箱内。

七、山桃果干

（一）主要设备

不锈钢刀，煮锅。

（二）配方

山桃1t，硫黄3kg。

（三）工艺流程

选料→原料处理→热烫→熏硫→干燥→回软→包装

（四）操作要点

(1)选料。选择外观整齐、八九成熟的山桃，除去腐烂果及病虫害果。

(2)原料处理。先刷去果实表面的绒毛，然后用流动清水将果实冲洗干净。用不锈钢刀沿果实的缝合线对切两半，挖去果核。

(3)热烫、熏硫。将去核果坯放在沸水中漂烫5~10分钟，捞出沥干水分。将果坯排列在果盘里，切面向上，放入熏硫室熏硫4~6小时，每吨鲜果约需硫黄3kg。

(4)干燥。将熏硫后的果坯置烈日下暴晒，经常翻动以加速干燥，当晒至六七成干时，放在阴凉处回软2~3天，然后重新晾晒直至晒干，这时含水量应为15%~18%。

(5)回软。将晒干的果坯放在密闭的储藏室里静置20天左右，使果实内外水分均匀，质地柔软，即为成品桃干。

(6)包装。用食品袋或麻袋包装。

（五）质量要求

产品色泽较一致，肉质紧密，无虫蛀，无杂质，含水量为15%~18%。

（六）注意事项

原料要除去腐烂果及病虫害果，晒至六七成干时，放在阴凉处回软2~3天，成品果含水量应为15%~18%。

八、毛樱桃干

（一）主要设备

煮锅，烘烤箱。

（二）配方

毛樱桃1t，硫黄粉2~3kg。

（三）工艺流程

选料→原料处理→熏硫→烘干→回软→包装

（四）操作要点

(1) 选料。选用新鲜成熟、汁液较少的果实。

(2) 原料处理。摘除果柄后，用清水冲洗干净，去除杂质。然后将樱桃放在 0.2%~0.3% 沸碱液中热烫片刻，以利于快速干燥。浸碱后在清水中洗去碱液，沥干水分。

(3) 熏硫。将果实摆放在烘盘上，送上熏硫室熏硫 1 小时，每吨鲜果用硫黄粉 2~3kg。

(4) 烘干。硫熏后的樱桃送入烘房进行干燥，初始烘烤温度为 10~20℃。经 8~12 小时后取出，挑出未烘干的果实，再次烘烤。

(5) 回软。将烘干的樱桃干倒入木箱中，回软 2~3 天，使果实内外水分一致，质地柔软。

(6) 包装。按质量要求分级包装。

（五）质量要求

产品质地柔软，气味清香，无杂质，无虫蛀，无异味。

（六）注意事项

毛樱桃果实内外水分要一致，质地要柔软。

复习思考题

1. 什么是果蔬糖制品，它有何特点？
2. 怎样生产青梅脯？
3. 生产菱角酱的一般工艺流程及操作要点是什么？
4. 果蔬脆片的特点及生产过程中常见的质量问题有哪些？
5. 如何对苹果脆片进行干制？
6. 大蒜脆片的一般生产工艺流程是什么？

第七章 肉类休闲食品加工

> **学海导航**
>
> 1. 掌握以禽类、牛肉、猪肉、羊肉、兔肉等为原料的肉干、肉松、肉脯的加工方法及关键技术。
> 2. 掌握肉干、肉松及肉脯在加工工艺上的不同及各自的特点。
> 3. 熟悉肉类休闲食品常用的加工设备。

肉类休闲食品加工一般指以肉为主要原料,用其他调味料进行调味,经煮、浸、烘等加工工序而生产出的熟制品,如各种肉干、烤肉片、肉松等休闲食品。本章对目前常见的肉类休闲食品的加工原理、方法、注意事项等加以介绍。

第一节 禽肉类休闲食品

一、复合型鸡坯肉脯

复合型鸡肉脯除具有普通肌肉脯的特点外,还是一种有益于儿童生长发育、脾胃功能改善和中老年人抵抗衰老的营养功能食品。对预防中老年人动脉硬化、骨质疏松、降低血脂、防止肥胖等有一定的作用。

(一) 主要设备

绞肉机,腌制缸,远红外高温烘烤炉,搅拌机,压平机,切片机,真空包装机。

(二) 配方

鸡胚肉10%,兔肉50%,黄酒2%,胡椒粉0.5%,味精0.2%,亚硝酸钠0.015%,鸡肉20%,胡萝卜汁10%,白糖8%,淀粉3%,精盐2%,鹌鹑蛋3%,姜粉0.5%,大蒜汁0.3%,维生素C 0.05%。

(三) 工艺流程

原料选择→绞碎→配料、腌制→抹片→烘烤→压片→切片→烧烤→冷却→包装

(四) 操作要点

(1) 原料处理。将鸡、兔子进行处理，脱骨、去皮和皮下脂肪、筋膜等，洗去污垢后，按配方比例分别称重混合，加入绞肉机中绞碎。

(2) 配料腌制。先将胡萝卜汁、黄酒倒入搅拌机内，再加入绞碎的肉糜，搅拌几分钟，除淀粉、维生素C、亚硝酸钠和鹌鹑蛋液之外，其余调料均匀地加入，继续搅拌5~7分钟，至肉糜黏滑细腻为准，最后加入维生素C、亚硝酸钠，搅拌2~3分钟，移入腌制池，腌制40~60分钟。

(3) 抹片。将鹌鹑蛋液放入5kg凉开水内，调制淀粉乳，倒入搅拌机内，再放进腌制肉糜，搅拌7~10分钟，与淀粉乳混匀为止。抹片前将竹筛洗净晾干，表面刷上一层香油，将肉糜抹到竹筛之上，用抹刀打平整、光滑，厚度为2~3mm。

(4) 烘烤。烘烤前将烘箱温度调至90℃，再将抹片的竹筛放入。温度控制在85℃，烘烤15~20分钟，取出将凝片揭下，使其反面向上，再烘10~15分钟，将温度调至65℃，烘3~4小时，至含水量小于20%出烘箱。

(5) 压片。将烘烤的半成品进行压片，压片厚度控制在0.15cm左右。

(6) 切片、高温烘烤。将压片的半成品切成2cm×3cm片，送入150℃高温的烘箱中烧烤2~3分钟，至表面出油，颜色为黄色或棕红色、香味四逸即可。

(五) 注意事项

(1) 搅拌要控制温度不高于20℃，腌制温度应控制在7~10℃。

(2) 维生素C、亚硝酸钠应先用少量水溶化后倒入搅拌机内，充分混匀。

(3) 注意半成品的烘烤温度和时间，成品烘烤时间要根据温度结合肉脯颜色的变化进行确定。

二、美味鸡片酥

以鸡胸肉为原料，利用冷冻成型及二阶段油炸为主要工艺制成的美味鸡片酥，口感酥脆、清香味美、蛋白质含量高，是一种营养丰富的休闲食品。

(一) 主要设备

绞肉机，搅拌机，切片机，金属篮，油炸锅，脱油机。

(二) 配方

鸡胸肉100kg，$NaHCO_3$ 0.5~1kg，香辛料1kg，淀粉5~10kg，食盐1~2kg，水5kg，食油适量。

(三) 工艺流程

鸡胸肉→切片、绞碎→拌料→冷冻成型→切片→初炸→复炸→脱油→干燥→包装→成品

（四）操作要点

（1）原料处理。将鸡胸肉清洗干净切成小薄片后，再用绞肉机绞成肉泥，要求泥中无明显肉粒。

（2）拌料。将肉泥与各种辅料按比例加入搅拌机中，搅拌均匀，香辛料用少许水溶解后加入肉泥中。

（3）冷冻成型。将调好味的肉泥放入模具中挤压严密，然后用塑料纸将肉泥卷成直径为 5~10cm、长 20~30cm 的圆柱形，入冷库，在 -18℃ 下冷冻 24 小时，成型后取出。

（4）切片。将冷冻成型后的肉坯切成 1~1.5mm 薄片。

（5）油炸。采用二阶段炸制的工艺，把鱼片置于油炸锅中的金属篮中，在 130℃ 油锅中初炸 1~2 分钟，将筐取出，再在 150~160℃ 下进行第二次复炸 1~2 分钟。

（6）脱油、冷却、包装。将炸好的鸡片放入脱油机中脱油，待鸡片冷却后，再进行包装即得成品。

（五）注意事项

（1）添加 $NaHCO_3$ 可使产品外观呈蓬松状，但用量不能太多，否则产品口感苦涩。

（2）油炸时注意控制好油温和油炸时间，避免焦煳。

三、鸡肉虾条

鸡肉虾条是通过腌制、蒸煮、油炸等工艺制成的形似虾条的鸡肉制品，是一种低脂肪高蛋白的食品，具有营养滋补的功效，它克服了鸡大胸产品肉干味淡的缺点，成品味道纯正，入口香醇，味道鲜美、脆酥可口、具有明显的鸡肉味，色黄褐、晶莹剔透，是一种老少皆宜的休闲食品。

（一）主要设备

蒸煮锅，真空包装机，油炸锅，间歇杀菌机。

（二）配方

鸡胸肉、面包屑、植物油。

1. 腌制液（100kg 水中加入量）

花椒 1.42kg，桂皮 3.38kg，肉蔻 3.12kg，八角 1.725kg，白胡椒 1.20kg，小豆蔻 0.6kg，姜 2.74kg，大葱 7.88kg，盐 3.7kg，山梨酸钾 0.1kg。

2. 糊料

玉米淀粉 73kg，绵白糖 27kg，鸡精 3.5kg，大豆分离蛋白 15kg，水 40kg，姜粉 1.2kg，味精 2.5kg，盐 4.5kg，山梨酸钾 0.174kg。

（三）工艺流程

原料肉选择→腌制→蒸煮→手撕→裹糊→沾面包屑→油炸→冷却→真空包装→杀菌→成品

(四) 操作要点

(1) 原料肉选择。选用符合国家卫生要求的鸡胸肉,清洗干净。

(2) 腌制。按上述腌制液配方将各调料加入水中,煮沸 10 分钟,冷却后将鸡胸肉加入腌制液在较低的温度下进行腌制,腌制时间大概 12 小时左右。

(3) 蒸煮。用 100℃蒸汽蒸 8 分钟。冷却后手撕成宽 1~1.5cm,长为 3~5cm 的肉条。

(4) 裹糊、沾面包屑。按糊料配方将配料放入调料缸中充分搅匀配成糊料,把肉条投入缸中沾满糊料,然后迅速投入面包屑中,充分裹匀。

(5) 油炸、冷却。锅内加入适量的食用油并预先加热到 180℃,将肉条投入油中,中温油炸 1 分钟后,取出沥干油,冷至室温。

(6) 包装、杀菌。真空包装,真空度 0.05~0.06MPa。121℃下间歇杀菌 3 次,分别为 10 分钟、30 分钟、15 分钟,高压冷却。

(五) 注意事项

(1) 混合腌制要在较低的温度下进行,温度过高可能会使产品变质。

(2) 糊料要严格按照配方要求充分搅匀,否则会造成调味不均,影响口味;裹面包屑时动作要迅速,裹屑要均匀。

四、鸡肉松

鸡肉松以四川和浙江最为有名,产品特点是油质净、味清香、颜色白、丝长、纤维蓬松、富有弹性。营养丰富、易消化、食用方便。

(一) 主要设备

去毛机,蒸煮锅,炒锅,包装机。

(二) 配方

鸡肉 50kg,酱油 3kg,精盐 0.5kg,白糖 2kg,白酒 0.25kg,姜 0.25kg,肉蔻 0.1kg,胡椒 0.25kg,葱 0.25kg。

(三) 工艺流程

活鸡→宰杀→白条鸡→蒸煮→剔骨→配料→蒸煮→炒制→冷却→称量→包装

(四) 操作要点

(1) 原料整理。选用老鸡宰杀,去毛、去脚、去头和内脏,清水洗净。

(2) 煮肉、撇油。将干净的原料鸡放入锅中,先小火煮 15 分钟,撇去水面上的白沫和悬浮物,将生姜、肉蔻等辅料用纱布包好一并放入锅中,盖上锅盖并密封严密,先用大火煮沸,然后改用小火焖煮 3 小时。之后将鸡捞出去骨、去油筋和皮,将撕碎后的鸡肉再次投入到原汤中再煮,同时加入白糖、食盐、白酒、生姜等配料,撇去浮油和泡沫,继续煮制,直到将油沫撇净。当炒到六成干时将锅离火。

(3) 炒压。采用中等火力,用锅铲一边压散肉块,一边翻炒,以防糊底。

(4) 炒干、揉松。将炒压后的肉放于洁净的锅内用小火炒 1~2 小时,当肉丝干度适宜、颜色金黄时取出揉搓。

(5)冷却包装。最后冷却至室温后,按照规格称量,装入塑料袋,密封包装即可。

(五) 注意事项

(1)首次蒸煮时间不宜过长。配料后肉块需再次高温高压蒸煮,使肉丝容易从肉块中分离。

(2)仔鸡加工肉松时第一次蒸煮90~100℃,30分钟,高压蒸煮121℃,0.1MPa,30~40分钟。以种鸡肉为原料,则分别为90~100℃、1小时和121℃、40~60分钟。

(3)炒压时要控制活力,一边翻炒一边压块,连续翻炒以免粘锅炒糊。

(4)揉搓时用力要适度。

第二节 牛肉类休闲食品加工

一、西式风味牛肉干

牛肉是中国人的第二大肉类食品,仅次于猪肉,牛肉蛋白质含量高,脂肪含量低,味道鲜美,深受人们喜爱,享有"肉中骄子"的美称。牛肉干经过盐渍、蒸煮、烘干等十多道工序制成,含有人体所需的多种矿物质和氨基酸,既保持了牛肉耐咀嚼的风味,又久存不变质。口感香酥,味道鲜美无比,风味自然独特,男女老少皆宜。

(一) 主要设备

蒸煮锅、切片机,烤箱,浸渍缸,压片机,真空包装机,灭菌锅。

(二) 配方

冻牛肉100kg,香茅草10kg,盐4kg,鲜姜丝2kg,鲜小尖辣椒1kg,味精0.2kg,蒜3kg,葱10kg,小尖辣椒粉0.2kg,芫荽4kg。

(三) 工艺流程

牛肉解冻→分割→切块→漂洗→煮制→切坯→烘烤→调味→压片→烘烤→干燥→冷却→灭菌→包装→成品

(四) 操作要点

(1)原料预处理。冻牛肉在20℃以下水中解冻,时间为10~20小时,然后冲洗,剔去骨头、肌腱、脂肪、肌膜及杂物,再顺着肌纤维方向切为0.5kg左右的肉块,放入清水中漂洗至水无血色,捞出沥干。

(2)煮制。按配方把香料袋放入锅中煮沸10~15分钟,然后将肉块放入蒸煮锅内,加入适量水以淹没肉块为度,预煮1~1.5小时,捞出摊晾。

(3)切坯。按肌纤维走向横切成长薄片,一般长3~5cm、厚0.3~0.35cm,放入调味锅中,煮沸5~8分钟,捞出沥干。

(4)烘烤。将调味后的肉片装盘放入烤箱烘烤,10分钟后逐渐升温,最高不超过

130℃，烘烤30~40分钟，取出调味，浸泡15~20分钟，捞出沥干调味液。

（5）压片。在压片机上压制成0.25~0.3cm薄片，再送入烘箱内烘烤，反复3次浸调味液，3次烘烤脱水，2次压片至水分失去60%左右，取出切成2cm×3cm规格的肉片。

（6）烘干。将成型的肉片装入烘烤盘送进干燥室干至含水量12%~14%即可冷却、灭菌、抽真空包装。

（五）注意事项

烘烤温度不宜过高，并采取逐渐升温的方式，含水量控制在12%~14%，过高不利于保藏，过低影响口感。

二、牛肉干

牛肉干颜色呈红褐色或咖啡色，精肉呈桃红色，切面带光泽，香味芬芳，瘦而不柴，酥而不绵，咸淡适中，余味悠长，风味独特，营养丰富，久储不坏。其蛋白质含量高达65%~87%以上，为高蛋白低脂肪食品。能补脾益气，益五脏，养精血，强筋骨，素有"牛肉补气，功同黄芪"之说。

（一）主要设备

冷库，切片机，搅拌机，竹笪，铁锅。

（二）配方

新鲜牛肉40kg，精盐0.5kg，料酒0.5kg，白砂糖3kg，味精0.2kg，酱油1.5kg。调味粉（由八角、桂皮、花椒、胡椒、甘草、丁香、肉豆蔻、黄介子、五加皮、小茴香、砂仁、精盐等研磨成粉末状配制而成）0.4kg。

（三）工艺流程

牛肉→冷冻→切片→漂洗→拌料、腌制→摊筛→干燥→切坯、油炸→焖煮→包装→成品

（四）操作要点

（1）原料肉的处理。选用符合国家卫生要求的牛胸肉、肋肉、腰肉和后腿肉，剔除骨、筋腱、脂肪、淋巴，洗涤干净，置于冷库中，冰冻成硬块后，用切片机切成0.2~0.3cm厚的薄片，然后用清水漂洗，以除去血液。

（2）拌料、腌制。将漂洗净的牛肉片放入搅拌机中，加入各种调味料，搅拌均匀，低温下腌制0.5小时。

（3）干燥。在竹笪上刷上一层花生油，将已腌制好的牛肉片一片片平铺在上，曝晒至干。

（4）切坯、油炸。将牛肉片干切成7cm×3cm的长条片，投入花生油锅中炸至暗褐色半透明状，时间不超过1分钟。用漏勺捞出，滤去余油。

（5）焖煮。将8kg水、0.3kg糖、0.2kg调味粉放入锅内，加热煮沸，将炸好的牛肉

干10kg放入锅中，小火焖煮至水近干，约1小时。

(6) 包装。将牛肉干送入无菌室进行包装。

(五) 注意事项

(1) 油炸时要掌握好油温和油炸时间。

(2) 焖煮时要不断翻动肉坯，避免糊锅。

三、新型牛肉干

新型牛肉干咸甜适中，略带辣味，色泽红褐，香味浓郁，味道鲜美，营养丰富，食用方便。

(一) 主要设备

绞肉机，磨浆机，搅拌机，蒸煮锅，切肉机，冷库，烘烤箱。

(二) 配方

牛肉100kg，大豆糊40kg，酱油2kg，精盐3.5kg，黄酒1kg，白砂糖6kg，五香粉0.5kg，牛肉精粉1kg，洋葱粉0.25kg，咖喱粉0.5kg，姜粉0.2kg，辣粉0.2kg，白胡椒粉0.1kg，味精0.4kg，焦糖粉0.6kg，苯甲酸钠0.1kg，蛋清粉0.1kg。

(三) 工艺流程

牛肉→绞碎
↓
大豆→浸泡→磨碎→混合→加辅料搅拌→腌制→冷冻成型→切粒→一次干燥→二次干燥→包装→成品

(四) 操作要点

(1) 原料预处理。选用健康牛腿肉为原料，用绞肉机绞成肉馅；大豆挑选用清水洗净后浸泡约3小时，含水量在50%。然后用磨浆机磨成糊状，在100℃下常压煮1~2分钟。

(2) 混合。将肉馅、豆糊和各种调味料、香辛料按配方量添加入搅拌机中，拌匀后腌制2小时。

(3) 冷冻成型。将调味后的混合肉馅注入模具，挤压紧实，送入冷库，冷冻成型后取出，切成$1cm^3$的肉丁。

(4) 干制。将肉粒放入盘中，先用低温35~45℃烘3小时，然后再升温至60~80℃，继续烘烤3~4小时，烘至肉干含水量保持在10%~15%即可。

(五) 注意事项

(1) 大豆磨浆前要浸泡，浸泡时间以大豆含水量50%为准，便于磨浆，同时要蒸煮以除去豆腥味，否则将影响到产品的风味。

(2) 混合腌制过程要在较低的温度下进行，温度过高可能会使产品变质。

(3) 干制时要先低温烘干大部分水分，然后再用较高的温度。因为开始时温度过高可能会导致产品表面干枯形成不透水的薄膜,不利于水分蒸发。

四、真空低温油炸牛肉干

真空低温油炸技术是在减压状态下,实现在低温条件下对食品进行油炸脱水。真空油炸由于油温较低,能够较好地保持食品原有的色泽、形状和营养品质。在减压状态下脱水可使牛肉条形成多孔的海绵结构,产品酥脆可口、色泽鲜艳、营养丰富。

(一) 主要设备

蒸煮锅,接触式冷冻机、冷库、离心脱油装置、真空油炸罐。

(二) 配方

鲜牛肉100kg,食用油适量,盐1.5kg,酱油4.0kg,白糖1.5kg,黄酒0.5kg,葱1.0kg,姜0.5kg,味精0.1kg,辣椒粉2.0kg,花椒粉0.3kg,白芝麻粉0.3kg,五香粉0.1kg。

(三) 工艺流程

原料肉的处理→分割→清洗→预煮→切条→后熟(加调味料)→装盘冻结→解冻→真空油炸→脱油→冷却→包装→成品

(四) 操作要点

(1)原料肉的处理。选用符合国家卫生要求的新鲜牛肉为原料,去掉脂肪、筋膜、淋巴等,分切成500g左右的肉块,用清水冲洗干净。

(2)煮制。将肉块放入锅中,加水以淹没肉块为准。煮开后除去浮沫,使肉晶中心无血水为止,捞出冷却。

(3)切条、后熟。将肉块切成条状,放入按配方配好的汤料液中进行煮制至汤汁收干。

(4)冻结、解冻。煮成后的肉条取出沥干,装盘放入接触式冷冻机冷冻2小时,然后取出置于5~10℃环境下解冻6小时。

(5)真空油炸。将肉条送入带有筐式离心脱油装置的真空油炸罐内,关闭罐门,抽真空,向油罐内泵入120℃左右的植物油,泵入时间<2分钟,保持油温在125℃左右。油炸25分钟之后将物料在100r/分钟转速下离心脱油2分钟,控制牛肉干含油率小于13%取出肉干进行包装。

(五) 注意事项

(1)解冻时应在低于10℃环境下解冻,以免牛肉变质。
(2)油炸时要控制好油温在较低的状态(125℃左右)。

五、传统牛肉松

牛肉松是我国著名的特产,成品色泽红润呈棕黄色、酥松柔软、香气浓郁、滋味鲜美,形似猴毛、甜中带咸。具有营养丰富、味美可口、食后回味无穷、携带方便等特点。

(一) 主要设备

蒸煮锅,炒锅,烘箱,跳松机。

(二) 配方

牛肉 100kg,精盐 2kg,酱油 18kg,白糖 6kg,白面粉 3kg,花生油 1.5kg,黄酒 2kg,红曲 0.2kg,姜粉 0.3kg,味精 0.4kg,葱 1kg。

(三) 工艺流程

原料清洗、整理→煮制→加配料→炒松→绞碎→油炸→再炒制→烘烤→冷却→包装→成品

(四) 操作要点

(1) 原料肉的整理。选用符合国家卫生要求的新鲜牛肉为原料,去掉脂肪、筋膜、淋巴等,然后切成 2cm×2cm 大的小肉块,然后清洗干净。

(2) 煮制。锅内加入肉块等量的清水烧开,放入牛肉块,煮沸后撇去油沫,一定要撇干净;再加入红曲、姜粉、大葱、黄酒等辅料,改为文火焖煮,煮制的时间和加水量应根据肉质的老嫩决定,肉不能煮得过烂,煮至牛肉用筷子夹住稍加压力,肌纤维分散为止,时间大约 8 小时。

(3) 炒松。肉烂后改用小火,把酱油、白糖、精盐加入已煮烂的牛肉内用文火连续翻炒,边炒边压碎肉块,收干肉汤,并用小火炒压肉松至肌纤维松散时即可进行炒松。然后转入炒松机内继续炒至手捏肉时不冒浆,具有特殊的香味时即可结束炒松。

(4) 绞碎、油炸。将炒好的肉松坯加入绞肉机绞碎;在油锅内放入适量花生油,放入白面粉炸至金黄色时,再加入绞碎的牛肉和味精,翻炒 10 分钟左右,出锅晾凉。

(5) 烘烤。将过油的肉松放入烘箱内,烘烤 40 分钟左右,烘至肉松呈金黄色,有沙粒感时即可出炉,跳松,使肉松与肉粒分开。

(6) 包装。肉松出炉后自然冷却,温度降至 15~20℃后,就可以拣松,即将肉松中焦块、肉块、粉粒等拣出,用塑料袋包装即为成品。

(五) 注意事项

(1) 原料肉和辅料必须优质、新鲜、符合本产品原料要求。

(2) 肉料煮制的烂度,是影响产品组织状态的关键,严格控制肉、水比例及煮制火候和时间。

(3) 炒松是影响质量的关键,要定量、定时、定温规范操作,否则易出现次品。

六、新型牛肉松

新型牛肉松是在改变传统工艺的基础上添加 10% 的芸豆粉制成的一种大众化的肉制品,成品色泽金黄,味觉丰润,清香绵长,回甜溢口,口感、风味、组织状态俱佳。

(一) 主要设备

蒸煮锅,炒锅,搓松机,斩拌机。

（二）配方

牛肉100kg，白糖5kg，黄酒3kg，芸豆粉8kg，芝麻2kg，味精0.2kg，食盐1.2kg，食用油3kg，花椒0.3kg，八角0.2kg，茴香0.2kg，生姜1kg。

（三）工艺流程

原料处理→煮制→搓松→斩拌→炒松→冷却→包装→成品

（四）操作要点

(1)原料处理。选用符合国家卫生要求的新鲜牛肉为原料，剔除脂肪、筋膜、淋巴等，用清水冲洗干净，再放入锅内煮至肉中心没有血水后捞出，切成5cm×5cm方块。

(2)煮制。锅内加入肉块等量的清水烧开，放入牛肉块，煮沸后撇去油沫，一定要撇干净；再加入香辛料和黄酒等辅料，改为文火焖煮，煮制的时间和加水量应根据肉质的老嫩决定，肉不能煮得过烂，煮至牛肉用筷子夹住稍加压力，肌纤维分散为止。

(3)搓松。把煮好的牛肉放入搓松机内搓松，使牛肉肌纤维搓开成比较长的肉松坯。

(4)斩拌。用斩拌机把经过搓松后的肌纤维斩成细小的绒丝状。

(5)炒松。将肉松坯放入炒锅内，加入芸豆粉、白糖、油、盐、芝麻，用文火加热进行翻炒，炒至呈金黄色、香、酥、脆为止。

(6)包装。炒好的肉松按规格进行包装后即为成品。

（五）注意事项

(1)要选取新鲜的符合卫生标准的牛肉。

(2)肉料煮制的烂度，是影响产品组织状态的关键，严格控制肉、水比例及煮制火候和时间。

(3)炒松时要注意控制肉量的多少、油温的高低，否则会出现碎松、深色丝松；肉松颜色深浅不匀。所以炒松必须严格掌握好肉量、火力、时间、油温适度和出锅前肉色的准确、快速判断，决定出松时间。

七、金丝牛肉

金丝牛肉具有色泽金黄、油润有光泽、细如粉丝、长短整齐、松软酥香、入口化渣、回味悠长等特点。

（一）主要设备

蒸煮锅，油炸锅，烘箱，真空包装机。

（二）产品配方

牛肉100kg，食盐2.4kg，白糖2.4kg，花椒0.3kg，生姜0.9kg，金钩1kg，复合香辛料0.9kg，味精1.5kg，大曲酒1.1kg，橘饼1kg，冰糖0.9kg，固体酱油0.5kg，小磨香油2.5kg。

(三) 工艺流程

原料肉整理→煮制→制丝→油酥→烘烤→冷却→包装→成品

(四) 操作要点

(1) 原料肉整理。选用符合国家卫生要求的健康牛的后腿肉、小腿肉、里脊肉、腱子肉、腰部肉、腹部肉为原料。顺肌纤维将牛肉分割成符合要求的肉块，去掉全部皮下脂肪和外露脂肪，切掉筋腱、淋巴等，并保持牛肉的肌膜完整，于温水中漂洗除去血污。

(2) 煮制。锅内加入肉块等量的清水烧开，将漂洗干净的牛肉块放入锅中，按配方比例加入食盐、生姜等辅料，进行煮制，煮制的时间和加水量应根据肉质的老嫩决定，直到牛肉熟透出锅摊开晾至室温。

(3) 制丝。用手顺着肌肉纤维组织方向将煮熟后的牛肉撕成丝状。

(4) 油酥。油锅中加入适量色拉油，油温控制在120~140℃，将撕好的肉丝投入的油锅中进行油酥，并不断翻锅，加入复合香辛料粉和冰糖，待肉丝炸至红棕色，且相互之间不粘连时即可出锅。

(5) 烘烤。油酥过的肉丝再送入烤箱中烘烤，在烘烤后的肉丝中加入小磨香油，拌均匀即为成品。

(6) 包装。将成品肉丝装入复合薄膜袋中，抽真空后密封。

(五) 注意事项

(1) 要控制好煮制时间，其长短要根据肉质的老嫩来决定。

(2) 制丝时要用手顺着肌纤维的方向撕，不要用刀切，以免出现渣渣肉，肉丝的直径控制在1~1.5mm之间。

(3) 油酥时一定要控制油锅的温度在120~140℃，时间不宜过长，油酥的时间要根据肉丝的颜色，肉丝之间相互不粘连为准。

八、传统烧烤型牛肉脯

传统烧烤牛肉脯选用大块瘦肉，经冷冻切片、配料腌制、烘干及烤制等工艺加工而成。成品为长方形薄片，色泽深红、厚薄均匀、干爽香脆、香甜不腻。

(一) 主要设备

切片机，搅拌机，竹筛，远红外空心烘炉，压平机，真空包装机。

(二) 配方

牛肉100kg，食盐1.5kg，酱油5kg，白糖12kg，白酒2kg，味精0.3kg，生姜2kg，山梨酸钾0.1kg，维生素C 0.1kg。

(三) 工艺流程

原料选择整理→冷冻→切片→腌制→摊筛→烘干→烤制→冷却→包装→成品

(四) 操作要点

(1) 原料肉的选择和整理。选用符合卫生标准的牛后腿瘦肉，剔除牛肉中的筋腱、骨头、淋巴、脂肪等，顺肌纤维方向切成重约1kg的肉块，要求外形规则、无碎肉、无淤血，用清水洗净沥干。

(2) 冷冻。把整理好的牛肉块装入特制的肉模内移入冷库中冷冻，至肉块中心温度达到$-4 \sim -2$℃时出库。

(3) 切片。将牛肉从肉模中取出立即用切片机切片。注意要顺肌纤维方向切片，以保证成品不易破碎，切片厚度一般控制在$1 \sim 2$mm。

(4) 拌料腌制。先将配料称好、混合均匀，再加入切好的牛肉片。充分拌匀后放在不超过10℃的冷库中腌制2小时左右，以便调料渗入组织内部，同时使肉中盐溶性蛋白质溶出，以利于摊筛时肉片之间粘结。

(5) 摊筛。在竹筛上涂刷植物油，将腌制好的肉片平铺在竹筛上，肉片之间要靠紧，以便粘连形成大片。

(6) 烘干。摊筛后送入65℃左右的烘房中烘制6小时左右，使肉片烘干成坯。

(7) 烤制。将烘干的肉片移入烤盘中，放入远红外空心烘炉，用$200 \sim 220$℃左右温度烧烤$1 \sim 2$分钟，至表面红润、产生良好的香味、色泽深红为止即可出炉，趁热用压平机压平，再按规格切成12cm×8cm的长方块。其含水率为10%左右。

(8) 包装。将按规格切好的牛肉脯，装入复合食品塑料袋中，真空包装即为成品。

(五) 注意事项

(1) 原料肉和辅料必须优质、新鲜、符合本产品原料要求。

(2) 腌制时应放在不超过10℃的冷库中腌制，以便调料渗入组织内部，利于摊筛时肉片之间粘结。

(3) 烧烤结束后趁热用压平机压平，冷却后及时包装。

九、休闲牛肉棒

牛肉棒是以牛肉为主要原料，经过绞制、搅拌、灌装、悬挂、发酵、蒸煮、干燥等程序加工而成，产品通常被截成棒状。采用蒸制和烘烤工艺，没有经过水煮，营养成分损失较少，是一种高营养低脂肪的牛肉制品。产品特点：略有韧度，无坚硬感，风味浓厚可口，且综合风味良好。以其造型美观，食用方便以及它的多功能性与灵活性等特点在欧美一些发达国家广为盛行，这几年其产量在国外呈逐渐上升的趋势。

(一) 主要设备

绞肉机，搅拌机，灌装机，蒸煮锅，喷淋器。

(二) 配方(以100kg肉馅计)

牛肉75kg，猪肉20kg，食盐2.5kg，亚硝酸盐0.02kg，白糖0.7kg，混合香料1.5kg。

（三）工艺流程

原料处理→绞制→拌料搅拌→再绞制→再搅拌→灌装→干燥→烟熏→蒸煮→喷淋→包装

（四）操作要点

(1)原料处理、绞制。选用健康精瘦牛肉为原料，用绞肉机绞成(4~6mm 孔板)肉馅。

(2)拌料搅拌。按配方添加辅料与肉馅混合搅拌均匀，温度控制在4℃以下，于搅拌机内充分搅拌均匀。

(3)再绞制。将加辅料搅拌后的肉馅用 4~5mm 绞割机再进一步绞细。

(4)再搅拌。将绞制后的肉馅与酸味物质混合均匀。加入 GDL1.2% 或乳酸 1.0%，柠檬酸 0.5%，开动搅拌机迅速搅拌均匀。

(5)灌装、悬挂。将搅拌好的肉馅用真空灌装机灌入 14mm 或 16mm 口径的胶原蛋白肠衣内。然后间隔 4cm 悬挂起来，以保证较好的空气流通及烟熏效果。

(6)蒸煮或干燥。加酸产品，采用在烟熏炉内阶梯蒸汽蒸煮，使中心温度达到69℃即可。添加发酵菌种产品可采取：①在22℃下干燥 2~4 小时。②在 38℃、相对湿度 85%~95% 条件下干燥 12~14 小时，pH 达 5.0。③烟熏炉内采用阶梯蒸汽蒸煮至中心温度69℃。

(7)喷淋、包装。喷淋 3 分钟后，将产品在室温下悬挂 12 小时，最后进行包装即为成品。

（五）注意事项

(1)肉馅调制好后需尽快灌装，时间不超过30分钟。

(2)牛肉棒的灌装和悬挂要求非常严格，避免产生斑点及污点。有斑点及污点的牛肉棒是不会被消费者接受的。

(3)加工者必须严格控制加工过程中的 pH、水分活性及包装环节的卫生，以避免腐败微生物的污染，从而延长产品的货架期。

第三节 猪肉类休闲食品加工

一、太仓式猪肉松

太仓肉松创始于江苏省太仓县(今太仓市)，有 100 多年的历史，传统的太仓猪肉松是指猪肉经煮制、调味、炒松、干燥或加入食用动植物油炒制而成的肌纤维疏松成絮状或团粒状的干熟肉制品。产品呈金黄色，带有光泽，纤维成蓬松的絮状，滋味鲜美；营养丰富、易消化、食用方便。

（一）主要设备

夹层锅，滚筒式擦松机，跳松机，包装机。

（二）配方

猪瘦肉 100kg，食用盐 1.67kg，酱油 7kg，白糖 11.11kg，白酒 1kg，大茴 0.38kg，味精 0.17kg，生姜 0.28kg。

（三）工艺流程

原料的处理→配料→煮制→炒松→搓松→跳松→拣松→包装→成品

（四）操作要点

(1) 原料肉整理。选取经检验符合卫生要求的新鲜猪瘦肉，剔除皮、骨、脂肪、腱等结缔组织，将修整好的原料切成 1.0～1.5kg 的肉块，清洗干净。结缔组织的剔除一定要彻底，否则加热过程中胶原蛋白水解后，导致成品黏结成团块而不能呈良好的蓬松状。切块时尽可能避免切断肌纤维，以免成品中短绒过多。

(2) 煮制。将整理后的肉块投入在锅中，同时加入预先用纱布包好的香料，加入与肉等量的水加热煮制。煮制过程中应及时撇去汤汁中的污物及油膜，煮制的时间和加水量应根据肉质老嫩决定，以用筷子稍用力夹肉块时，肌纤维能分散为止。煮肉时间约为 3～4 小时。

(3) 炒压。肉煮烂后取出香料包，改用小火，加入酱油、酒，一边炒一边压碎肉块。然后加入白糖、味精，微火收干汤汁，继续炒压肉松至肌纤维松散时即可进行炒松。

(4) 炒松。控制好炒松时的火力，勤炒、勤翻，否则容易焦锅糊底，当汤汁全部收干后，用小火炒至肉落干，转入炒松机内继续炒至肉松颜色由灰棕色变为金黄色，具有特殊的香味，水分含量小于 20% 时即可结束。

(5) 擦松。利用滚筒式擦松机擦松，使肌纤维成绒丝状或棉絮状即可。

(6) 跳松。利用机器跳动，使肉松从跳松机上面跳出，而肉粒则从下面落出，使肉松与肉粒分开。

(7) 拣松。跳松后的肉松送入包装车间晾松，肉松凉透后便于拣松，即将肉松中焦块、肉块、粉粒等拣出。

(8) 包装。肉松吸水性很强，不宜散装，采用铝箔袋或复合透明彩印袋定量包装。

（五）注意事项

(1) 结缔组织的剔除一定要彻底，否则加热过程中胶原蛋白水解后，导致成品黏结成团块而不能呈良好的蓬松状。

(2) 切块时尽可能避免切断肌纤维，以免成品中短绒过多。

(3) 煮制时要尽量撇尽浮油和污物，若不撇尽浮油，则肉松不易炒干，成品容易氧化，储藏性能差而且炒松时易焦锅，成品颜色发黑。

(4) 肉松中由于糖较多，容易焦锅糊底，要注意掌握炒松时的火力。

二、台湾风味猪肉松

台湾风味猪肉松属福建式肉松，自成一格，成品特点是色泽褐红，酥脆松软，入口自溶，色香味形俱佳，颇受消费者欢迎。特别适宜老人、儿童食用。

（一）主要设备

蒸煮锅，搅拌机，专用拉丝机，炒松机，包装机。

（二）配方

瘦肉 100kg，谷物粉 14~16kg，芝麻 6~8kg，白糖 16~18kg，精盐 2.5~3kg，植物油 13kg，混合香料 0.15kg，味精 0.3kg，生姜 1kg，葱 1kg。

（三）工艺流程

原料整理→煮制→拌料→拉丝→炒松→油酥→冷却→包装

（四）操作要点

(1) 原料选择整理。选取经检验符合卫生要求的新鲜猪瘦肉，剔除皮、骨、脂肪、筋腱等结缔组织，将修整好的原料顺着肌纤维方向切成 1.0~1.5kg 的肉块，清洗干净。

(2) 煮制。将整理后的肉块投入在锅中，同时加入预先用纱布包好的香料，加入与肉等量的水加热煮制。煮沸后小火慢煮，以用筷子稍用力夹肉块时，肌纤维能分散为止，煮肉时间为 3~4 小时。

(3) 拌料。在汤尽未冷时，将配料中糖、盐、味精混匀加热溶化拌入肉料中边撒边翻动搅拌均匀，微火加热边拌和边收汤汁，冷却后将谷物粉均匀拌撒至肉粒中。

(4) 拉丝。用专用拉丝机将肉料拉成松散的丝绒状，拉丝的次数与肉煮制程度有关，一般 3~5 次。

(5) 炒松。将拉成丝的肉松加入已经预热的炒松机中自动翻炒，边炒边手工辅助翻动，炒至色呈浅黄色。

(6) 油酥。改用小火，向锅中撒入 150℃ 的热油，边撒边快速翻炒 5~10 分钟，至肉色泽呈橘黄色或棕红色、纤维成蓬松的团状为止，炒制时间一般 1~2 小时。

(7) 冷却与包装。出锅的肉松用复合透明袋或铝箔包装放入成品冷却间冷却。

（五）注意事项

(1) 煮制时要尽量撇尽浮油和污物，若不撇尽浮油，则肉松不易炒干，成品容易氧化，储藏性能差而且炒松时易焦锅，成品颜色发黑。

(2) 拉丝时要注意拉丝的次数，主要由肉的煮烂程度决定，否则会影响产品质量。

(3) 冷却间要求有排湿系统及良好的卫生状况，以减少二次污染。冷却后，立即包装，以防肉吸潮、回软，影响产品质量。

三、传统猪肉干

肉干是指瘦肉经预煮、切丁（条片）、调味、浸煮、干燥等工艺制成的干熟肉制品，按加工工艺不外乎两种：传统工艺和改进工艺。产品特点：烘干的猪肉干色泽酱褐泛黄，略带绒毛；炒干的肉干色泽淡黄，略带茸毛；油炸的肉干色泽红亮油润，外酥内韧，肉香浓郁。

（一）主要设备

蒸煮锅，远红外烘箱，电炒锅。

（二）配方（见表7-1）

表7-1 不同风味猪肉干主辅料配方　　单位：kg（鸡蛋除外）

味型 配方	五香猪肉干	咖喱猪肉干	麻辣猪肉干	果汁猪肉干
猪肉	100	100	100	100
精盐	2	3	3.5	2.5
酱油	2	3.1	4	0.37
白糖	8.25	12	2	10
味精	0.18	0.5	0.1	0.3
生姜	0.3	1	0.5	0.25
白酒	0.625	2	0.5	
五香粉	0.2			
咖喱粉		0.5		
葱		1		
混合香料			0.2	
胡椒粉			0.2	
海椒粉			1.5	
花椒粉			0.8	
菜油			5	
大茴香				0.19
果汁露				0.2
鸡蛋				10枚
葡萄糖				1
辣酱				0.38

（三）工艺流程

原料预处理→预煮→切胚→复煮→收汁→脱水干制→冷却→包装

(四) 操作要点

(1) 原料肉的选择和处理。选择符合国家卫生要求的鲜猪肉，剔除骨、筋腱、脂肪及肌膜后，再顺着肌纤维切成 0.5kg 左右的肉块，用清水浸泡 1 小时左右除去血水污物，沥干。

(2) 预煮。锅内加入清水煮沸，将肉块投入锅中，用水量以盖过肉面为原则。初煮时水温保持在 90℃ 以上，在煮制过程中要及时撇去汤面污物及油沫，预煮时一般不添加辅料，可以加肉重 1%~2% 的鲜姜，去除异味。初煮时间内部呈粉红色、无血水为宜，通常初煮 1 小时左右，捞出肉块沥干冷却备用，汤汁过滤待用。

(3) 切坯。根据产品的要求将肉块切成块、片、丁、条形肉坯，要求大小均匀一致。一般肉丁规格为 1cm×1cm×0.8cm，肉片为 2cm×2cm×0.3cm。

(4) 复煮。取预煮过滤汤汁的 30% 左右倒入锅中，按配方将块状辅料用纱布包裹一并放入锅中，然后加入其他辅料及肉坯。用大火煮制 30 分钟后减小火力，同时要适时翻锅，防止粘锅、色泽变黑，用小火煨 1~2 小时，待卤汁收干起锅。

(5) 脱水、干制。兔肉脱水法有 3 种：①烘干法。将复煮收汁后的肉坯铺在筛网或铁丝网上，送入放置烘房或远红外烘箱烘烤。前期控制在 60~70℃，后期可控制在 50℃ 左右，一般需要 5~6 小时，开始时每隔 20 分钟翻动一次，后期可 1 小时翻动一次和调换筛网位置，当含水量下降到 20% 以下即可。②炒干法。将复煮收汁后的肉坯放在原锅中文火加温，用锅铲不停翻动，炒至肉块表面微微出现蓬松绒毛时，即可出锅，冷却后即为成品。③油炸法。将肉切成条后，用 2/3 的辅料（其中白酒、白糖、味精后放）与肉条拌匀，腌渍 10~20 分钟后，投入 135~150℃ 的油锅进行油炸，油炸时要控制好肉坯量与油温的关系，如选用恒温油炸锅，成品质量易控制，炸到肉块呈微黄色后，用漏勺捞出滤去余油，将酒、白糖、味精和剩余的 1/3 辅料混入拌匀即可。

(6) 冷却包装。将干制后的肉干在清洁室内摊晾自然冷却，必要时可用机械排风，包装最好选用阻气、防湿性好的复合膜材料真空包装。

(五) 注意事项

(1) 复煮时先用大火煮制，后减小火力，同时要适时翻锅，防止粘锅、色泽变黑，最后用小火煨。

(2) 脱水干制时要注意火候，适时翻动。

(3) 冷却在清洁室内摊晾自然冷却，必要时可用机械排风，但不宜在冷库中冷却，否则易吸水防潮。

四、传统猪肉脯

传统猪肉脯是指瘦肉经冷冻、切片、调味、烤制等工艺制成的干、熟薄片型的肉制品。成品特点：肉脯色泽鲜艳、呈棕红色透明状、片形整齐、入口香脆、甜中微咸，越嚼越香，携带方便，瘦不塞牙，入口化渣。

（一）主要设备

冷库，切片机，腌制缸，远红外烘箱，压平机，切片机，包装机。

（二）配方

猪肉 100kg，食盐 2.5kg，硝酸钠 0.05kg，白糖 15kg，白酒 2.5kg，味精 0.3kg，白酱油 1kg，小苏打 0.01kg。

（三）工艺流程

原料处理→冷冻→切片→解冻→腌制→摊筛→烘烤→烧烤→压平→切片→包装→成品

（四）操作要点

(1) 原料处理。选用新鲜的猪肉，去掉脂肪、结缔组织，顺肌纤维切成 1kg 大小肉块。要求肉块外形规则，边缘整齐，无碎肉、淤血。

(2) 冷冻。将修割整齐的肉块装入模具内挤压成型，移入速冻冷库中冷冻。至肉块深层温度达 -4~-2℃ 为准，以便于切片。

(3) 切片。将冻结后的肉块放入切片机中切片或手工切片。切片时须顺肌肉纤维切片，以保证成品不易破碎。切片厚度一般控制在 1~2mm。但国外肉脯有向超薄型发展的趋势，一般在 0.2mm 左右。超薄肉脯透明度、柔软性、储藏性都很好，但加工技术难度较大，对原料肉及加工设备要求较高。

(4) 拌料、腌制。先将肉片解冻，按配方正确称取各种辅料，混合溶解后加入解冻后的肉片，充分翻拌均匀，在低于 10℃ 的环境中腌制 2 小时左右。以便调料渗入组织内部，同时使肉中盐溶性蛋白溶出，以利于烘烤时肉片之间粘结而成大片。

(5) 摊筛。在竹筛上涂刷食用植物油，将腌制好的肉片平摊在竹筛上，肉片之间要靠紧以便粘连成大片，晾干水分。

(6) 烘烤。将摊筛后的肉片送入远红外烘箱中脱水、熟化。其温度控制在 55~75℃，前期烘烤温度可稍高。肉片厚度为 2~3mm 时，烘烤时间为 2~3 小时。

(7) 烧烤。将烘干的半成品移入烤盘中，展开平放，放入远红外烘箱内，以 200~240℃ 左右温度烧烤 1~2 分钟，至表面油润、色泽深红为止。成品中含水量一般为 13%~16% 间为宜。

(8) 压平、切片、包装。烧烤结束后趁热用压平机压平，按包装规格要求切成一定的长方形，冷却后及时用塑料袋或复合包装袋真空包装。

（五）注意事项

(1) 加料腌制时应在低于 10℃ 环境下进行，以免兔肉变质。

(2) 切片时要顺肌纤维方向切成厚 2mm 左右的薄片，以保证成品不易破碎、具有一定的韧性，口感良好。

(3) 摊筛时肉片之间要靠紧以便粘连成大片。

五、猪肉肉糜脯

猪肉肉糜脯是由健康的猪瘦肉经斩拌腌制抹片，烘烤成熟的干薄型肉制品，成品肉质色泽均匀，呈棕红色且有光泽，无焦糊现象；有肉香味和烧烤味，味道醇厚，咸中微甜；组织紧密，表面平整，干湿度一致；口感良好、细腻、化渣、有回味。

（一）主要设备

搅拌机，斩拌机，烘房，远红外高温烘烤炉，压平机，包装机。

（二）配方

猪肉 100kg，白糖 10~12kg，鱼露 8kg，鸡蛋 3kg，白胡椒 0.2kg，味精 0.2kg，黄酒 1kg，维生素 C 0.05kg，亚硝酸钠 0.015kg。

（三）工艺流程

原料肉处理→斩拌→腌制→抹片→烘烤→烧烤→压平成型→包装

（四）操作要点

（1）原料处理。选用新鲜猪肉，去掉骨骼、皮下脂肪、筋膜、淋巴等，放入清水中浸泡 2 小时以上，去血污，洗净晾干。

（2）斩拌。将预处理的肉和辅料块放入斩拌机成肉糜，斩拌是影响肉糜脯品质的关键，肉糜斩得越细，腌制剂渗透越快、越充分，盐溶性蛋白的肌纤维也容易充分延伸，成为高黏度的网状结构，这种结构的各种成分使成品具有韧性和弹性。

（3）调味、腌制。先将黄酒、鸡蛋倒入搅拌机内，加等量水调制淀粉乳，再加入绞碎的肉糜，均匀地加入其他调味料，最后将维生素 C 用少量水溶解后加入肉糜中搅拌，于 5~10℃环境中腌制 1~2 小时为宜，如果在腌制料中添加适量的复合磷酸盐有助于改善猪肉脯的质地和口感。

（4）抹片。竹筛表面刷一层植物油，将腌制好的肉糜均匀涂抹于竹筛上，用抹刀抹平，光滑，均匀一致，抹片厚度控制在 1.5~2mm。

（5）烘干。将摊片后的肉糜连同竹筛放进蒸汽烘房内进行烘烤，在 70~75℃下恒温烘烤 2~3 小时，当表皮干燥成膜时，剥离肉片并翻转，再在温度为 60~65℃条件下烘烤 2 小时，使肉脱去大部分水分，烘干成坯即为半成品。

（6）烘烤。将烘干的半成品移入烤盘中，展开平放，放入远红外高温烘烤炉内，以 200~240℃左右温度烧烤 1~2 分钟，让半成品在炉中经过预热、收缩、出油三阶段烘烤成熟。颜色变成红色、有光泽。

（7）压平、切片、包装。经压平机压平后，按成品规格要求，切片，包装。

（五）注意事项

（1）斩拌是影响肉糜脯品质的关键，肉糜斩得越细越好，在斩拌过程中，需加入适量的冷水或冰水，可增加肉糜的黏着性，调节肉馅硬度。

（2）加料腌制时应在低于 10℃环境下进行，以免兔肉变质。

(3)烘烤时要注意控制好温度,适时转动烤盘,避免烘烤不均匀而发生焦煳。

第四节　羊肉类休闲食品加工

一、传统羊肉脯

传统的羊肉脯加工工艺是先将肉轻微冻结、切片腌制后,经烘烤而成,成品干爽薄脆,色泽红棕透明,瘦不塞牙,风味独特。

(一) 主要设备

冷库,切片机,腌制缸,远红外空心烘炉,压平机,真空包装机。

(二) 配方

羊肉100kg,无色酱油4kg,山梨酸钾0.02kg,食盐2kg,味精2kg,五香粉0.3kg,白砂糖12kg,抗坏血酸0.02kg。

(三) 工艺流程

原料选择→修整→冷冻→切片→解冻→腌制→摊筛→烘烤→烧烤→压片成型→包装→成品

(四) 操作要点

(1)原料处理。选用新鲜羊后腿肉,去掉脂肪、结缔组织,顺肌纤维切成1kg大小肉块。要求肉块外形规则,边缘整齐,无碎肉、淤血。

(2)冷冻。将修割整齐的肉块装入模具内挤压成型,移入冷库中速冻,至肉块深层温度达-5~-3℃为准,以便于切片。

(3)切片。将冻结后的肉块放入切片机中切片或手工切片。切片时须顺肌肉纤维切片,以保证成品不易破碎。切片厚度一般控制在1~2mm。但国外肉脯有向超薄型发展的趋势,一般在0.2mm左右。超薄肉脯透明度、柔软性、储藏性都很好,但加工技术难度较大,对原料肉及加工设备要求较高。

(4)拌料、腌制。先将肉片解冻,按配方正确称取各种辅料,混合溶解后加入解冻后的肉片,充分翻拌均匀,在低于10℃的环境中腌制2小时左右。以便调料渗入组织内部,同时使肉中盐溶性蛋白溶出,以利于烘烤时肉片之间粘结而成大片。

(5)摊筛。在竹筛上涂刷食用植物油,将腌制好的肉片平摊在竹筛上,肉片之间要靠紧以便粘连成大片,晾干水分。

(6)烘烤。将摊筛后的肉片送入远红外烘箱中脱水、熟化。其温度控制在75~55℃,前期烘烤温度可稍高。肉片厚度为2~3mm时,烘烤时间约2~3小时。

(7)烧烤。将烘干的半成品移入烤盘中,展开平放,放入远红外烘箱内,以200~240℃左右温度烧烤1~2分钟,至表面油润、色泽深红为止。成品中含水量一般为13%~16%间为宜。

(8)压平、成型、包装。烧烤结束后趁热用压平机压平,按包装规格要求切成一定的长方形，冷却后及时用塑料袋或复合包装袋真空包装。

（五）注意事项

(1)加料腌制时应在低于10℃环境下进行，以免兔肉变质。

(2)切片时要顺肌纤维方向切成厚2mm左右的薄片，以保证成品不易破碎、具有一定的韧性，口感良好。

(3)摊筛时肉片之间要靠紧以便粘连成大片。

二、五香型肉糜羊肉脯

制品色泽红棕透明，香味浓郁，无膻味，质地酥脆，咀嚼性好，风味独特。

（一）主要设备

绞肉机，斩拌机，不锈钢架，蒸汽烘房，远经红外高温烘烤炉。

（二）配方

羊肉100kg，食盐1.3kg，生抽王2L，白糖12kg，葡萄糖2kg，味精0.8kg，亚硝酸钠0.015kg，白酒0.4L，三奈粉0.06kg，砂仁粉0.05kg，绿豆水40kg，山梨醇2kg，麦芽糖3kg。

（三）工艺流程

原料处理→绞碎→斩拌→腌制→摊片→定型→烘干→烤制→压平、切片→包装→成品

（四）操作要点

(1)原料处理。选用新鲜羊肉，去掉骨骼、皮下脂肪、筋膜、淋巴等，将纯羊肉放入清水中浸泡2小时以上，去血污，洗净晾干。

(2)绞肉。将洗净的羊肉切成小块，用绞肉机绞碎。

(3)斩拌、腌制。将绞碎羊肉放入斩拌机内，根据配方要求加入鸡蛋、亚硝酸钠，磷酸盐用少量热水溶化后加入，再加入其他调味料和香辛料粉，然后进行高速斩拌，在2~4℃条件下腌制2小时。

(4)摊片、成型。抹片前先将竹筛表面刷一层植物油，将腌制好的肉糜均匀涂抹于竹筛上，用抹刀抹平，要求光滑，均匀一致，抹片厚度控制在1.5~2mm。

(5)烘干。将摊片后的肉糜连同竹筛放进蒸汽烘房内进行烘烤，在70~75℃下恒温烘烤2~3小时，当表皮干燥成膜时，剥离肉片并翻转，再在温度为60~65℃条件下烘烤2小时，使肉脱去大部分水分，烘干成坯即为半成品。

(6)烘烤。将烘干的半成品移入烤盘中，展开平放，放入远红外高温烘烤炉内，以200~240℃左右温度烧烤1~2分钟，让半成品在炉中经过预热、收缩、出油三阶段烘烤成熟。颜色变成红色、有光泽。

(7)压平。肉脯出炉后立即用压平机将肉脯压平，并按规格用切块机切成6cm×4cm的长方块。

(8)包装。冷却后在无菌冷却包装间及时用塑料袋或复合包装袋真空包装。

（五）注意事项

(1)肉糜的细度直接影响肉脯质地，肉糜斩得越细，腌制剂的渗透就越迅速、充分、盐溶性蛋白的溶出量就越多。因此，斩拌一定要充分，保证肉糜的细度。

(2)肉脯的涂抹厚度以1.5~2.0mm为宜。随涂抹厚度增加，肉脯柔性及弹性降低，且质脆易碎，腌制时间以1.5~2.0小时为宜。

(3)要控制好烘烤的温度，过高过低都直接影响到产品的品质。烘烤温度70~75℃，时间以2小时左右为宜。烧烤以120~150℃，2~5分钟为宜。

三、传统羊肉松

羊肉松原产于内蒙古，是少数民族喜爱的风味食品。产品黄亮酥香，品质柔软，丝细松散，食之咸甜适口，营养丰富。

（一）主要设备

压力蒸煮锅，锅铲。

（二）配方

瘦羊肉100kg，精盐8kg，醋3kg，白糖6kg，白酒2kg，生姜0.5kg，味精0.3kg，砂仁0.2kg，胡椒0.15kg。

（三）工艺流程

原料选择→切块→加调料→煮制→翻炒→成松→冷却→包装→成品

（四）操作要点

(1)原料处理。选用经检验符合卫生要求的新鲜前后腿肌肉为原料，剔去骨头、脂肪、筋腱和结缔组织，再将修整好的原料切成3~4cm^{3}的方块。

(2)煮制。将整理后的肉块投入锅中，同时加入预先用纱布包好的生姜和香料，加入与肉等量的水加热煮制。

(3)肉烂期(大火期)。用大火煮，煮制过程中应及时撇去汤汁中的污物及油膜，并不断加水，以防煮干；煮制的时间和加水量应根据肉质老嫩决定，检查肉是否煮烂的方法是用筷子夹住肉块，稍加压力，如果肉纤维自行散开为止。然后将其他调味料全部加入，继续煮肉，直到汤煮干为止，整个过程大约需要4小时。

(4)炒压期(中火期)。取出香料包，加入酱油、酒，用中等火力，用锅铲一边炒一边压碎肉块。然后加入白糖、味精，微火收干汤汁。注意炒压要适当，因为炒压过早，工效很低，而炒压过迟，肉太烂，容易粘锅炒煳，造成损失。

(5)成熟期(小火期)。用小火勤炒勤翻，操作轻而均匀。当肉块全部炒松散和炒干时，颜色即由灰棕色变为金黄色，成为具有特殊香味的肉松。

(6)包装。按照要求进行包装，短期储藏可装入食品塑料袋内，长期储藏最好装入玻璃瓶或马口铁盒中。

(五) 注意事项

(1) 煮肉要用大火猛煮，煮制时要尽量撇尽浮油和污物，这对保证产品质量至关重要，若不撇尽浮油，则肉松不易炒干，成品容易氧化，储藏性能差而且炒松时易焦锅，成品颜色发黑。

(2) 翻炒时采用中等火力，用锅铲一边压散肉块，一边翻炒，适时炒压以免炒糊；后期采用小火勤炒勤翻，操作轻而均匀。

(3) 刚加工成的肉松吸水性很强，要长期储存应趁热装入预先经过洗涤、消毒和干燥的玻璃瓶中，储藏于干燥处。

四、新型羊肉松

采用"高压蒸煮工艺"，缩短了肉煮烂的时间，提高了产品收率4%~5%，降低了生产成本3%~5%。成品特点：色泽金黄，起绒性好、绒丝细腻、均匀一致，口味清爽、咀嚼越久清爽味越浓，没有羊肉的膻味。

(一) 主要设备

高压灭菌锅，炒锅。

(二) 配方

羊瘦肉100kg，食盐2kg，酱油4kg，生姜0.5kg，白酒1.0kg，味精0.17kg，胡椒0.075kg，白糖4.0kg，砂仁0.1kg。

(三) 工艺流程

原料处理→煮制→高压蒸煮→炒压→冷却→包装→成品

(四) 操作要点

(1) 原料处理。选用经检验符合卫生要求的新鲜前后腿肌肉为原料，剔去骨头、脂肪、筋腱和结缔组织，再将修整好的原料切成3~4cm³的方块。

(2) 煮制。将整理后的肉块投入在锅中，同时加入预先用纱布包好的生姜和香料，加入与肉等量的水加热煮制。用大火煮0.5~1小时，煮制过程中应及时撇去汤汁中的污物及油膜，但不必加水，当肉汤快干时，可将其他调味料全部加入，继续煮制，直到汤煮干为止。

(3) 高压蒸煮。将汤收干的肉放入高压灭菌锅内，控制压力为0.12MPa，时间20~30分钟，经过高压蒸煮工艺后的肉已非常酥烂，此工序一定要控制好压力和时间，肉过分酥烂成为肉泥状，难以进行下一步的炒压工序。检查肉是否煮烂的方法是用筷子夹住肉块，稍加压力，如果肉纤维自行散开为止。

(4) 炒压。取出香料包，加入酱油、酒，用中等火力，用锅铲一边翻炒一边压碎肉块。然后加入白糖、味精，微火收干汤汁。特别要注意火候，同时不停地翻动，以免把肉松烧焦，直至最后肉松成为淡黄色、香、酥、脆为止。

(5) 包装。按照要求进行包装，短期储藏可装入食品塑料袋内，长期储藏最好装入玻璃瓶或马口铁盒中。

（五）注意事项

（1）高压蒸煮时要控制好压力和时间，肉过分酥烂成为肉泥状都将直接影响产品品质。

（2）炒松时，特别要注意火候，同时不停地翻动，以免把肉松烧焦。

（3）注意炒压要适当，因为炒压过早，工效很低，而炒压过迟，肉太烂，容易粘锅炒煳，造成损失。

五、风味羊肉干

风味羊肉干是羊肉经预煮、切丁（条）、复煮、高压蒸煮、烘烤等工艺制成的干熟肉制品，成品易嚼，酥软，无膻味。其中，五香型：五香味浓，咸甜适中，鲜香可口；麻辣型：麻辣味浓，风味独特，咸甜适中；咖喱型：咖喱味浓，辛香味甜，鲜香可口。

（一）主要设备

蒸煮锅，切丁机，高压锅，烘箱，真空包装机。

（二）配方（见表7-2）

表7-2 不同风味羊肉干主辅料配方　　　　　　　　单位：kg

配料 味型	羊肉	食盐	酱油	白糖	白酒	味精	丁香	小茴香	大葱	生姜	辣椒粉	五香粉	胡椒粉	咖喱粉
麻辣型	100	2	4.5	1.5	1	0.1	0.5	0.2	1	2	2.5		0.3	
五香型	100	2.5	5	3.5	1	0.1				2		0.4		
咖喱型	100	3	4	12	2	0.5								2

（三）工艺流程

原料肉的选择和处理→预煮→冷却→切丁（条）→加汤复煮→高压蒸煮→拌料烘烤→冷却→包装→成品

（四）操作要点

（1）原料肉的选择和处理。选用符合国家卫生要求的新鲜羊肉，以前后腿的瘦肉为佳。剔除骨、筋腱、脂肪及肌膜后，再顺着肌纤维切成0.5kg左右的肉块，用清水浸泡1小时左右除去血水污物，沥干。

（2）预煮。锅内加入适量清水，将肉块投入锅中，用水量以盖过肉面为原则。水煮开后撇去肉汤上的污物及油沫，加肉重1%~2%的鲜姜，去除异味。煮制10~15分钟后捞出沥干冷却备用，汤汁过滤待用。

（3）切丁（条）。根据产品的要求将肉块切成符合要求的丁、条形肉坯，要求大小均匀一致。一般肉丁规格为1.5cm×1.5cm×1.5cm。

(4)复煮。取预煮过滤汤汁的30%左右倒入锅中,按配方将辅料加入锅中煮沸10分钟,再加入切好的原料肉丁,先用大火煮制30分钟后减小火力,同时要适时翻锅,防止粘锅、色泽变黑。

(5)高压蒸煮。将肉取出放入高压锅内加压蒸煮,压力为0.12兆帕,时间大约10~15分钟。

(6)拌料烘烤。取出肉丁,拌入辣椒粉、五香粉或咖喱粉,平铺于烘烤箱的铁丝网上烘烤3~4小时,控制在60~70℃,经常翻动,直到不粘手为止,表里均干后取出冷却。

(7)包装。按照产品要求选用阻气、防湿性好的复合膜材料真空包装。

(五) 注意事项

(1)复煮汤快干时,要经常翻动,防止锅底部肉烧焦。

(2)注意控制好高压蒸煮压力和时间,防止肉丁过分酥烂,影响外形及口感。

(3)烘烤温度不宜超过70℃,经常翻动。

第五节 兔肉类休闲食品加工

一、蒸制型兔肉脯

蒸制型兔肉脯是指兔瘦肉经绞碎或切片、调味、摊片、烘干、烤制、蒸制等工艺制成的干燥薄片形成的肉制品。成品特点:干爽薄脆,红润透明,瘦不塞牙,入口化渣。

(一) 主要设备

冷冻肉切片机,烤箱,不锈钢筛网,压平机。

(二) 配方

兔肉100kg,酱油15kg,味精5kg,白糖15kg,料酒1kg,姜粉0.5kg,葱粉0.5kg。

(三) 工艺流程

原料处理→切片→拌料腌制→沥干→摊片、烘烤→压平、整形→蒸制→包装→成品

(四) 操作要点

(1)原料处理。选取健康的肉兔,宰杀好切成大块,剔去骨、筋膜、脂肪、淋巴结等,入水清洗浸泡2~3小时,洗净血水备用。

(2)切片。手工切片法,切片时要顺肌纤维方向切成厚2mm左右的薄片,大小不限,以片大为宜,以保证成品具有一定的韧性,口感良好;冷冻机器切片法,首先将整理好的肉放入模具内压紧成型,然后放入冷库中速冷冻结块,入切片机切片。

(3)拌料腌制。按配方正确称取各种配料,混合溶解后加入肉片,充分翻拌均匀,在容器中腌制3~6小时。

(4)摊片、烘烤。先在竹篾匾上涂擦一层植物油,取出腌制好的肉片,单层铺放在

筛网上，放入70~80℃的烘箱中烘烤，此期间要调换竹篾匾位置。

（5）压平、整形。烘烤到七八成干时，取出肉片，趁热用压平机压平，然后按规格要求裁切成大小均匀、形状一致的小方块。

（6）蒸制。整形后的肉片放入蒸锅，蒸10~15分钟即可。

（7）包装。取出后冷却包装即为成品。

（五）注意事项

（1）加料腌制时应在低于10℃环境下进行，以免兔肉变质。

（2）切片时要顺肌纤维方向切成厚2mm左右的薄片，以保证成品不易破碎、具有一定的韧性，口感良好。

（3）烘烤时要调换竹篾匾位置，避免烘烤不均匀以致某些部位焦糊。

二、传统烧烤型兔肉脯

成品色泽棕红、光泽美观、口味香甜、酥脆爽口、食而不腻。

（一）主要设备

切片机，搅拌机，远红外烘箱，压平机，真空包装机。

（二）配方

兔肉100kg，白糖20kg，鱼露12kg，味精0.5kg，鸡蛋3kg，I+G 0.05kg，胡椒粉0.2kg，维生素C 0.1kg，β-环糊精0.15kg，曲酒0.5kg，红曲粉0.05kg。

（三）工艺流程

原料处理→冷冻→切片→解冻、腌制→摊筛、烘干→烧烤→压平→切片→成型→包装

（四）操作要点

（1）原料处理。选用新鲜的兔肉，剔去骨、筋膜、脂肪、淋巴结等，顺肌纤维切成1kg大小的肉块，要求肉块外形规则，边缘整齐，无碎肉、淤血，洗净血水备用。

（2）冷冻。将整理好的肉放入模具内压紧成型，然后放入冷库中速冷冻结块，至肉块内层温度达-5~-3℃时，将肉从肉模中取出备用。

（3）切片。将冻结后的肉块立即放入切片机中切片或手工切片。顺肌肉纤维切片，以保证成品不易破碎、具有一定的韧性，切片厚度一般控制在1~2mm，注意厚薄要均匀。

（4）解冻、腌制。先将肉片解冻，按配方正确称取各种辅料，混合溶解后加入解冻后的肉片，充分翻拌均匀，在低于10℃的环境中腌制3小时，以便调料渗入组织内部，同时使肉中盐溶性蛋白溶出，以利于烘烤时肉片之间粘结而成大片。

（5）摊筛、烘干。将腌制好的肉片平摊在竹筛上，肉片之间要靠紧以便粘连成大片，晾干水分后，进入远红外烘箱中或烘房中脱水熟化，烘烤温度控制在65℃左右，前期烘烤温度可稍高，烘烤时间约2~3小时。

(6)烧烤。将烘干的半成品移入烤盘中,展开平放,放入远红外空心烘炉内,以200~240℃温度烧烤1~2分钟,至表面出油收缩、油润、色泽深红即可出炉。

(7)压平成型包装。烧烤结束后趁热用压平机压平,按包装规格要求切成一定的长方形。冷却后及时用塑料袋或复合袋真空包装,马口铁听装加盖后锡焊封口。

(五)注意事项

(1)加料腌制时应在低于10℃环境下进行,以免兔肉变质。

(2)切片时要顺肌纤维方向切成厚2mm左右的薄片,以保证成品不易破碎、具有一定的韧性、口感良好。

(3)摊筛时肉片之间要靠紧以便粘连成大片。

三、新型兔肉肉糜脯

兔肉肉糜脯是由健康的兔肉经斩拌、腌制、抹片、烘烤成熟的干薄型肉制品。与传统兔肉脯生产相比,其原料来源更为广泛,可充分利用小块肉、碎肉,且克服了传统工艺生产中存在的切片、手工摊筛困难,实现了肉脯的机械化生产。

(一)主要设备

斩拌机,远红外空心烘炉,压平机。

(二)配方

兔肉100kg,白糖12kg,鱼露8kg,味精0.2kg,鸡蛋3kg,胡椒粉0.2kg,白酒0.5kg。

(三)工艺流程

原料肉处理→斩拌→腌制→抹片→烧烤→压平成型→包装

(四)操作要点

(1)原料肉处理。选用健康兔各部位肌肉,经剔骨、去粗大的结缔组织,切成小块。

(2)斩拌。将预处理的肉和辅料块放入斩拌机成肉糜,斩拌是影响肉糜脯品质的关键,肉糜斩得越细,腌制剂渗透越快、越充分,盐溶性蛋白的肌纤维也容易充分延伸,成为高黏度的网状结构。这种结构的各种成分使成品具有韧性和弹性。在斩拌过程中,需加入适量的冷水或冰水,可增加肉糜的黏着性,调节肉馅硬度,另一方面降低肉糜温度,防止肉糜温度升高发生变质。

(3)调味、腌制。先将白酒、鸡蛋倒入搅拌机内,再加入绞碎的肉糜,搅拌2~3分钟,均匀地加入其他调味料,继续搅拌5分钟,温度应控制在20℃以下,最后将维生素C用少量水溶解后加入肉糜中搅拌2分钟,于5~10℃环境中腌制1~2小时为宜,如果在腌制料中添加适量的复合磷酸盐有助于改善兔肉脯的质地和口感。

(4)抹片。竹筛表面刷一层植物油,将腌制好的肉糜均匀涂抹于竹筛上,用抹刀抹平,光滑,均匀一致,抹片厚度控制在1.5~2mm。

(5)烧烤。将肉片单层铺放在筛网上,放入70~80℃的烘箱中烘烤。将烘干的半成品移入烤盘中,展开平放,放入远红外空心烘炉内,以200~240℃温度烧烤1~2分钟,至表面出油收缩、油润、色泽深红即可出炉。

(6)压平、切块、包装。经压平机压平后,按包装规格要求进行切片、包装。

(五)注意事项

(1)斩拌是影响肉糜脯品质的关键,肉糜斩得越细越好,在斩拌过程中,需加入适量的冷水或冰水,可增加肉糜的黏性,调节肉馅硬度。

(2)加料腌制时应在低于10℃环境下进行,以免兔肉变质。

(3)烘烤时要注意控制好温度,适时转动烤盘,避免烘烤不均匀而发生焦糊。

四、复合型兔肉脯

复合型兔肉脯是在肉糜脯的基础上添加蚕蛹、鸡肉、红枣、鹌鹑蛋等,提高了产品的口感、质地和营养价值。

(一)主要设备

斩拌机,搅拌机,远红外空心烘炉,压平机。

(二)配方

兔肉38%,蚕蛹4%,红枣汁5%,白糖6%,淀粉3%,黄酒2%,大蒜汁0.3%,茶多酚0.05%,亚硝酸钠0.015%,鸡肉20%,胡萝卜汁5%,鹌鹑蛋液3%,精盐2%,胡椒粉0.5%,姜粉0.5%,味精0.2%,维生素C 0.05%,水5%。

(三)工艺流程

原料处理→绞碎→拌料、腌制→抹片→烘烤→压片、切片→冷却→包装

(四)操作要点

(1)原料处理。选取符合卫生检疫标准要求的肉兔,剔去骨骼,去粗大的结缔组织,切成小块,并清洗干净。

(2)斩拌。将预处理的兔肉及鸡肉放入斩拌机成肉糜,肉糜斩得越细,腌制剂渗透越快、越充分,盐溶性蛋白的肌纤维也容易充分延伸,成为高黏度的网状结构。在斩拌过程中,需加入适量的冷水或冰水,可增加肉糜的黏着性,调节肉馅硬度,另一方面降低肉糜温度,防止肉糜温度升高发生变质。

(3)拌料、腌制。在低于20℃温度下按配方要求将胡萝汁、浓缩红枣汁及黄酒倒入搅拌机内,再加入绞碎的肉糜,搅拌2~3分钟;将盐、姜粉、胡椒粉、味精等调味料均匀地加入,继续搅拌机分钟至肉糜黏滑细腻为准,最后用少许水将维生素C、茶多酚、亚硝酸钠溶化后加入肉糜中继续搅拌,于7~10℃的腌制池腌制40~60分钟。

(4)抹片。将鹌鹑蛋、水、淀粉倒入搅拌机中充分搅拌成淀粉乳,把腌制肉糜倒入其中搅拌7~10分钟直至混匀为止。抹片前先将竹筛表面刷一层植物油,将腌制好的肉糜均匀涂抹于竹筛上,用抹刀抹平,要求光滑、均匀一致,抹片厚度控制在2~3mm。

(5)烘烤。将抹片的竹箧匾放入85℃的烘箱中,烘烤15~20分钟,将烘干的半成品移入烤盘中,展开平放,放入远红外空心烘炉内,以200~240℃温度烧烤1~2分钟,至表面出油收缩、油润、色泽深红即可出炉。

(6)切片包装。用压平机将熟料压平,并按产品规格切成块型,即为成品。

(五) 注意事项

(1)加料腌制时应在低于10℃环境下进行,以免兔肉变质。

(2)烘烤时要注意控制好温度,适时转动烤盘,避免烘烤不均匀而发生焦煳。

五、高钙型兔肉糜脯

在普通肉糜脯的工艺基础上,添加了生物活性钙,从而提高了钙的含量,经常食用,有利于身体健康,特别是儿童食用后,能增加体内钙的储存,促进儿童的体质增强、大脑发育、智商提高。

(一) 主要设备

斩拌机,搅拌机,远红外烘箱,压平机,真空包装机。

(二) 配方

兔肉100kg,白糖12kg,鱼露8kg,味精0.4kg,鸡蛋3kg,胡椒粉0.2kg,混合香料粉0.1kg,生物活性钙适量。

(三) 工艺流程

原料处理→斩拌→搅拌、腌制→抹片→烘干、烘烤→压平、切片→冷却→包装

(四) 操作要点

(1)原料处理。选购符合国家一级鲜度标准的健康兔肉,剔除骨骼、皮下脂肪、筋膜、肌腱、淋巴等,切成小块在清水中浸泡一段时间,清洗至无血水为止后晾干。

(2)斩拌。将兔肉倒入斩拌机斩拌成肉糜,边斩拌边加入各种配料,在斩拌过程中,需加入适量的冷水或冰水,使调料溶解均匀渗透入肉料中;同时一方面可增加肉糜的黏着性,调节肉馅硬度,另一方面降低肉糜温度,防止肉糜温度升高发生变质。

(3)搅拌、腌制。将斩拌好的肉料倒入搅拌机中搅拌均匀,使肉料和调味料充分混合,腌制时间大概1小时。

(4)抹片。抹片前先将竹盘表面刷一层植物油,将腌制好的肉糜均匀涂抹于竹盘上,用抹刀抹平,要求光滑,均匀一致,抹片厚度控制在1.5mm左右。

(5)烘干。将肉糜连同竹盘在65℃烘房中烘制4~5小时,脱去大部分水分,肉片烘干成坯,冷却后即为半成品。

(6)烘烤。将烘干的半成品移入烤盘中,展开平放,放入远红外高温烘烤炉内,以200~240℃温度烧烤1~2分钟,肉脯颜色由粉红色变为棕红色且有光泽,直至烘烤成熟即可出炉。

(7)压平。肉脯出炉后立即用压平机将肉脯压平,并按包装规格要求切成12cm×

8cm 的长方块。

(8)冷却包装。选用聚乙烯塑料袋在无菌冷却间中真空包装。

(五) 注意事项

(1)斩拌是影响肉糜脯品质的关键,肉糜斩得越细越好,在斩拌过程中,需加入适量的冷水或冰水,可增加肉糜的黏着性,调节肉馅硬度。另一方面降低肉糜温度,防止肉糜温度升高发生变质。

(2)肉脯出炉后立即用压平机将肉脯压平,冷却后不容易压平成形。

(3)包装间必须经净化处理,用具须杀菌消毒,成品经冷却后及时包装。

六、新型烤兔肉条

原料经盐水注射、卤制、烧烤等工艺加工而成。成品风味独特,松软适口,鲜、香、美味,余韵不绝。

(一) 主要设备

盐水注射机,蒸煮锅,红外烤箱,真空包装机。

(二) 配方

兔肉 100kg,亚硝酸钠 0.01kg,复合磷酸盐 0.2kg,五香卤汁适量,食盐 2.5kg,维生素 C 钠盐 0.05kg,蜂蜜 0.5kg,改质增香汁适量。

(三) 工艺流程

原料整理→盐水注入→腌制→切条→卤制→烧烤→冷却→真空包装→杀菌→成品

(四) 操作要点

(1)原料整理。选用健康兔各部位肌肉,经剔骨、去粗大的结缔组织,洗净污血。

(2)注射、腌制。食盐、亚硝酸钠、磷酸盐等用适量水溶解,经注射机注入兔肉后,于 2~4℃下腌制 24 小时。

(3)切条。用机器或人工将腌制后的肉块切成符合规格的肉条。

(4)卤制。五香卤汁加温至 90℃,将肉条投入卤汁中保温 50 分钟左右,至中心温度不低于 75℃。

(5)烧烤。卤制后将兔肉条用温水冲洗净,沥干水汽,平铺于烤盘内,送入红外烤箱 130~140℃烤制,边烤边刷上一层增香汁,30 分钟后翻面,再边烤边刷一层增香汁,复烤约 20 分钟即成。

(6)包装。冷却后按包装规格真空包装,然后杀菌。

(五) 注意事项

(1)盐水注入时要有一定的深度,使盐水均匀渗透入肉内。

(2)烤制时要适时翻面。

七、传统兔肉干

我国传统的兔肉干制品,是在脱水加工过程中佐以调味料而成的风味熟食干制品。

这类制品营养丰富，风味浓郁，便于包装和携带，是旅游和居家的方便佳肴。其特色是干而不焦，脆而不硬，柔软酥松，芳香可口。色泽呈棕红色，形状有条、片、粒状。烘干的兔肉干色泽呈酱褐泛黄，略带绒毛；炒干的肉干色泽淡黄，略带绒毛；油炸的肉干色泽红亮，外酥里韧，肉香浓郁。

（一）主要设备

电热蒸煮锅，远红外烘箱烘烤或烘房。

（二）配方（提供5种兔肉干配方，见表7-3）

表7-3　不同口味兔肉干配方　　　　　　　　　　单位：kg

配料	风味兔肉干	五香兔肉干	咖喱兔肉干	麻辣兔肉干	果汁兔肉干
兔肉	100	100	100	100	100
白糖	15	8.25	12	2	10
精盐	3	2	3	3.5	2.5
曲酒	0.5	0.625	2	0.5	
生姜	1.5	0.35	1	0.5	0.25
葱	1		1		
酱油	3~4	2	3.1	4	0.37
黑胡椒	0.3				
咖喱粉	0.4		0.5		
五香粉		0.2			
味精	0.5	0.5	0.5	0.1	0.3
I+G	0.05				
维生素C	0.1				
β-环糊精	0.15				
八角	0.1				
肉桂	0.1				
丁香	0.05				
小茴香	0.05				
鲜辣味粉	0.3				
混合香料				0.2	
胡椒粉				1.5	
花椒粉				0.8	
菜油				5	
大茴香					0.19
果汁露					0.2
鸡蛋					0.8
辣酱					0.38
葡萄糖					1

（三）工艺流程

原料肉的选择和处理→初煮→切坯→复煮→收汁→脱水→冷却→包装

（四）操作要点

（1）原料肉的选择和处理。选择符合国家卫生要求的鲜兔肉，剔除骨、筋腱、脂肪及肌膜后，再顺着肌纤维切成0.5kg左右的肉块，用清水浸泡1小时左右除去血水污物，沥干。

（2）预煮。锅内加入清水煮沸，将肉块投入锅中，用水量以盖过肉面为原则。初煮时水温保持在90℃以上，在煮制过程中要及时撇去汤面污物及油沫，预煮时一般不添加辅料，可以加肉重1%~2%的鲜姜，去除异味。初煮时间内部呈粉红色、无血水为宜，通常初煮1小时左右，捞出肉块沥干冷却备用，汤汁过滤待用。

（3）切坯。根据产品的要求将肉块切成块、片、丁、条形肉坯，要求大小均匀一致。一般肉丁规格为1cm×1cm×0.8cm，肉片为2cm×2cm×0.3cm。

（4）复煮。取预煮过滤汤汁的30%左右倒入锅中，按配方将块状辅料用纱布包裹一并放入锅中，然后加入其他辅料及肉坯。用大火煮制30分钟后减小火力，同时要适时翻锅，防止粘锅、色泽变黑，用小火煨1~2小时，待卤汁收干起锅。

（5）脱水、干制。兔肉脱水法有3种：①烘干法。将复煮收汁后的肉坯铺在筛网或铁丝网上，送入放置烘房或远红外烘箱烘烤。前期控制在60~70℃，后期可控制在50℃左右，一般需要5~6小时，开始时每隔20分钟翻动一次，后期可1小时翻动一次和调换筛网位置，当含水量下降到20%以下即可。②炒干法。将复煮收汁后的肉坯放在原锅中文火加温，用锅铲不停翻动，炒至肉块表面微微出现蓬松绒毛时，即可出锅，冷却后即为成品。③油炸法。将肉切成条后，用2/3的辅料（其中白酒、白糖、味精后放）与肉条拌匀，腌渍10~20分钟后，投入135~150℃的油锅进行油炸，油炸时要控制好肉坯量与油温的关系，如选用恒温油炸锅，成品质量易控制，炸到肉块呈微黄色后，用漏勺捞出滤去余油，将酒、白糖、味精和剩余的1/3辅料混入拌匀即可。

（6）冷却包装。将干制后的肉干在清洁室内摊晾自然冷却，必要时可用机械排风，包装最好选用阻气、防湿性好的复合膜材料真空包装。

（五）注意事项

（1）复煮时先用大火煮制，后减小火力，同时要适时翻锅，防止粘锅、色泽变黑，最后用小火煨。

（2）脱水干制时要注意火候，适时翻动。

（3）冷却在清洁室内摊晾自然冷却，必要时可用机械排风，但不宜在冷库中冷却，否则易吸水防潮。

八、美味兔肉松

美味兔肉松色泽金黄或淡黄，肌肉纤维疏松、柔软，成丝绒状，风味独特，芳香浓郁，回味悠长。兔肉松营养丰富，食用方便，入口化渣，是高蛋白、低脂肪营养食品，为老幼病弱者的上等佳肴。美味兔肉松是南京农业大学陈伯祥教授精心研制的产品。

(一) 主要设备

电热多功能煮制锅，包装机，其他辅助工具。

(二) 配方

兔肉100kg，优质肉松专用粉18kg，脆皮熟芝麻7kg，精炼植物油12kg，白砂糖18kg，精盐3kg，生姜1kg，葱1kg，料酒1kg，混合香料0.04kg（丁香、肉、砂仁、八角、花椒、小茴香、陈皮）。

(三) 工艺流程

原料整理→煮制→配料拌溶→拉丝→炒松→冷却→包装→成品

(四) 操作要点

(1) 原料整理。选取经检验符合卫生要求的新鲜兔肉或冻兔肉，称量后清洗干净。

(2) 辅料准备。按配方规定将香辛料称量混合，与生姜、葱一起用纱布包扎好制成香料包待用。

(3) 煮制。将整理好的兔肉放入电热多功能煮制锅，加水量以漫过肉面为度，再将香料包放入锅中，加热煮沸10分钟左右，不断翻动使兔肉受热均匀；将料酒倒入锅中，搅拌后用小火微沸焖煮，煮3小时左右，至肉烂成丝状，继续翻炒至汤汁收尽为止。

(4) 加料拌溶。在汤尽未冷时，向肉料中加入盐、糖、味精等配料，边撒边翻动搅拌均匀，直到全部溶匀。出锅放入不锈钢盆中不断翻动快速冷却，冷后将肉松专用粉拌入肉料中拌匀。

(5) 拉丝。将肉料投入专用拉丝机拉丝，重复拉丝4~5次，至肉料拉成松散的丝状为止。

(6) 炒松。将拉好丝的肉料入锅用专用炒松机自动翻炒，人工辅助。边炒边翻动，炒制时间视肉料的多少而定，当兔肉松开始微黄时加入熟芝麻；肉料干、松、黄时加油，边加、边翻拌肉松，使其快速均匀。油应预热到130℃，加油后5~10分钟肉松呈橘红色时快速出料，严防炒焦。

(7) 冷却。出锅肉松放入成品冷却间，适时翻动加速均匀冷却。冷却时间不宜太长，以免吸潮变软，影响产品质量和保质期。

(8) 包装。肉松吸水性很强，不宜散装，根据包装要求采用铝箔袋或复合透明彩印袋定量包装。

(五) 注意事项

(1) 原料肉和辅料必须优质、新鲜、符合本产品原料要求。定点、定厂、规范定型，不得多变，不符合要求绝不进入车间加工。

(2) 肉料煮制的烂度，是影响产品组织状态的关键，严格控制肉、水比例及煮制火候和时间，不烂绝不能出锅拉丝，否则易出现并条，加大拉丝难度和次数。

(3) 料煮后必须收尽汤汁或漏去汤汁在微火加热下加糖、盐混合料，切忌在有汤汁情况下加入糖、盐料，否则汤易焦化，出现湿料不利于拉丝，拌肉松专用粉时，肉料要冷，切忌热拌，否则易结黏块。

（4）炒松是影响质量最关键的一环，要定量、定时、定温，同时操作人员必须动作敏捷、规范准确，观察和判断要认真仔细，否则易出现次品。

（5）拉丝时切记注意安全，手和工具不能投入投料口，以防损伤机器或伤人。

九、太仓式兔肉松

太仓式兔肉松是指兔肉经煮制、调味、炒松、加入食用动植物油炒制而成的肌纤维疏松成絮状或团粒状的熟肉制品。兔肉因瘦肉多、脂肪少，制成的成品柔软，成丝绒状，风味独特，芳香浓郁，回味悠长。

（一）主要设备

夹层锅或电热蒸煮锅，炒松机，滚筒式擦松机，跳松机，包装机。

（二）配方

兔肉 100kg，精盐 1.8kg，酱油 7kg，白糖 11kg，白酒 1kg，大茴香 0.38kg，生姜 0.48kg，味精 0.140kg。

（三）工艺流程

原料肉整理→配料→煮制→炒压→搓松→跳松→拣松→包装

（四）操作要点

（1）原料肉整理。选取经检验符合卫生要求的新鲜兔肉，剔除皮、骨、脂肪、腱等结缔组织，将修整好的原料切成 1.0.kg 左右的肉块，清洗干净。

（2）煮制。将整理后的肉块投入在锅中，同时加入预先用纱布包好的香料，加入与肉等量的水加热煮制。煮制过程中应及时撇去汤汁中的污物及油膜，煮制的时间和加水量应根据肉质老嫩决定，以用筷子稍用力夹肉块时，肌纤维能分散为止，煮肉时间 3~4 小时。

（3）炒压。肉煮烂后取出香料包，改用小火，加入酱油、酒，一边炒一边压碎肉块。然后加入白糖、味精，微火收干汤汁，继续炒压肉松至肌纤维松散时即可进行炒松。

（4）炒松。控制好炒松时的火力，勤炒、勤翻，否则容易焦锅糊底，当汤汁全部收干后，用小火炒至肉落干，转入炒松机内继续炒至肉松颜色由灰棕色变为金黄色，具有特殊的香味，水分含量小于 20% 时即可结束。

（5）擦松。炒好的肉松送入滚筒式擦松机擦松，使肌纤维成绒丝状或棉絮状即可。

（6）跳松。利用机器跳动，使肉松从跳松机上面跳出，而肉粒则从下面落出，使肉松与肉粒分开。

（7）拣松。跳松后的肉松凉透后即可拣松，即将肉松中焦块、肉块、粉粒等拣出。

（8）包装。肉松吸水性很强，不宜散装，采用铝箔袋或复合透明彩印袋定量包装。

（五）注意事项

（1）兔肉结缔组织的剔除一定要彻底，否则加热过程中胶原蛋白水解后，导致成品黏结成团块而不能呈良好的蓬松状。

（2）切块时尽可能避免切断肌纤维，以免成品中短绒过多。

（3）煮制时要尽量撇尽浮油和污物，这对保证产品质量至关重要，若不撇尽浮油，则肉松不易炒干，成品容易氧化，储藏性能差而且炒松时易焦锅，成品颜色发黑。

（4）肉松中由于糖较多，容易焦锅糊底，要注意掌握炒松时的火力。

复习思考题

1. 肉干、肉松及肉脯在加工工艺上有何显著不同？各自有什么特点？
2. 肉干加工中常用的脱水方法有哪些？试述肉干制品的干制原理。
3. 简述常用的肉类脱水干制的方法。
4. 低温真空油炸技术的操作要点有哪些，加工过程中应注意哪些问题？
5. 简述肉松的加工工艺流程及技术要领。

第八章　蛋类与乳类休闲食品加工

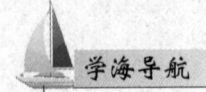

学海导航

1. 掌握皮蛋、醋蛋、茶叶蛋休闲食品加工技术。
2. 掌握冰激凌的加工关键技术。
3. 掌握雪糕的加工技术
4. 熟悉常见的蛋类与乳类休闲食品的加工技术及设备。

第一节　蛋类休闲食品加工

一、香酥蛋松

蛋松是利用新鲜的蛋液，经油炸、炒制脱水而制成的一种酥松的熟蛋制品。产品具有色泽金黄、油亮、丝松质软、味道鲜香，营养价值丰富，容易消化，在常温下容易保存等特点。是年老体弱者和婴幼儿童的最佳食品，也是外出旅游和野外休闲的方便食品。

（一）主要设备

不锈钢盆，油炸锅，热塑包装机。

（二）配方

鲜蛋50kg，精盐2.5kg，黄酒5kg，植物油10~15kg，味精0.2kg，白糖7.5kg。

（三）工艺流程

鲜蛋→检验→去壳→搅拌→过滤→调味→滤丝→油炸→沥油→搓松炒制→冷却→包装→成品

（四）操作要点

(1) 选料。选取经检验合格的新鲜鸡蛋或鸭蛋，将蛋液打入不锈钢盆内，搅拌均匀后用纱布或米筛过滤,除去蛋壳等杂质。

(2)拌料调制。按配方要求向蛋液中加入精盐、黄酒,充分搅拌均匀。

(3)油炸。锅中加入植物油,待油烧开后,将调匀后的蛋液倒入滤蛋器或细眼筛子(40~60目)对准油锅,使蛋液呈丝状均匀流进油锅内,油炸成丝状,浮起后快速用筷子翻动一下,待炸至金黄色后立即用漏勺捞出。

(4)搓松炒制。尽量沥干蛋丝中的余油,稍干后用干净的包装纸卷起蛋丝,轻轻地推搓使其吸收余油;将搓松后的蛋丝倒入锅内快速翻炒3~5分钟后,加入白砂糖和味精拌匀。

(5)冷却、包装。冷却后立即用复合塑料袋包装封口即为成品。

(五)质量标准

丝绒细长,蓬松软韧,香酥油润,味道鲜美。

(六)注意事项

油炸要掌握好时间,以免炸糊影响产品质量及成品率;搓松动作要轻柔,以免搓碎。

二、鹌鹑皮蛋

鹌鹑皮蛋外观色泽斑斓、松枝纹理清晰,富有弹性;蛋白晶莹如玉,蛋黄呈黄、橙、绿、蓝诸色溏心适中,清香扑鼻。

(一)主要设备

陶瓷缸,蒸煮锅。

(二)配方

鹌鹑蛋4200枚,水52.5kg,红茶0.5kg,豆蔻0.25kg,桂皮0.25kg,白芷0.25kg,氢氧化钠2kg,食盐1.25kg,黄丹粉0.025kg,丁香0.25kg。

(三)工艺流程

料液配制
↓
选蛋→装缸灌料→出缸→质检→涂膜→包装→成品

(四)操作要点

(1)选蛋。选取经检验合格、大小基本一致的新鲜鹌鹑蛋,剔除破蛋和带裂纹蛋,将蛋放入清水中清洗干净。

(2)料液配制。按配方要求将水、红茶、豆蔻、桂皮、白芷、丁香一并倒入蒸煮锅中煮沸15~20分钟,用纱布过滤去渣,趁热加入氢氧化钠、食盐和黄丹粉,搅拌均匀使其完全溶解,静置24小时,用水将氢氧化钠的浓度调整为0.9~1 mol/L,称为"老汤"。

(3)装缸灌料。将选取的鹌鹑蛋小心装入陶瓷缸中,为防止蛋被压破,每缸装蛋20kg左右为宜,要横放,以防蛋黄浮向蛋的一端,影响皮蛋品质。将"老汤"倒入缸中,使蛋淹没其中,上面用竹片轻轻压住,封口保存。

(4)控温、出缸。保持温度在20℃左右，定期抽检，如果打开蛋白弹性较好、颜色正常即可出缸(一般经18~20天即可成熟)。

(5)涂膜保质。成熟后立即出缸，清洗干净后晾干，用液体石蜡或4%聚乙烯醇涂膜保质，使皮蛋进一步后熟。

(6)包装。按要求进行装盒即为成品。

(五) 质量标准

口味鲜美，食之唇口留香，余味悠长。

(六) 注意事项

配制料液时一定要调整好氢氧化钠的浓度。装缸后要定期抽检，考察皮蛋的成熟情况，并根据抽检的结果适时出缸。

三、味蛋

(一) 主要设备

木桶、搅拌棒。

(二) 配方

根据季节的不同而有所差异，其比例如下：第四季度用，清水12.5kg，再制盐8kg，纯稻草灰25kg；第三季度用，清水13kg，再制盐7.5kg，纯稻草灰22.5kg，

(三) 工艺流程

选蛋→拌料→包灰→成品

(四) 操作要点

(1)拌料。先将清水和再制盐按比例称足，混合倒入木桶中搅拌溶解，再将稻草灰(不能混入杂灰)15kg分4~5次渗入搅拌，踩成均匀糊状，并带有黏性很强的灰浆(脚搓约1~1.5小时)。即可使用。其余干灰作表层(滚)搓蛋用。

(2)包灰。用拌好的料灰，逐个将鸭蛋包上灰料(方法与包灰法皮蛋同)。厚度均匀约1cm，搓紧光滑，既不能凹凸不平，也不能脱灰露白。

(五) 质量标准

蛋白鲜香劲道，蛋黄干香宜人。

(六) 注意事项

料灰要搅拌均匀，包灰搓紧光滑。

四、五香茶鸡蛋

(一) 主要设备

筷子，锅，干净纱布。

(二) 配方

鸡蛋1kg，调料、酱油大半碗，茶叶、桂皮、大料、精盐各适量。

(三) 工艺流程

选蛋→煮蛋→打蛋壳→加料浸泡→成品

(四) 操作要点

(1)煮蛋。将鸡蛋煮熟后，用筷子敲打鸡蛋壳，使脆裂。

(2)腌制。取一净锅(最好是砂锅)坐上火，放入熟鸡蛋、酱油和盐，再倾入清水(使水面没过鸡蛋)。用一干净纱布包入茶叶、大料、桂皮，没入锅内，用微火加热0.5小时。将鸡蛋与汤汁一齐倒入大的容器内，随吃随取。

(五) 质量标准

蛋壳呈虎皮色，香味浓郁，可作旅途食品。

(六) 注意事项

酱油、盐、茶叶等适量，煮蛋火力适宜。

五、蛋清肠

蛋清肠具有清香味美、鲜脆利口、蛋白质含量高、食之不腻等特点，深受人们喜爱。

(一) 主要设备

刀具、绞肉机、羊套管、烘箱、锅、熏炉。

(二) 配方

瘦猪肉100kg，蛋清10kg，白糖1.5kg，胡椒面100g，味精100g，精盐2kg，白面3kg，淀粉3kg，硝酸钠50g。

(三) 工艺流程

原料整理、腌制→绞碎、拌馅→灌制→烘烤→煮制→熏制

(四) 操作要点

(1)原料整理、腌制。将猪的前后腿部瘦肉去除筋腱后，切成长7~8cm、宽2~3cm小块。按配料标准将盐、硝酸钠掺拌均匀，撒在肉面上，充分拌匀后放在1~5℃冷库中，腌制3~5天。

(2)绞碎、拌馅。将腌制好的肉，用1.3~1.5mm漏眼的绞肉机绞碎，按配料标准加入蛋清、调味料、白面、淀粉和适量的水充分搅拌。

(3)灌制。使用羊套管灌肠。肠内如有气泡，用针刺放气，然后把口扎紧。

(4)烘烤。将灌制好的肠子吊挂。推入65~80℃的烘房，烘烤90分钟，至肠外表面干燥，呈深核桃纹状，手摸无黏湿感觉时即可。

(5)煮制。将烘烤后的肠子放入90℃的清水中煮70分钟左右。用手捏时感到肠体挺硬、富有弹性时即可出锅。

(6)熏制。将煮制的肠子放入熏炉中进行熏制。熏制的材料是刨花锯末,把这些材料放在地面上摊平。用火点燃,关闭炉门,使其闷烧熏烟,炉温保持在70~80℃之间。时间为40~50分钟,待肠子熏至浅棕色时即可出炉为成品。

(五)质量标准

清香味美、鲜脆利口、食之不腻。

(六)注意事项

按配料标准将盐、硝酸钠掺拌均匀,加入配料适宜且搅拌均匀,煮制和熏制时火候时间控制适当。

六、复合蛋菜肠

将鸡蛋辅以蔬菜,使蔬菜中的各种营养成分特别是膳食纤维与其所缺乏的营养元素互补,制成蛋菜肠,会受到消费者的欢迎,同时也为老年人提供一种较为科学合理的保健食品。制作复合蛋菜肠选用富含维生素A的胡萝卜粉,富含铁、钙的菠菜粉,富含纤维素的芹菜粉、南瓜粉作为蔬菜填充物,以改善蛋肠品质结构。

(一)主要设备

搅打锅、电炉、漏斗、水浴锅。

(二)配方

鸡蛋,蔬菜粉,淀粉等各适量。

(三)工艺流程

各种辅料　　原料蛋选择,打蛋搅拌
↓　　　　　↓
混合蔬菜粉复水→预混合→搅拌均匀→纽翻→绑扎→裸洗→煮制→冷却→成品

(四)操作要点

(1)原料选择。选择无破损、无异味、新鲜的鸡蛋。

(2)打蛋。将原料蛋清理干净,打到搅打锅中,以60~80r/min的搅拌速度搅打,6~7分钟时加入食盐,继续搅至蛋液均匀,在打好的蛋液中加入几滴植物油静置待用,全过程大约15分钟。

(3)蔬菜粉的复水。蔬菜粉按1:10的比例复水,搅拌均匀。

(4)淀粉的糊化。准确称量淀粉后,取总淀粉质量40%的淀粉加入烧杯中,加入淀粉质量5倍的水,搅拌使其成为淀粉悬蚀液,将烧杯放在电炉上边加热边搅拌,加热到70℃,停止加熟,继续搅拌,直到淀粉变为黏稠的糊状为止。

(5)各种原辅料的预混。将糊化后的淀粉稍做冷却,趁微热将蛋液加入,搅拌均匀,再将复水的蔬菜粉、其他辅料及余下的淀粉一并加入混合液中,搅拌均匀。

(6)灌制。将搅拌均匀的混合料液静置至无气泡,用漏斗代替灌装机进行灌制。每根蛋菜肠长度15cm。

(7)漂洗。灌好的肠放在温水中漂洗,除去附着在肠衣上的污物。

(8)煮制。将清洗好的蛋肠放入78~85℃水浴锅中煮制25~30分钟,当蛋肠的中心温度达到72℃即可出锅。

(9)冷却。将煮制好的蛋肠从锅中捞出,并排挂在预先清洗好的竹竿上,放在阴凉通风处冷却至蛋肠表面呈干燥状。

(五)质量标准

鸡蛋与蔬菜的营养元素互补,膳食纤维丰富,改善了蛋肠品质结构。

(六)注意事项

取总淀粉质量40%的淀粉进行糊化,边加热边搅拌,加热到70℃,停止加热,继续搅拌,直到淀粉变为黏稠的糊状为止。

将糊化后的淀粉稍做冷却,趁微热将蛋液加入,搅拌均匀,再将复水的蔬菜粉、其他辅料及余下的淀粉一并加入混合液中,搅拌均匀。

七、醋蛋

人随着年龄增长,血液逐渐酸性化,要使之碱性化,吃饭、吃肉食不如吃蔬菜,吃牛肉、猪肉不如吃鸡肉,吃红肉鱼不如吃白肉鱼,这是值得注意的常识,醋蛋是酸性,但它被人体吸收后,可以使血液变成碱性,和水果的作用一样。

(一)主要设备

大杯子,筷子。

(二)配方

生鸡蛋1只,米醋180mL,蜂蜜适量。

(三)工艺流程

洗蛋→醋泡→破皮→搅匀→成品

(四)操作要点

(1)醋泡。取醋(米醋)装入一个大杯内,然后将一个生鸡蛋整个放在醋里,经过36~40小时,蛋皮融化。

(2)拌匀。被薄皮包的蛋黄和蛋清,像乒乓球一样,用筷子将薄皮捅破,搅匀蛋黄和蛋清,这就是醋蛋。

(3)调味。直接喝醋蛋的原液,有酸苦味,难喝,可以加蜂蜜,调到合适的程度。180mL醋泡制的醋蛋可以喝5~7天,每天早上洗完脸后(空腹)把一份醋蛋加2~3倍水稀释到自己宜喝的程度服下。

(五)质量标准

蛋黄和蛋清被薄皮包裹,用筷子一捅即破。

(六)注意事项

直接喝醋蛋的原液,有酸苦味,难喝,可以加蜂蜜,调到合适的程度。

八、文武蛋

文武蛋是用鲜鸡蛋与咸鸭蛋配制加工成的一味美肴。制作简便,老少皆宜。由于是鲜蛋与咸蛋配做,故美其名曰:文武蛋。

(一) 主要设备

蒸锅,刀具,案板。

(二) 配方

鲜鸡蛋5只,生咸鸭蛋2枚,猪板油100g,青葱100g,味精、糖少许。

(三) 工艺流程

打蛋→拌料→蒸蛋→切块→成品

(四) 操作要点

(1) 打蛋液。取新鲜鸡蛋、生咸鸭蛋,将蛋液打入碗中并搅匀。

(2) 蒸蛋。将猪板油切成小丁块,青葱切成末,一同放入蛋碗中,再加少量味精、糖拌匀,然后放在锅内隔水蒸之。

(3) 整理。蒸时,火力不宜太旺,蒸好取出时,用小刀将蛋划成方块状,即可食用,要现蒸现吃,滋味香美。

(五) 质量标准

香味扑鼻,鲜美可口,别具风味。

(六) 注意事项

蛋液要打匀,味精、糖要适量,蒸蛋火力适宜。

九、鸳鸯蛋

鸳鸯蛋是用鲜鸡蛋与咸鸭蛋配制加工成的一道美肴。

(一) 主要设备

碗,筷子,炒锅。

(二) 配方

鲜鸡蛋1只,生咸鸭蛋1只,植物油2匙。

(三) 工艺流程

打蛋→搅匀→油炒→成品

(四) 操作要点

(1) 打蛋。取鲜鸡蛋和咸鸭蛋,将蛋液打入碗中并搅匀,咸蛋的蛋黄不易打碎,可用筷子夹碎,弄成小块。

(2) 炒蛋。在锅里放植物油,烧热后,将蛋液倒入炒锅中,炒时火要旺,不要再加盐,蛋炒得越嫩越好。

(3)配料。吃时,配制吃螃蟹的调料,如白糖、醋、姜等,将蛋蘸着调料吃,颇有吃鲜蟹的滋味。

(五)质量标准
色泽橘黄,质地柔软,滋味似蟹,鲜美异常,营养丰富,老幼皆宜。

(六)注意事项
咸蛋的蛋黄不易打碎,可用筷子夹碎,弄成小块。油烧热后再将蛋液倒入炒锅中,炒时火要旺,不要再加盐。

第二节 乳类休闲食品加工

一、冰激凌

冰激凌是以饮用水、牛奶、奶粉、奶油(或植物油脂)、食糖等为主要原料,加入适量食品添加剂,经混合、灭菌、均质、老化、凝冻、硬化等工艺而制成的体积膨胀的冷冻饮品。冰激凌的品种很多,按所用原料中乳脂肪含量分为全乳脂冰激凌、半乳脂冰激凌、植脂冰激3种。

(一)主要设备
冰激凌机,筛,泵,杀菌设备,均质机。

(二)配方(见表8-1)

表8-1 冰激凌的组成成分(%)

种类	乳脂肪	非脂乳固体	糖类	稳定剂和乳化剂	总固形物
高档冰激凌	10~14	8~10	>15	0.3~0.5	39~45
中档冰激凌	8~10	10~11	>15	0.3~0.5	35~39
低档冰激凌	6~8	11~12	13~15	0.3~0.5	30~35

(三)工艺流程
混合料的配制→混合料的杀菌→混合料的均质→冷却与老化→凝冻→成型罐装、硬化和储藏

(四)工艺要点

1. 混合料的配制

(1)原料混合的顺序宜从浓度低的液体原料如牛乳等开始,其次为炼乳、稀奶油等液体原料,再次为砂糖、乳粉、乳化剂、稳定剂等固体原料,最后以水作容量调整。

(2)混合溶解时的温度通常为40~50℃。

(3)鲜乳要经100目筛进行过滤、除去杂质后再泵入缸内。

(4)乳粉在配制前应先加温水溶解,并经过过滤和均质再与其他原料混合。

(5)砂糖应先加入适量的水,加热溶解成糖浆,经160目筛过滤后泵入缸内。

(6)人造黄油、硬化油等使用前应加热融化或切成小块后加入。

(7)冰激凌复合乳化、稳定剂可与其5倍以上的砂糖拌匀后,在不断搅拌的情况下加入混合缸中,使其充分溶解和分散。

(8)鸡蛋应与水或牛乳以1:4的比例混合后加入,以免蛋白质变性凝成絮状。

(9)明胶、琼脂等先用水泡软,加热使其溶解后加入。

(10)淀粉原料使用前要加入其量的8~10倍的水并不断搅拌制成淀粉浆,通过100目筛过滤,在搅拌的前提下徐徐加入配料缸内,加热糊化后使用。

2. 混合料的杀菌

通过杀菌可以杀灭料液中的一切病原菌和绝大部分的非病原菌,以保证产品的安全性和卫生指标,延长冰激凌的保质期。

杀菌温度和时间的确定,主要看杀菌的效果,过高的温度与过长的时间不但浪费能源,而且还会使料液中的蛋白质凝固、产生蒸煮味和焦味、维生素受到破坏而影响产品的风味及营养价值。通常间歇式杀菌的杀菌温度和时间为75~77℃,20~30分钟,连续式杀菌的杀菌温度和时间为83~85℃,15秒。

3. 混合料的均质

(1)均质压力。压力的选择应适当。压力过低时,脂肪粒没有被充分粉碎,乳化不良,影响冰激凌的形体;而压力过高时,脂肪粒过于微小,使混合料黏度过高,凝冻时空气难以混入,给膨胀率带来影响。合适的压力,可以使冰激凌组织细腻、形体松软润滑,一般说来选择压力为14.7~17.6MPa。

(2)均质温度。均质温度对冰激凌的质量也有较大的影响。当均质温度低于52℃时,均质后混合料黏度高,对凝冻不利,形体不良;而均质温度高于70℃时,凝冻时膨胀率过大,亦有损于形体。一般较合适的均质温度是65~70℃。

4. 冷却与老化

(1)冷却。均质后的混合料温度在60℃以上。在此温度下,混合料中的脂肪粒容易分离,需要将其迅速冷却至0~5℃后输入到老化缸(冷热缸)进行老化。

(2)老化。老化是将经均质、冷却后的混合料置于老化缸中,在2~4℃的低温下使混合料进行物理成熟的过程,亦称为"成熟"或"熟化"。其实质是脂肪、蛋白质和稳定剂的水合作用,稳定剂充分吸收水分使料液黏度增加。老化期间的这些物理变化可促进空气的混入,并使气泡稳定,从而使冰激凌具有细致、均匀的空气泡分散,赋予冰激凌细腻的质构,增加冰激凌的融化阻力,提高冰激凌的储藏稳定性。

老化操作的参数主要为温度和时间。随着温度的降低,老化的时间也将缩短。如在2~4℃时,老化时间需4小时;而在0~1℃时,只需2小时。若温度过高,如高于6℃,则时间再长也难有良好的效果。混合料的组成成分与老化时间有一定关系,干物质越多,老化时间越短。一般说来,老化温度控制在2~4℃,时间为6~12

小时为佳。

为提高老化效率,也可将老化分两步进行。首先,将混合料冷却至15~18℃,保温2~3小时,此时混合料中的稳定剂得以水化;然后,将其冷却到2~4℃,保温3~4小时,这可大大提高老化速度,缩短老化时间。

5. 冰激凌的凝冻

(1)液态阶段。料液经过凝冻机凝冻搅拌一段时间(2~3分钟)后,料液的温度从进料温度(4℃)降低到2℃。由于此时料液温度尚高,未达到使空气混入的条件,故称这个阶段为液态阶段。

(2)半固态阶段。继续将料液凝冻搅拌2~3分钟,此时料液的温度降至-2~-1℃,料液的黏度也显著提高,使空气得以大量混入,料液开始变得浓厚而体积膨胀,这个阶段为半固态阶段。

(3)固态阶段。此阶段为料液即将形成软质冰激凌的最后阶段。经过半固态阶段以后,继续凝冻搅拌料液3~4分钟,此时料液的温度已降低到-4~-6℃。在温度降低的同时,空气继续混入,并不断地被料液层层包围,这时冰激凌料液内的空气含量已接近饱和。整个料液体积不断膨胀,料液最终成为浓厚、体积膨大的固态物质,此阶段即是固态阶段。

6. 成型罐装、硬化和储藏

(1)成型灌装。凝冻后的冰激凌必须立即成型灌装(和硬化),以满足储藏和销售的需要。冰激凌的成型有冰砖、纸杯、蛋筒、浇模成型、巧克力涂层冰激凌、异形冰激凌切割线等多种成型灌装机。

(2)硬化(hardening)。将经成型灌装机灌装和包装后的冰激凌迅速置于-25℃以下的温度,经过一定时间的速冻,品温保持在-18℃以下,使其组织状态固定、硬度增加的过程称为硬化。

(3)储藏。硬化后的冰激凌产品,在销售前应将制品保存在低温冷藏库中。冷藏库的温度为-20℃,相对湿度为85%~90%,储藏库温度不可忽高忽低,储存温度及储存中温度变化往往导致冰激凌中冰的再结晶。使冰激凌质地粗糙,影响冰激凌品质。

(五)质量标准

色泽纯正,口感滑腻,质地柔软,奶味突出,鲜美异常,营养丰富,老幼皆宜。

(六)注意事项

1. 原料方面

(1)乳脂肪:含量越高,混合料的黏度越大,有利膨胀,但乳脂肪含量过高时,则效果反之。一般乳脂肪含量以6%~12%为好,此时膨胀率最好。

(2)非脂肪乳固体:含量高能提高膨胀率,一般为10%。

(3)糖:含量高则冰点降低,会降低膨胀率,一般以13%~15%为宜。

(4)稳定剂:适量的稳定剂能提高膨胀率,但用量过多则黏度过高,空气不易进入而降低膨胀率,一般不宜超过0.5%。

(5)无机盐:对膨胀率也有影响,如钠盐能增加膨胀率,而钙盐则会降低膨胀率。

2. 操作方面

(1)均质:均质适度能提高混合料黏度,空气易于进入,使膨胀率提高;但均质过度则黏度高、空气难以进入,膨胀率反而下降。

(2)老化:在混合料不冻结的情况下,老化温度越低,膨胀率越高。

(3)杀菌:采用瞬间高温杀菌比低温巴氏杀菌法混合料变性少,膨胀率高。

(4)空气吸入量:适当的吸入量能得到较佳的膨胀率,应注意控制。

(5)凝冻压力:凝冻压力过高则空气难以混入,膨胀率下降。

二、雪糕

雪糕是以饮用水、乳品、食糖、食用油脂等为主要原料,添加适量增稠剂、香料,经混合、灭菌、均质或轻度凝冻、注模、冻结等工艺制成的冷冻产品。雪糕的总固形物、脂肪含量较冰激凌低。

(一)主要设备

冰激凌机,杀菌机,模具,均质机,灌装机

(二)配方

牛乳32%,淀粉1.25%~2.5%,砂糖13%~16%,精练油脂2.5%~4.0%,香料适量,着色剂适量。

(三)工艺流程

原料处理→混合配制→杀菌→保温→冷却(加入香味料)→均质→冷却(插棒)→浇模→冻结→脱模→包装→检验→成品

(四)操作要点

雪糕生产时,原料配制、杀菌、冷却、均质、老化等操作技术与冰激凌基本相同。普通雪糕不需经过凝冻工序,直接经浇模、冻结、脱模、包装而成,膨化雪糕则需要凝冻工序。

(1)凝冻。雪糕凝冻操作生产时,凝冻机的清洗与消毒及凝冻操作与冰激凌大致相同,只是料液的加入量不同,一般占凝冻机容积的50%~60%。膨化雪糕要进行轻度凝冻,膨胀率为30%~50%,故要控制好凝冻时间以调节凝冻程度。料液不能过于浓厚,否则会影响浇模质量。出料温度控制在-3℃左右。

(2)浇模。浇模之前必须对模盘、模盖和用于包装的扦子进行彻底清洗消毒,可用沸水煮沸或用蒸汽喷射消毒10~15分钟,确保卫生。浇模时应将模盘前后左右晃动,使模型内混合料分布均匀后,盖上带有扦子的模盖,将模盘轻轻放入冻结缸(槽)内进行冻结。

(3)冻结。雪糕的冻结有直接冻结法和间接冻结法。直接冻结法即直接将模盘浸入盐水槽内进行冻结,间接冻结法即速冻库与隧道式速冻。进行直接速冻时,先将冷冻盐水放入冻结槽至规定高度,开启冷却系统;开启搅拌器搅动盐水,待盐水温度降至 $-26\sim-28$℃时,即可放入模盘,注意要轻轻推入,以免盐水污染产品;待模盘内混合料全部冻结(10~12分钟),即可将模盘取出。

(4)脱模。使冻结硬化的雪糕由模盘内脱下,较好的方法是将模盘进行瞬时间的加热,使紧贴模盘的物料融化而使雪糕易从模具中脱出。加热模盘的设备可用烫盘槽,其由内通蒸汽的蛇形管加热。脱模时,在烫盘槽内注入加热用的盐水至规定高度后,开启蒸汽阀将蒸汽通入蛇形管控制烫盘槽温度在50~60℃。将模盘置于烫盘槽中,轻轻晃动使其受热均匀,浸数秒钟后(以雪糕表面稍融为度),立即脱模。产品脱离模盘后,置于传送带下,脱模即告完成,可进行包装。

(五)质量要求

色泽纯正,口感滑腻,质地柔软,奶味突出,鲜美异常,营养丰富,老幼皆宜。

(六)注意事项

雪糕用的竹棍或木棍,使用前应用清水彻底清洗干净,煮沸15分钟消毒,取出后浸泡于漂白粉溶液中备用。

三、奶片

(一)主要设备

锤式粉碎机,混料机,压片机,包装机等。

(二)配方(按1000kg计算)

全脂奶粉150kg,脱脂奶粉450kg,葡萄糖220kg,蔗糖180kg。

另外,根据不同对象和不同需要,可以添加维生素、矿物元素等配制成儿童普通奶片、增智奶片、多维奶片、加锌奶片等。

(三)工艺流程

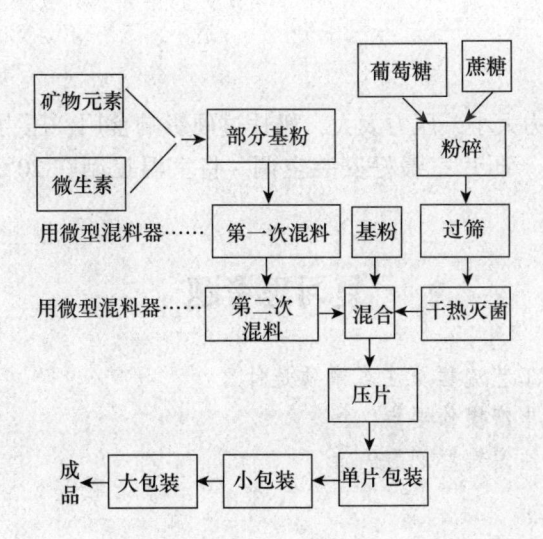

(四)操作要点

1. 原料处理和混合

(1)先将蔗糖和葡萄糖用锤式粉碎机进行粉碎,并用80目筛过筛,使粒度达80μm左右,然后放入混料机中与基粉混合均匀。

(2)根据标准要求,正确称取矿物元素和维生素,与部分基粉用微型混合机进行预混。为了确保混合均匀最好逐级扩大。其他油剂可用喷雾器与部分基粉混合。

(3)将粉碎后的糖与基粉、矿物元素和维生素等混合均匀。为使片形平整,质地良好,最好先行制粒,然后送入料斗中供压片用。

2. 压片

(1)压力控制:压片时压力大小直接影响奶片的质量。压力太大,奶片过硬影响食用;压力太小奶片疏松易碎,会增加奶片的破损率,故采用压片机压制2.5g奶片时,压力最好控制在250~300kg/cm² 程度为宜。

(2)压片时的工作环境:为了避免冲压时粘附冲模影响工作效率,压片室最好安装空调。将室温控制在20℃,相对湿度控制在40%~50%。

(3)包装材料:可采用外层玻璃纸、内层聚乙烯的复合膜包装。另外,也可以采用OPP/PE复合铝塑膜包装。包装用复合膜的商标、图案、生产日期等最好采用连续性的,可在任何部位切断。

(4)小包装:为了防止吸潮,小包装(10片或20片)可采用复合塑抖袋、铝箔袋或纸盒包以便于运输和延长保存期。

(5)保存期:用厚度为80μm的复合包装材料时可保存6个月,用单层薄膜包装时,保存期为3个月。

(五)质量标准

片形:19mm×19mm×6mm

片重:每片2.5g

(六)注意事项

压片时控制好压力大小,压力太大,奶片过硬影响食用;压力太小奶片疏松易碎,会增加奶片的破损率。压片室最好安装空调。将室温控制在20℃,相对湿度控制在40%~50%。

复习思考题

1. 营养果冻生产工艺流程及注意事项是什么?
2. 简述鹌鹑皮蛋生产操作要点。
3. 冰激凌制作要注意哪些问题?

第九章 其他类休闲食品加工

学海导航

1. 掌握以果仁糖、口香糖、糯米糖为代表的糖类休闲食品加工技术及设备。
2. 掌握果冻的加工关键技术及设备。
3. 掌握烤鱼片、鱼脯、鱿鱼片等海洋类休闲食品加工技术及设备
4. 了解冷饮类、花类、菌类休闲食品的加工技术及设备

第一节 糖果类休闲食品加工

糖果类是以白砂糖、淀粉糖浆(或其他食糖)或允许使用的甜味剂为主要原料,按一定生产工艺要求加工制成的固态或半固态甜味食品。根据口干、加工工艺及所用原料可分为以下几种:硬质糖果、硬质夹心糖果、乳脂糖果、凝胶糖果、抛光糖果、胶基糖果、充气糖果和压片糖果等。其中硬质糖果是以白砂糖、淀粉糖浆为主料的一类口感硬、脆的糖果;硬质夹心糖果是糖果中含有馅心的硬质糖果;乳脂糖果是以白砂糖、淀粉糖浆(或其他食糖)、油脂和乳制品为主料制成的,蛋白质不低于1.5%,脂肪不低于3.0%,具有特殊乳脂香味和焦香味的糖果;凝胶糖果是以食用胶(或淀粉)、白砂糖和淀粉糖浆(或其他食糖)为主料制成的质地柔软的糖果;抛光糖果是表面光亮、坚实的糖果;胶基糖果是用白砂糖(或甜味剂)和胶基物质为主料制成的可咀嚼或可吹泡的糖果;充气糖果是糖体内部有细密、均匀气泡的糖果;压片糖果是经过造粒、黏合、压制成型的糖果。

限于篇幅,本节只对一些有代表性的糖的品种进行介绍。

一、碎果仁软糖

碎果仁软糖系花生米、淀粉、砂糖熬制而成,利用干淀粉下锅后吸收糖浆中的水分而糊化的一种熬制方法。用此法熬制的软糖,可以随意变更口味,如咖啡味、可可味、水果味等。

(一) 配方

白砂糖8kg,奶油0.25kg,奶粉0.15kg,猪油0.25kg,淀粉0.2kg,破碎花生仁0.35kg,食盐10kg,香草粉5g。

(二) 工艺流程

```
饴糖、盐      干淀粉           奶油+猪油
   ↓            ↓                 ↓
 白砂糖┐
      ├→糖化→熬炼→搅拌→搅拌→离火→调入奶粉
   水 ┘
→放冷却台→压片→切条、切块→成品
    ↑
  粉碎←烘烤←花生仁
```

(三) 操作要点

(1) 粉碎花生仁。选择颗粒饱满、无虫蛀的花生作原料。将花生在烤箱中烤制成熟,然后粉碎成绿豆大小的碎粒备用。

(2) 糖化、熬炼。将白糖放入锅内,加2kg水煮至化开,过滤入熬糖锅内,加入饴糖和食盐,熬至123~124℃(夏季略提高2~3℃)。

(3) 加干淀粉搅拌。将干淀粉均匀加入糖锅中。可以采取以下方法:将淀粉放在铁漏瓢中(有孔洞的铁瓢),将瓢伸入糖锅内,舀入少许糖浆,然后用长竹片将瓢中的淀粉与糖浆搅混,使淀粉糖浆从漏瓢孔眼流入锅中,如一下未能漏完,瓢中仍剩有干粉时,应再舀取糖浆搅混,务必使淀粉全部漏下,操作应迅速,以免糊锅。

(4) 拌猪油、奶粉及其他。糖浆变稠后迅速加入奶油和猪油,搅拌均匀后离火,再加入奶粉,搅拌均匀后倒在冷却台上,稍凉后放入碎花生仁,铲拌,同时拌入香料,铲拌均匀。冷却后,用压条机压片、切条、切块。

二、香酥糖

(一) 配方

白砂糖15kg,香兰素20g,淀粉糖浆8kg,香精5g,花生酱或芝麻酱5kg。

(二) 工艺流程

白砂糖、淀粉糖浆、水→溶化→过滤→熬糖

熬糖(50%)→调和→冷却→包酱→拉酥→包酥→成型→烤制→包装→成品
　　　　　　　　　　　　　　　　　　　　↑
　　　　　熬糖(50%)→调和→拉白→做糖皮
　　　　　　　↑
　　　　香兰素、香精

(三) 操作要点

(1) 溶糖。把白砂糖、淀粉糖浆加入锅中，随后加7 kg清水，边加热边搅匀，直至糖液温度达105~107℃，浓度75%~80%，静止片刻，过50目筛，准备真空熬糖。

(2) 真空熬糖。分三个阶段熬糖：一是预热阶段，糖液浓度为86%~88%，温度115~118℃；二是真空蒸发阶段，真空度0.03MPa，糖液沸腾温度达120℃以上；三是真空浓缩阶段，将液面真空度提高至0.092MPa以上，物料温度降至110~115℃，真空熬糖完成。

(3) 冷却。在冷却台上擦油，熬好的糖液一半倒在冷却台上，用来做糖皮；另一半留做酱心。

(4) 拉白。将冷却台上的50%的糖液冷却至50℃，用拉白机拉白叠匀，然后摊平，做成长方形糖皮，备用。

(5) 温酱。将花生仁经烘烤或油炸后精磨成酱，用夹层锅加热到60℃左右，酱变稀后可掺入炒面，搅拌使之均匀，备用。

(6) 包酱、拉酥。把做酱心用的50%的糖浆压成圆片，将保温的花生酱倒入，包成饺子形，均匀地把糖包拉长折叠9~12次，不能有破裂爆酱，直至成为糖酥，备用。

(7) 包酥。将糖酥放在制好的糖皮中间，包裹紧密(要封住两头)，使不露糖酥。

(8) 成型。包好糖酥后，在辊床上滚圆拉条，用电炉保温后，经过压条机，再切轧成块，经冷却装入事先已经预热过的烤盘中(烤盘预热温度40℃)。

(9) 烤制。烤箱温度先调到40℃，预热烤盘，然后放入半成品，再放入烤箱。加热升高烤箱温度至55℃，待糖块表面开始溶化时，即停止加热。打开真空阀，使烤箱内真空度迅速上升至0.092MPa以上，糖体体积增大2~3倍，有光泽。

(10) 包装。控制包装间温度20℃，相对湿度低于50%即可包装至成品。

三、什锦南糖

(一) 产品介绍

什锦南糖以糖类为原料，添加相当量的花生、麻仁等制成，形状多样，有条、片、三角、鸡腿等，口味酥甜香美，很受人们的欢迎。

(二) 配方

麻仁27kg，麻酱3kg，花生10kg，食用油1kg，白砂糖45kg，焦糖色2kg，饴糖20kg，柠檬酸2g，绵白糖3kg。

（三）主要工艺流程

饴糖＋白砂糖＋水→熬糖→压制成不同形状→冷却→成品
　　　　　　　　　　↑
花生米→炒制→熟花生（麻仁）

（四）操作要点

什锦南糖因为形状多样，工艺较为复杂。为了便于掌握工艺，按花样分锅制作，一般每50kg产品分八锅操作。

(1) 花生条。将花生米炒制成熟，去红色的外皮，除杂质，备用。先将清水2.5kg注入锅内，再放饴糖2.86kg、砂糖5kg加热，搅拌。待锅烧开时放食油100g搅拌，继续加热使糖温达到150℃左右时即可，以口尝酥脆为宜。起锅前将炒熟的花生6kg倒在冷却台上，把熬好的糖汁倒在花生上，用铁铲搅拌、折叠均匀，然后移到案子上，分成3块擀成片，再切成一定大小的条，冷却即可为成品。注意要趁热将花生米和熬好的糖汁搅拌均匀，趁热将拌匀的花生米和糖汁压成片、切成条。

(2) 花生麻片。将花生米炒制成熟，去红色的外皮，除杂质，备用。按制作花生条的熬糖方法制备糖汁。糖汁出锅前，先将花生4kg、麻仁2kg分别倒在冷却台上，随即将熬好的糖汁的65%倒在花生上，35%倒在麻仁上，用铁铲搅拌、折叠均匀。随之将芝麻与糖汁倒到案子上，擀成薄片作外皮，将花生与糖汁倒在芝麻片上，包严擀薄至2.5cm见方的条，切块，冷却。

(3) 麻仁条。将花生米炒制成熟，去红色的外皮，除杂质，备用。按制作花生条的熬糖方法制备糖汁。糖汁出锅前，将麻仁5kg倒在冷却台上，随即将熬好的糖汁倒上，用铁铲搅拌、折叠均匀后，移到案板上，分成两份，其中一份擀薄后稍上焦糖色，用纸盖严，再擀一次，使焦糖色粘在芝麻片上，然后切成片；另一份搓成长条，包上焦糖色心，用木板夹成三角形切片，冷却装箱。

(4) 鸡腿。先将清水3kg、砂糖10kg、柠檬酸2g注入锅内，加温熬制，待糖温达160~165℃时出锅，倒在冷却台上，冷却均匀。用70%拔泡作外皮，30%作包馅。熬搪同时，将麻酱3kg放入炒馅锅内，加温至70℃左右，放入香草精2g搅拌均匀，把馅倒在馅皮上，拽拔6~7个对头，用拔泡的外皮包好拽条，拽至直径0.5cm左右时，切成3cm长块，冷却。

（五）质量标准

(1) 形状。有条、块、片、三角，花样新鲜，麻仁、芝麻鲜明，糖块有亮光。

(2) 口味。甜、酥、脆，有果仁香味，甜度适口，营养丰富。

(3) 包装。将上述各种条、块、片等产品混合均匀，使产品美观、花样新鲜，用大塑料袋包装，每袋装2kg。

（六）注意事项

(1) 熬糖时掌握火候适当，开始时火力要猛，糖变色后，微火熬炼，以保质量。

(2)炒麻仁、花生时火候也要适当，注意防潮，以适应生产需要。

(3)加温麻酱时，温度应把握好，决不能煳锅底。

(4)生产出的成品，一定要防止湿气侵袭，以保证质量。保存的库房应干燥，码放整齐，不能码放过高。轻拿轻放，以防压碎。一般保管期冬季为2个月，夏季为1个月。

四、口香糖

口香糖可分为板式口香糖、泡泡糖和糖衣口香糖三种。板式口香糖是口香糖中的主要产品，它的销量最多。泡泡糖的特点是可以通过口腔呼气把糖体吹成皮膜泡，它常用树胶脂等以加强其皮膜强度，糖衣口香糖是通过旋转釜在口香糖表面上挂上糖衣。口香糖的组成成分中，酯胶质约占25%，糖和其他部分约占75%。酯胶基质的好坏直接影响口香糖的品质。至于仅占0.5%~2.0%的香料部分则和酯胶的黏弹性有密切的关系，同样也非常影响口香糖的品质。

（一）生产口香糖的原料

1. 酯胶基质

(1)糖胶树胶。口香糖的酯胶基质是利用糖胶树胶的特性而制成的，糖胶树胶是取自红松科的树液。全世界糖胶树胶的总产量中，大部分是产自墨西哥和洪都拉斯。糖胶树胶的主要成分是杜仲胶(聚异戊二烯)和树脂(由三萜和甾醇构成)。通过杜仲胶的弹性和树脂的可塑性的适量配比，便可得出口香糖所具有的柔和咀嚼感。糖胶树胶是生产口香糖最好的基质，但这种树胶的产量很少，价格也高。

(2)加工糖胶树胶基质。加工糖胶树胶是指把糖胶树胶加上其他的天然树胶或加上醋酸乙烯树脂、可塑剂、碳酸钙等，以及混有其他各种成分的基质。作为糖胶树胶代用品的天然树胶，以爪哇、苏门答腊、婆罗洲产的节路顿胶最负盛名。至于其他的树胶种类，产量少，工业使用价值也小。

以天然树脂为主要成分加工树脂基质的标准组成是：杜仲胶4%~9%、酯树胶91%~96%、灰分0~2%，软化点的温度是74~87℃，次级品则加入碳酸钙等增量剂。

(3)聚醋酸乙烯酯。日本在"二战"后把聚醋酸乙烯酯作为口香糖基质用，而且还把它作为代表性的原料看待。以聚合度为200~700的为好，而且以使用低聚合度，有分枝分子构造的为好。这样才能使成品口香糖的口感柔软。泡泡糖用的聚合度是500~600，板式口香糖用的度是200~400。总之聚合度越高则越有弹性，但要添加可塑剂。但聚合度为200的就可以不添加可塑剂。

糖胶树胶是疏水性物质，而醋酸乙烯酯是亲水性物质。醋酸乙烯酯在保持香味上虽不如糖胶树胶，但为了使醋酸乙烯接近于糖胶树胶所起的作用，也可进行接枝聚合。这种聚合物是合成树胶基质的主要成分，可用于制口香糖。

(4)聚异丁烯。聚异丁烯是非极性聚合物的代表，利用其弹性，可作为醋酸乙烯酯的补助剂用于生产口香糖。

(5)醋树胶。醋树胶是把松脂和甘油进行反应而制成的醋化品,它可作为加强泡泡糖的皮膜用。

(6)可塑剂。可塑剂有三种:①微晶石蜡。微晶石蜡是从石油精炼中得到的蜡,然后再从这种蜡中提取其微结晶状的部分而制成的物质。微晶石蜡可对口香糖赋以柔软和润滑性,在冬季又可作为防止成品发脆的添加剂。②蜡类。除上述可塑剂外,还可使用小烛脂蜡、蜜蜡、巴西棕榈蜡和石蜡等,这些都可加强口香糖的可塑性。另外,利用植物油脂、卵磷脂、单甘油酯和香料等也可起到软化口香糖的作用。③合成可塑剂。在日本,允许使用的合成可塑剂有酞酸二丁酯(D、B、P),丁酞酰丁基甘醇聚(B、P、B、G),乙酰基蓖麻酸甲酯(M、C、R),聚丁烯等添加物。

(7)填充剂。作为填充剂用的细粉末的碳酸钙或滑石粉都可以适当地抑制口香糖的弹性,同时也可防止口香糖本身的黏着性。

2. 砂糖和其他糖类

砂糖也是口香糖的重要原料之一,以使用250目以上的细粉糖为好。至于使用葡萄糖、淀粉糖也同样如此。粒度越小越可使成品润滑。

3. 香料

口香糖中的香料质量也是决定口香糖商品价值的重要原因之一,而且它的使用量比生产糕点时用得多。在制作板式口香糖时,约添加1%;而在制作泡泡糖时,则用0.6%~0.8%。

过去有使用油性香料的,借以保持和树胶基质的亲和性,但并不能调整口香糖的香味。口香糖的赋香目的在于持续其呈香时间,同时还要呈现出其风味。因此常常同时并用粉末香料。粉末香料有速效性,对唾液的分散性好,没有局部性的浓度变化,呈味性较佳。一般使用的香料有绿薄荷油、薄荷油、水果,此外还有咖啡、薄荷、洋酒或梅干等。

4. 其他原料

界面活性剂、抗氧化剂、人工甜味剂、食用色素和湿润剂。湿润剂有山梨醇和甘油。此外作为药效用的还有维生素类等。

口香糖制作(A)

(一) 配方

胶基(阿拉伯树胶基黏性糖浆)18%~20%,糖60%,甘油0.3%~0.5%,葡萄糖浆20%,香料、香精适量。

(二) 工艺流程

胶基→加热
葡萄糖浆 }→混合Ⅰ,加60%的糖、甘油、色素→混合Ⅱ,加其余的糖→
再生胶质料

混合Ⅲ，加香料→混合Ⅳ→冷却———— ↗压延→切片 ↘造粒 ⎱→涂层→抛光→包装

(三) 操作要点

(1)葡萄糖浆黏性糖浆配制。将10kg糖溶于4kg水中，煮沸到107.5℃，停火。然后加10kg 80%的葡萄糖浆(右旋)，混合均匀。注意：加入葡萄糖浆后不需再加热，只需搅拌均匀即可。

(2)胶基的配制(阿拉伯树胶基黏性糖浆)。将7kg的阿拉伯树胶溶于20kg水中，浸泡24小时后再过滤得阿拉伯树胶溶液；将20kg葡萄糖浆溶于7kg的水中，煮沸到107.5℃，得葡萄糖液；将10kg阿拉伯树胶溶液倒入15kg葡萄糖液之中，混匀，即为胶基。

(3)胶基的准备。选用的胶基，先置于75~80℃下软化，时间约2小时。再生胶废料为生产过程中的边角余料，加入量控制在5%左右。

(4)混合Ⅰ。按配方将将软化的胶基、葡萄糖浆、再生胶质料加入混合机，混合机加热至45~55℃，不断铲拌约5分钟。为了避免粘连。可在铲刀上加一些糖粉。

(5)混合Ⅱ。混合机中再加60%的糖、甘油、色素，不断铲拌约5分钟，方法与混合Ⅰ相同。

(6)混合Ⅲ。混合机中再加剩下的糖，不断铲拌约3分钟，方法与混合Ⅰ相同。

(7)混合Ⅳ。混合机中再加香料，不断铲拌约2分钟，方法与混合Ⅰ相同。

注：混合Ⅰ工序和混合Ⅱ工序各需5分钟，混合Ⅲ工序约需3分钟，混合Ⅳ工序约需2分钟。混合工序保持在45~50℃进行，混合时加入的糖应为微细的糖粉，糖粉粒度要求在0.1~0.05mm。

(8)冷却。将混匀的胶团出混合机，然后切割成4kg重的块，放在冷却台上或冷风下冷却，要求在30~60分钟内使其冷却。

(9)成型。将冷却的胶团用压延机制成片或用造粒机制成颗粒状。

(10)涂层。在盘内滚动的胶基心上加上足够的黏性糖浆，要确保所有部位均被糖浆所覆盖，并滚动直到均匀为止。再加进足够的糖粉以吸干表层的水分，糖粉粒度大小要求在0.2~0.4mm。制品置于盘内放置12小时。

(11)抛光、包装。用抛光机抛光。在准备抛光盘时，要在盘内表面粘贴一层帆布，并在其上覆上一层蜡基混合物。蜡基配方如下：蜂蜡73%，滑石9%，巴西蜡或鲸脑油脂18%。开动机器抛光，直到符合成品表面要求，包装即为成品。

口香糖制作(B)

(一) 配方

配方见下9-1表。

表9-1 口香糖配方例　　　　　　　　　　　　　　　　　　　　单位：kg

配料	日本乐特公司配方	美国理格公司配方	国产配方
胶基	19.8	26	15
糖粉	57.6	54.3	52.5
葡萄糖浆	19.8	17	15
香精	0.5	0.7	0.5
甘油	2	2	

（二）工艺流程

胶基处理
甜味剂调和 }→混合、保温→加香精混合、保温→制坯、保温→压片、冷却→切块成型→冷却→包装

（三）操作要点

(1) 所有胶基型糖熔化时均呈黏性，加入原料后需搅拌，时间为7~8分钟，随后加入所余糖粉，充分搅拌后，看不见胶粒及糖粉即可出料。

(2) 调和好的糖既要有黏结力，又没有黏手感，出料糖团温度要控制在60℃以下，含水量控制在3%以下。

(3) 辊压后要求成品表面平滑、细腻、组织紧密。

(4) 冷却成型是为了达到水分平衡而硬化。不宜过度冷却，否则容易受潮变软。

(5) 切块成型时，不宜切得太深，以糖块不完全断开为准。

(6) 冷却以后再包装。

五、巧克力糖

巧克力糖其精致细腻、充满魅力的特点长期受到人们的喜爱。生产巧克力糖的巧克力原料品牌很多，其中较为纯、品质较好的有"卡玛""瑞士莲"等，它们一般都是2kg一包的。"卡玛""瑞士莲"适合制作各种口味的巧克力及装饰物。与"卡玛""瑞士莲"相比，"鹰牌""晶牌"等巧克力原料对温度的要求不高，融化后冷却到温热的时候即可用于制作，且易于脱模、成型坚韧，只是成品的口感稍差一些。"鹰牌""晶牌"一般只适合制作装饰物。巧克力原料的颜色一般有三种，即黑色、棕色和白色。黑色的巧克力含糖量较低，味道比较苦；棕色的巧克力是牛奶巧克力，口感非常好，深受人们欢迎；白色的巧克力是用可可油与奶和糖混合在一起制成的，并不是严格意义上的巧克力——因为没有加入可可粉，但用它添加油性色素，便可以调制出各种颜色的巧克力。另外也可直接用可可豆，经过一系列的处理得到可可脂。

(一) 巧克力糖制作的一般工艺

1. 工艺流程

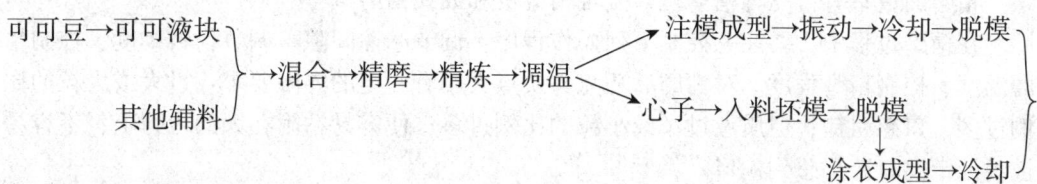

可可豆→可可液块⎫
　　　　　　　　⎬→混合→精磨→精炼→调温⎧→注模成型→振动→冷却→脱模⎫
其他辅料　　　　⎭　　　　　　　　　　　　⎩心子→入料坯模→脱模　　　　⎬
　　　　　　　　　　　　　　　　　　　　　　涂衣成型→冷却　　　　　　⎭

→挑选→包装→成品

2. 操作要点

(1) 可可液块的制备

1) 焙炒：经发酵和干燥的可可豆，焙炒。焙炒的主要作用是：除掉部分水分；使豆壳变脆干裂，便于除掉外壳；可使暗棕色的可可豆，变为紫红色；使部分油脂从细胞中渗透出来，豆肉变得明亮；焙炒可使可可豆的成分发生变化，淀粉糊化，变为可溶性微粒，酸类、醇类和酯类等芳香物质增多；使物料具有可塑性。

2) 随焙炒方法不同，所要求的温度和时间也不同。新焙炒方法是间接热风传热连续进行焙炒，不同产品品种所要求的焙炒温度和时间各异，以下是热风连续焙炒机的工艺条件：

可可粉　　　　　125～130℃　　　　25～30分钟
牛奶巧克力　　　110～125℃　　　　15～20分钟
深色巧克力　　　85～100℃　　　　 11～14分钟

焙炒的温度越高，可可豆的损耗率越大，这是在焙炒中需要注意的技术经济指标。

3) 簸筛：经过焙炒的可可豆，皮壳虽已开裂，但肉与壳还没有分离开，需稍经碾压即可分离，在机械撞击下，豆粒被碎裂为不规则的片粒。簸筛的作用就是将豆肉和皮壳分离开，以便于下一工序对豆肉的加工。

4) 研磨：研磨也称初磨是将可可片粒磨成酱体。为了得到由微粒构成的可可液块，这一工序是很重要的。要求磨碎至50～114μm。经初磨后可以缩短后一工序精磨的时间，并可获得较好的效果。经研磨成酱以后，即可得到褐色的可可液块。

初磨设备的类型很多，有盘磨机、辊磨机、齿磨机、球磨机和胶体磨等。

注：可直接用从市场买回的可可脂，这样就不用制备可可液块了。

(2) 混合、精磨

将初磨制成的可可液块或可可脂与辅料(糖粉、可可脂、奶粉、调味料、表面活性剂和香料等)混合，再经进一步磨细，称为精磨。

仅经初磨的可可料或糖粉，颗粒较大，进入口腔后有粗糙感，必须经过精磨使颗粒进一步变小。当精磨至物料的颗粒大部分都小于25μm或在18～23μm时，就会使巧克力进入人的口腔后没有颗粒感，这个范围是对精磨的要求。

物料在精磨过程中主要是物理变化。随着精磨的进行，物料被分散，物料被分散得越细，其表面积就会越大。一定数量的物质总容积中所包含的总表面，称为比表面。其比表面越大，巧克力的质点数量也越多，其质点也就越小越细。在精磨中保持一定温度下，精磨得越细，物料增稠，黏度增大，流动性降低。

精磨的设备有：三辊精磨机、五辊精磨机和鼓式精磨机等。

在精磨过程中，要注意控制下列操作程序：调节摩擦间隙、调节物料黏度、控制精磨温度、控制精磨程度。对精磨后巧克力质点大小有一定的界限要求：过大或大粒的比例过多，口感粗糙；但质点过小或小粒的比例过多，便容易粘附在人的舌腭上，不容易被唾液带离口腔，感到糊口。

(3) 精炼

经过精磨的巧克力虽然质点很细，但还不够细腻，香味还不够优美和醇和，精炼可以进一步提高其质量。特别是高级巧克力需要经过精炼工序。

精炼是在精炼机内进行的。精炼机的类型很多，目前用得较为普遍的为回转式精炼机。物料在精炼机内经过反复摩擦碰撞，物料内水分和挥发性气味被驱除，物料被充分乳化，从而提高了巧克力的质量。

精炼所要求的主要条件是温度和时间。质粒的棱角温度的要求，随巧克力糖果品种而不同。深色巧克力为55~85℃，牛奶巧克力为45~60℃。精磨所需的时间很长，一般为24~72小时。

精炼有以下几种作用：巧克力的质量更加细腻润滑，物料变得稀薄，流散性增强，色、香、味提高。

在精炼中要加入磷脂，磷脂是大豆、向日葵等油脂中提取出来。磷脂具有亲油和亲水的双重性，它既有亲油基，也有亲水基，它的亲水的一端，也能被糖、可可和乳固体吸附。这样，在巧克力物料中起着表面活性作用，使物料成为高度稳定的乳浊状态，改变质粒间的界面张力，减少物料胶团水化作用的发生和强化，从而阻碍了冻胶的形成，起着稀释作用，降低物料的黏度。在巧克力料中添加磷脂超过0.6%以上，黏度就不再下降，故在巧克力糖果生产中，添加量在0.1%~0.5%。在巧克力糖果中添加磷脂，可以减少一定比例的可可脂，这在经济上具有一定的意义。

(4) 调温

调温的作用在于控制可可脂在不同温度下相态的转换，从而达到调质的作用，使液态的巧克力酱变成固态的巧克力糖果。未经调温或调温不好，会使制品质量低劣。

从生产工艺的要求上看，由液态变成固态的巧克力料，要求它有明显的收缩性，这样便于从灌模的模型中脱落出来，这是连续生产作业线所必须的要求。按工艺条件要求进行调温，可使巧克力料产生明显的收缩性能，有利于脱模和连续化生产。

未经调温或调温不好的巧克力，冷固成型后，制品的质构粗糙，颜色灰暗，缺少巧克力应有的脆裂特性。在保存过程中，易变得粗糙和类似窝体的质构，丧失商品价值。所以，调温是巧克力生产中的重要工序。

在巧克力混合料内含有约30%的可可脂，可可脂在分散体系中是连续相，它的状态决定了巧克力的物理特性。巧克力料在调温中的变化，实质上是可可脂多晶型特性的变化。调温的目的就是使巧克力料产生最高比例的晶型，使巧克力生产过程顺利，成品质量稳定。

精炼后的巧克力料一般在45℃以上，其质粒处于运动状态，不能形成可可脂的任何晶型，故需将储缸内的物料搅动一定时间后再进行调温。

调温的第一阶段，物料从45℃冷却至29℃，可可脂产生晶核，并逐渐转变为其他晶型。

调温的第二阶段，物料从29℃继续冷却至27℃，部分不稳定晶型转变为稳定晶型，数量增多，黏度增大。

调温的第三阶段，物料从27℃回升至29~30℃，其目的在于使低于29℃以下不稳定的晶型溶化，只保留稳定的晶型，这就是晶型。同时，物料黏度降低，适于成型工序的要求。

调温过程是一种细致的工艺，对温度的调节和控制必须十分严格和准确。目前还没有理想的调温机，而薄膜式连续调温机适合于大批量生产的需要。

巧克力料经调温后，就可以用于生产巧克力糖果。按照成型工艺，巧克力糖果可分为浇模成型和涂衣成型。

(5) 浇模成型、振动、冷却、脱模

浇模用的巧克力料要严格控制温度和黏度。对料温要求在30℃左右，温度过高会破坏已经形成稳定晶型的可可脂晶型。使成品质构松散，缺乏收缩特性，难于脱模，在储存中易出现花斑或发暗现象。温度过低，物料黏稠，浇模时定量分配困难，且物料内气泡难以排除，制品易出现蜂窝。所以在成型过程中，物料应始终保持准确的温度，并要求保持在最小的温差范围内。

黏度是对物料要求的另一重要因素，物料黏度高低同样影响着它的流散性和分配的准确性。因此，在浇模过程中要保持物料的黏度范围。浇模后，要对模型进行震荡，使成品质构坚实，防止气泡或空隙产生。振幅要求不超过5mm，频率每1分钟约1000次。

存在于巧克力酱料中的热量有两种形式：即显热和潜热。显热是指巧克力酱降低温度时放出的热量；潜热是指液态变为固态所放出的热量，两种热量的总和就是成型过程需除掉的全部热量。

对冷却过程的要求是：当浇模后，先置于8~10℃的冷藏室内，约5分钟，料温降至21℃；再经21分钟左右，料温降至12℃，冷却所需的总时间为25~30分钟。冷却速度取决于冷却温度、冷风方式和制品形状。

从液态到固态的冷却速度不能过快，冷却温度一般为8~10℃，冷却后期可适当提高至12~14℃。冷风速度不超过7m/s，当巧克力块收缩变形后便到了冷却终点，即可脱模。

(6) 涂衣成型

涂衣成型而成的糖果，称为夹心巧克力也称花色巧克力。是在糖体外面涂一层巧克力原料，这种巧克力糖，形态多样，香味别致，美观大方，具有特色，品种有20~30种之多，不但口味不同，而且形态也不同，多是根据夹心而命名的，如花生夹心巧克力、蛋白夹心巧克力等。

1)心子的制作

硬心子：以砂糖的各种果仁为基础，有的也放葡萄糖。熬制方法分二种：一种是砂糖溶解在水中，过滤后再熬至一定的温度，将花生等一些果仁加进锅中一起炒，出锅温度比硬糖的温度略高；另一种是砂糖、葡萄糖在水中溶化后过滤，再熬到接近硬糖的温度，将核桃肉等果仁倒入锅中拌和（花生、杏仁等要熟的）出锅前都加少量奶油。

软心子：以方登（又称白马子）为基础，方登有两种口味：一种加乳制品，用于制作各种奶味的心子；另一种不加炼乳，用于各种水果味的心子。方登是以砂糖、葡萄糖加水溶解过滤，再熬制到120℃左右，倒在冷却台上搅拌而成。

酒心子：以砂糖为基础，加入各种名酒。砂糖加水溶解后过滤，再熬至112℃左右，离火3~5分钟后加入适量的酒，将糖水灌入粉盘中，然后在糖水表面上稍筛一层淀粉，保温结晶。还有用砂糖、炼乳、果仁、葡萄干等原料做成的各种半软糖心子。

心子做好后可用手或磨具作成一定形状。用涂衣成型机涂上巧克力原料即可。

2)对心子的要求：心子的性质和色香味要能与巧克力外衣和谐，具体要求是口感柔软，易溶化，不糊口以及不会引起形态变化、渗透穿孔、胀缩破裂、酸败变质、虫蛀和霉变等。涂衣时心子温度一般要低于外衣温度5℃左右。

3)制外衣和对外衣的要求：涂衣用的巧克力料中的可可脂要高于浇模用的料。涂衣用的巧克力酱要有合适的黏度和流动性。过于稠厚的物料不但输送不便，而且分配不均，涂衣厚薄不均，不能保证消耗定额。在整个涂衣过程中，要始终严格控制酱料的温度，保持在30~33℃。

4)控制冷却速度：涂衣成型机组的冷却通道应保持在7~12℃，冷风速度不超过7m/s，冷却时间保持在15~20分钟，冷却后期的温度可稍高，应在较干燥的条件下进行。

(7)巧克力糖果包装

包装的主要作用是：防热、防吸湿溶化、防香气逸散、防油脂析出、防酸败、防霉、防虫、防污染。对包装的要求是美观大方，丰富多彩，能经久保持巧克力糖果的色、香、味、型，特别是卫生条件。

一般蜡纸难于达到上述要求。通常用的包装材料有：铝箔、聚乙烯、聚丙烯、聚苯乙烯等。也有采用铝箔聚乙烯复合材料或其他复合材料。

装上高级礼盒，很有气派，这种花色巧克力糖在国外目前也是很受欢迎的高级产品。

六、糯米糖

（一）产品介绍

以糯米和麦芽为原料，经熬煮、拉白等工序加工而成的一种美味佳品，很受人们的欢迎。

（二）配方

糯米50kg，麦芽2kg。

(三) 工艺流程

糯米→浸泡→蒸米→混匀保温→熬煮→搅打→冷却→拉白→成品
　　　　　　　　　　　↑
　麦→浸水→发芽→捣碎

(四) 操作要点

(1) 蒸米。取糯米，加水浸泡10~15小时，然后捞起沥水，用大火蒸熟。熟的程度以不粘牙为好。

(2) 制备碎麦芽。把麦浸水，放在适宜温度下让其发芽，然后捣碎备用。一般1.5kg小麦可发4kg麦芽。

(3) 保温。把蒸熟的糯米倒入缸中，每缸加入1锅烫手的水，以浸没糯米为好，再加入2kg捣烂的麦芽，充分搅拌，使缸内的糯米散开，并用干稻草保温8~10小时。

(4) 熬煮、搅打。将已保温浸泡、化开的糯米捞出缸，入锅用大火熬制，熬至锅内的糖起泡为止。此时应立即停火，并用筷子搅拌糖到能拉成"旗子"，又能吹得碎为宜。

(5) 拉白。把熬好的糖倒入其他容器中或台面上自然冷却(也可吹冷风冷却)，待糖不烫手时，用手工(或拉白机)迅速扯至雪白，即成可口的糯米糖。

第二节　果冻类休闲食品加工

一、含气果冻

含气果冻酸甜可口，晶莹透亮，富有光泽，有水果的芳香，具有类似碳酸饮料的刺激感和清凉感。

(一) 主要设备

蒸煮锅，压滤机，热塑封口机。

(二) 配方

蔗糖20kg，果汁10kg，明胶1kg，碳酸钙0.5kg，海藻酸钠1kg，碳酸氢钠0.3kg，柠檬酸0.5kg，水适量。

(三) 工艺流程

　　　　　　　　　　　海藻酸钠溶胶→加辅料→煮胶
　　　　　　　　　　　　　　　　　　　　　　↓
原料预处理→预煮软化→破碎→压榨取汁→过滤→澄清→调配→装盒→加热→密封→杀菌→冷却→成品

(四) 操作要点

(1) 原料预处理。果冻生产宜采用新鲜、成熟度适中，果胶物质和酸含量丰富的果实，如柑橘、山楂、草莓、苹果等。剔除病虫危害及烂伤果，洗净去皮去核，沥干。

（2）预煮、软化。根据果实含汁液丰富与否适当加水或不加水（如草莓不需加水），破碎后迅速加热至沸点，时间小于 5 分钟；而山楂、苹果则需加 1 倍的水，煮沸 20～60 分钟，以煮软后便于取汁为标准。

（3）破碎、榨汁、过滤、澄清。将软化后的果实破碎，放入压滤机或木榨机中榨汁，然后用清洁布袋过滤或细筛过滤，向滤液中加入鸡蛋清澄清滤液。先将蛋清搅成泡沫状，按果汁与蛋清比为 1000:1 的量将泡沫状的蛋清缓缓倒入果汁中，充分搅匀，静置 7～8 小时，上层即为澄清果汁。

（4）调配。按配方量将明胶、柠檬酸等原辅料充分搅拌溶解，并加热到 60～70℃，趁热与果汁调配，即为果汁混合液。

（5）溶胶、煮胶。按配方锅内加入 40℃的温开水，再加入海藻酸钠，边加边搅拌使之溶解，在海藻酸钠溶解后胶凝前添加碳酸钙、碳酸氢钙、白糖，拌匀，将胶液加热煮沸 5 分钟。

（6）装盒、加热、密封。将煮过的海藻酸钠放入耐热性合成树脂容器中，按 1:1 加入调配过的果汁混合液，加热到 60～70℃，迅速密封。碳酸钙在酸性溶液中分解产生钙离子并放出二氧化碳气体，钙离子与海藻酸钠形成凝胶将二氧化碳气体包裹在其中。

（7）杀菌、冷却、成品。将封口后的果冻置于 90℃下杀菌 10 分钟，然后用冷水冷却即得成品。

（五）注意事项

装盒要趁热快速密封。

二、鸡蛋营养果冻

成品不但含有丰富的蛋白质，而且含有丰富的磷脂、物质、维生素等；外观光滑、凝胶状富有弹性；色泽淡黄色；口感细腻、光滑，有鸡蛋和生姜的自然芳香。

（一）主要设备

灌装机，巴氏杀菌机，搅拌机，控温蒸煮锅。

（二）配方

卡拉胶 0.8%，蛋液 13%，白砂糖 8.0%，柠檬酸 0.25%，番茄汁 0.5%，生姜提取液 1.5%。

（三）工艺流程

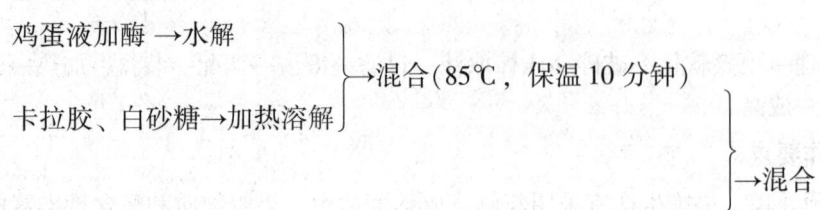

鸡蛋液加酶 → 水解 ⎫
⎬ → 混合（85℃，保温 10 分钟）
卡拉胶、白砂糖 → 加热溶解 ⎭

→ 混合

```
生姜捣碎→加水浸提→过滤滤液 ┐
番茄→捣碎、匀浆→过滤滤液    ├→灌装→杀菌→成品
      柠檬酸水溶液            ┘
```

(四) 操作要点

(1)蛋液水解。先将蛋液用等量水稀释成50%的溶液,用碱调pH8.0;枯草杆菌蛋白酶用少量水溶解后,过滤,取过滤后的酶液加入蛋液中,酶用量为0.1%,于40℃水解3~4小时,水解率达10%以上即可。

(2)胶糖液配制。卡拉胶与白砂糖按1:10比例混合均匀,加入温水中,边加边搅拌,缓慢升温至胶彻底溶胀、溶解,呈透明均一液状。

(3)番茄汁制备。番茄加入搅拌机中捣碎、匀浆后,加等量水混匀加热煮沸后过滤,滤液备用。

(4)生姜提取液制备。生姜洗净捣碎后,加等量水,经80℃提取2小时,过滤滤液备用。

(5)柠檬酸溶液制备。将柠檬酸加水溶解配成10%的溶液备用。

(6)原料混合。溶解的胶液在搅拌中加入适量的酶解蛋液,搅拌均匀后,85℃保温10分钟杀灭致病菌;趁热搅拌加入柠檬酸溶液、番茄汁、生姜提取液,混匀后罐装。

(7)灭菌。灌装冷却完毕后经85℃、5分钟巴氏杀菌即可。

(五) 质量标准

外观晶莹剔透,色泽光彩鲜艳,口感细腻软滑、清甜滋润。

(六) 注意事项

由于鸡蛋蛋白受热容易变性凝固,因此一定要加酶对鸡蛋液进行水解,有利于对鸡蛋蛋白质的吸收利用。

蔬菜汁的加入量要考虑本身的酸碱性,由于番茄和生姜提取液含酚类及有机酸,会影响果冻中蛋白的稳定性,添加时不能过多。

三、山楂冻

山楂冻酸甜可口,晶莹透亮,富有光泽,营养丰富。

(一) 主要设备

蒸煮锅,打浆机,恒温水浴锅。

(二) 配方

鲜山楂2.5kg,红薯5kg,糖6.0kg,明胶0.35kg,柠檬酸20.0g,苯甲酸钠15g,山楂香精15.0mL,巧克力色素0.01g,胭脂红色素0.49g。

(三) 工艺流程

原料处理→预煮、软化→打浆→糖煮→混合→倒盘→冷却成型→切块包装

（四）操作要点

（1）原料选择。选用新鲜、成熟度适中的山楂果，剔除病虫危害及烂伤果，洗净沥干。

（2）预煮、软化。洗净的山楂加等量的水，加热煮沸软化，去核趁热用打浆机打浆；将洗净的红薯蒸熟去皮，用绞肉机绞成泥状。

（3）溶胶。明胶先用水冲洗干净，然后加1.25kg水泡胀，再用60℃温水浴溶化即为明胶液。

（4）糖煮。锅内加水1kg，放入白糖，加热使之溶化，然后加入山楂浆与红薯泥，大火加热至沸，再小火进行浓缩20~30分钟，当可溶性固形物达78%以上即可。

（5）混合。在浆料中先加50%苯甲酸钠溶液，再倒入明胶液搅匀，加热至95℃保持5分钟，最后倒入50%柠檬酸液搅匀，停火，加10%巧克力胭脂红色素溶液，搅拌冷却至80℃，加山楂香精溶液，迅速混匀。

（6）倒盘。将浆料趁热倒入冷却盘内，厚约1cm，静置冷却2小时，即可凝结。

（7）切块、包装。按要求切成条状，晾6~8小时。用玻璃纸包裹，包装即为成品。

（五）注意事项

糖煮时先大火加热至沸，再小火进行浓缩，切忌将糖熬煳。

第三节 冷饮类休闲食品加工

一、酸梅汤

酸梅汤是夏季最受欢迎的清凉饮料之一，具有酸甜清凉的特色，而且营养丰富，清暑解渴，是防暑降温的佳品。

（一）原料配方

乌梅750g，山楂250g，白砂糖3000g，柠檬酸50g，果味香精5~10mL，冷开水80L。

（二）操作要点

（1）熬煮。先将定量的乌梅、山楂用水洗干净，倒进专用的蒸煮容器内，加水30L，煮沸约1小时，熬成果汁，然后用布过滤，一般都是用四层纱布，就可达到除去余渣的目的。余渣不要轻易倒掉，还可以进行第二次蒸熬。

（2）加糖。将过滤后的清液加到熬糖的锅中去，然后加进定量的白砂糖，慢慢地加热溶化，还要再用纱布过滤才可以倒到搪瓷罐里。

（3）调酸。在储藏罐里加水定容到100L，再加入适量的柠檬酸，调节酸度，然后依各人不同口味进行调配，直到甜酸合适为止。

（4）调香。最后选用适量的果味香精，调配香味，可以改善风味，增进食欲，但在使用时，一定要注意控制用量。

(5)密封。将罐密封存放，可放到冰箱中，随时饮用。

（三）质量标准

(1)香气：具有原水果应有的香气。
(2)营养成分：富含维生素，特别是维生素C的含量丰富。
(3)风味：糖酸比例合适，酸甜适口，没有不良的异味。
(4)果汁的色泽：澄清果汁颜色鲜艳，光亮透明。

二、西红柿汁发酵饮料

（一）原料配方

西红柿汁稀释发酵母液99L，砂糖200g，柠檬香精0.5g。

（二）操作要点

(1)制发酵母液。西红柿经挑选并用水洗净后，破碎，再用带孔径0.5mm滤网的精选机榨汁，榨汁后进行分离，所得西红柿浓缩1/2。

(2)加热。90℃杀菌，冷却到35℃，然后分别接入预先培养的乳酸克鲁维酵母和脆壁克鲁维酵母，使基质酵母数分别达到5×10^5个/mL。

(3)离心分离。在防止外界杂菌污染的条件下，于35℃静置发酵40小时，所得发酵液的酒精含量为0.8%，pH为4.2。此发酵液经离心分离后为发酵母液。发酵母液加水稀释二倍。

(4)配制。99L发酵母液加200g砂糖和0.5g柠檬香精。配好后于95℃温度下杀菌10分钟，冷却后即为蔬菜汁发酵饮料。

（三）产品特点

风味独特，酒精含量在1%以下时，发酵香味更为怡人。

三、山楂汁饮料

山楂原汁的制作，通常选用水质渗浸法，抽提山楂果实中的可溶性物质，得到山楂的水质渗浸液，即山楂原汁。再以原料为主料，选用不同的产品配方和相应的工艺方法，制成各种山楂饮料。

（一）原料配方

成品100kg，山楂原汁(可溶性固形物含量61%)66kg，砂糖13.5kg，胭脂红1.5~2g，柠檬酸适量。

（二）操作要点

(1)原料处理。剔除因受热而腐烂变质和受到严重病虫害的山楂，用水洗去山楂表面上的泥沙、杂质等污物。注：洗涤浸泡时间不宜过长。

(2)压破。压破后可增加果实与渗浸介质的接触面积，对于加快渗浸速度，提高渗透液中可溶性物质的含量，均是重要的。压破是通过一对滚轮的挤压作用来完成的。

（3）软化与渗浸。影响原汁的风味、色泽、产率的关键是软化温度、软化时间和渗浸温度。采用间歇多次渗浸法，第一次软化温度 95~100℃，软化时间 30~60 分钟，用水量为山楂重量的三倍，软化后即得滤汁。第二次及以后各次的软化渗浸条件基本同上，只是加水量减少一半。可进行五次以上的软化渗浸，并将各次所得滤汁混合使用。原汁固形物含量可达 12~15%。

（4）过滤。过滤可分粗滤、澄清和精滤三种。用振动平筛（孔径 0.5mm 左右），进行粗滤，再除去果核、粗纤维、果皮等物质。粗滤汁在容器中静置 12 小时进行澄清，然后用虹吸法将容器中清果汁取出。加酶澄清可得到稳定性和透明度均好的山楂汁。商品果胶酶用量为 0.05%，加入温度 30~37℃山楂汁，搅匀静置 3~5 小时即可。澄清后的果汁再经精滤，便得到山楂原汁。

（5）配制。山楂原汁与砂糖置于夹层锅中加热，搅拌，待砂糖全部溶化后，将事先用水调成 50% 浓度的其他配料加入，并加适量的水调至总重为 100kg。加糖调酸后，果汁中可溶性固形物含量为 15%~18%（折光法），其中总酸为 0.5%~0.7%（柠檬酸汁）。待果汁温度达到 90~91℃后，过滤灌罐，净重 280g。

（6）杀菌。杀菌式 5′~10′/100℃（水）冷却。

第四节　菌类休闲食品加工

食用菌含有大量对人体有益的成分，它能促进和调控人体的新陈代谢，起到预防和治疗多种疾病的作用。临床实践证明，食用菌对消化系统、泌尿系统等疾病有着比较理想的疗效。目前，我国大部分食用菌资源只是用于鲜食或干制，其加工产品的开发相对滞后。本节对市场上分布的几种典型食用菌休闲食品作介绍。

一、五香金针菇

五香金针菇是一种油炸小食品，它不但口感酥松，味道鲜美，携带方便，保存期长，而且解决了金针菇鲜食期短的弊端，使消费者一年四季都能品尝到美味的金针菇。

（一）配方

金针菇 100kg，面粉 20kg，白糖 3kg，食盐 2kg，花生油 10kg，大蒜粉 500g，五香粉 300g，味精 5g。

（二）主要设备

蒸煮锅，恒温油炸锅。

（三）工艺流程

选料→煮味→挂外衣→油炸→成品

（四）操作要点

（1）选料。选用长 10~15cm 未开伞的新鲜金针菇，切除菇脚，除去污物、杂质，洗净备用。

(2)煮味。在蒸煮锅内加入适量的水,按配方将白糖、食盐、大蒜粉和五香粉等调味品加入煮制 3 分钟,随后加入金针菇再煮 5~6 分钟,然后加入少许味精,捞出沥去汤汁待用。注意不可将金针菇煮得太软。

(3)挂外衣。把煮过的汤汁过滤和面粉调成糊状,将煮好的金针菇放在面糊中均匀地挂上一层糊浆。面糊调制得不可太稠,否则难以挂衣。

(4)油炸。将挂浆后的金针菇,放入烧开的油中,炸至酥脆时捞出,沥去油即可包装。油炸时注意油温的变化,油温过高,容易导致外焦里嫩,影响保存期。

(五)质量标准

择衣均匀,色泽金黄,不脱衣,食之肉质酥脆,香味浓郁。

二、茯苓夹饼

茯苓夹饼是以食用菌粉与面粉制成饼皮,经过二次烘烤而成的一种食品。其饼皮雪白透明,内夹特制馅料,甜而不腻,柔而不黏,吃起来皮酥里嫩,风味独特。

(一)配方

淀粉 20kg,精面粉 5kg,茯苓粉 5kg,山楂酱 20kg,蜂蜜 10kg,核桃仁 20kg,桂花 5kg,绵白糖 50kg,芝麻仁 10kg。

(二)主要设备

和面机、模具、红外线烘烤箱。

(三)工艺流程

馅料→调糊→浇模→夹心→烘烤→成品→包装

(四)操作要点

(1)馅料。将蜂蜜和绵白糖调和,再将核桃仁剁成米粒大小与山楂酱、桂花、芝麻仁一起加到蜂蜜内,调成黏稠状的甜馅料。

(2)调糊、浇模。将淀粉与面粉在搅拌机中搅拌成糊状,然后慢慢加入茯苓粉,继续搅拌防止结块,待调成均匀的糊状。在特制的圆形烤盘中,薄薄擦一层油,随后浇入面糊,摊平后可上炉烤成厚 0.5cm、直径为 5cm 的饼皮,并使饼皮有韧性。

(3)夹心。将脱膜后的饼皮抹上一层 0.5cm 厚的甜馅,在甜馅上再覆盖 1 张饼皮。

(4)烘烤。将夹心后的饼坯再次放入烤炉中烘烤,待烤至表面光滑有光泽时,即可离火冷却包装。

(五)质量标准

成品表面乳白,馅棕红色,红白相间,饼形完整,无饼皮脱落,食之外脆里嫩。

三、菌丝如意酥

菌丝如意酥是在酥皮糕点配方的基础上,添加食用菌丝制作而成的食品。它既保留了传统糕点制作工艺的精华,又突破了原料方面传统的范畴,使其在营养、风味、形态和保健等方面更加完美。

（一）配方

菌丝体 600g，面粉 6kg，大油 3kg，水 2kg，白糖粉 3kg，鸡蛋 600g，小苏打 80g。

（二）主要设备

和面机、红外线烘烤箱。

（三）工艺流程

饼皮
酥芯 →包芯→划瓣→着色→烘烤→成品

（四）操作要点

(1) 饼皮。按配方比例将 2/3 的面粉、4/5 的大油及 1/3 的白糖粉一起加入和面机中，再加入水、鸡蛋和小苏打，开动机器搅拌调制，面团调好后放在面案上静置片刻。制作饼皮时先将面调制成一定量的面筋，面团须反复搓揉，防止成品产生裂缝，然后擀成厚 0.5cm，直径 2cm 的饼皮备用。饼皮制成后，上面要遮盖一层湿布，防止结皮。

(2) 酥芯。将菌丝体以及剩余的面粉、油和白糖液（白糖粉加少许水化成糖液）一起混合均匀，在案板上擦成酥料。

(3) 包芯。在饼皮内包入酥心料，将缝口捏紧，压成桃子状的扁形。

(4) 划瓣、着色。在上面用刀划出三瓣，花瓣一头相连接，然后刷上鸡蛋液。

(5) 烘烤。把制作好的坯料放进烤炉中烘烤，烘烤温度一般为 140~180℃，烤至表面呈金黄色时出炉，冷却后即为成品。

（五）质量标准

表面呈金黄色，形态扁圆形，刀瓣整齐，酥芯细密不跑糖，口味松酥，水分含量大于 12%，脂肪含量不少于 18%，糖分含量不少于 20%，菌丝体含量为 15%。

四、菌粉饼干

菌粉饼干口感酥松，食用方便，很受人们的欢迎。随着新技术、新工艺的采用，饼干类产品也在不断地推陈出新，由菌粉制作的饼干就是推出的新产品，其口味与营养俱佳。

（一）配方

面粉 85kg，食用菌粉 15kg，白砂糖 35kg，油脂 15kg，饴糖 5kg，鸡蛋 20kg，碳酸氢钠 500g，碳酸氢铵 250g，卵磷脂 5kg。

（二）主要设备

和面机、辊印成形机、电烤炉。

（三）工艺流程

辅料混合→面团调制→辊印成形→烘烤→冷却→成品

(四) 操作要点

(1) 辅料制备。按配方比例先将白砂糖、饴糖加热溶化，再打入鸡蛋后充分搅拌，随后加入卵磷脂、碳酸氢钠和碳酸氢铵，继续搅拌混合均匀。

(2) 面团调制。在辅料混合液中筛入食用菌粉与面粉，此段工序可在和面机中进行，以保证原辅料充分混合，并使面团的软硬度、弹性和可塑性等物理性能达到要求。面团调制是非常关键的环节，调制是否适度，直接关系到饼干成品的外形、花纹、酥松度以及内部结构，所以要特别注意。

(3) 辊印成形。将调制好的面团静置10~15分钟后，用辊印机成形，其形状、花色可根据实际情况自行确定。

(4) 烘烤、冷却。将辊印成形的饼坯放在烤炉中，在较高的温度下烘烤3~4分钟，饼干烤好后取出自然冷却，当降温到40℃以下时，包装即为成品。在烘烤时，温度的高低对成品质量的影响很大，温度过高会使饼干烘烤过度，颜色变深甚至烤焦；温度较低，饼干烘烤不足，水分蒸发缓慢，达不到应有的色泽和焦化反应。所以温度选择不是一成不变的，要根据饼坯的配料、成分、形状、厚薄等因素灵活掌握。

(五) 质量标准

色泽呈金黄色，基本均匀，表面略有光泽，无烤焦现象；花纹清晰，外形完整，厚薄一致，内部呈多孔性组织；不粘牙，无异味，口感酥松，甜而不腻，略带食用菌香味。

五、菇柄肉松

肉松为传统食品，因其色、香、味俱佳，携带容易，食用方便而备受消费者喜爱。菇柄虽然营养极其丰富，有的甚至是食用菌的精华部分，但由于这部分肉质坚韧，口感不良，难以烹制而当作下脚料废弃。菇柄肉松是在借鉴传统肉松加工制作的基础上，采用现代科学技术研制而成的。其成品色泽金黄、纤维松软、味美可口、回味无穷、易于消化，是老弱病残者食用的上乘补品。

(一) 配方

菇柄200kg，食用油20kg，食盐7kg，白糖6kg，生姜4kg，黄酒3kg，茴香200g，味精20g，嫩肉香精适量。

(二) 主要设备

不锈钢蒸煮锅、制松机、炒松机、包装机。

(三) 工艺流程

选料→煮味→炒制→烘烤→擦丝→炒松→成品

(四) 操作要点

(1) 选料。选用无霉变、色泽正常的鲜菇柄，剪去根端硬化部分，用手撕成条状，洗净后备用。

(2)煮味。将菇柄条倒入不锈钢蒸煮锅中,加适量水,再加入白糖、食盐、黄酒、生姜、茴香等调味料煮沸,约1小时后加入味精与嫩肉香精,继续煮制并不断搅拌,当菇柄肉质内外颜色一致时即可出锅,出锅后沥去表面汁液备用。煮味时一定要将菇柄煮透,并用温火慢慢煮制。

(3)炒制。在不锈钢锅中加入食用油烧沸后,将煮好的菇柄条放入,翻动拌炒,以免烧焦,待炒至表面色泽早金黄色时停止炒制。

(4)烘烤。将炒制好的菇柄条摊放在烘盘中,厚约3cm,烘烤温度为60~70℃,烘烤时需翻动几次,注意通风排湿,烘烤温度不得超过80℃。

(5)擦丝。将烘干的菇柄条,在齿式粉碎机中粉碎成均匀的絮状细丝。要注意粉碎机间距的调整,若间距过大,则纤维过粗;间距过小,则易导致原料为粉碎状,难以达到产品应有的组织形态。

(6)炒松。将擦丝后的菇柄倒入炒松机内,在50~60℃的温度条件下,炒至菇柄酥松、香气四溢时即可。

(7)成品。炒制好的菇柄肉松须在干燥通风处冷却后迅速包装,防止回潮变软。

(五) 质量标准

成品呈纤维絮状,形如丝毛,色泽金黄,入口酥松,甜咸适中,略带嫩肉香味。

第五节 花类休闲食品加工

花资源丰富,且花类植物一般不施农药,是一种无公害的优质绿色食品原料。其富含丰富的氨基酸、维生素以及各种微量元素,从花卉中人工提炼或由蜜蜂采集的花粉,被称为是食用的美容品。

人类对花的利用由来已久,如用茉莉花窨制的茉莉花茶驰名中外,用桂花为辅料酿制的桂花酒,为酒中珍品,菊花酒在清代为专用贡酒。随着科学技术的不断应用,花的开发已引起食品界的重视,相信花的开发将成为21世纪食品工业的热点之一。

一、榆钱花金酥

榆钱花为榆树之花。本节以榆钱花、玉米、黄小米为原料,制作的榆钱花金酥,口感酥脆,味美而清淡,是一种粗粮鲜花类小食品,其独特的低油脂、低糖等天然风味,完全符合现代人所追求的饮食潮流。

(一) 配方

榆钱花20kg,小米粉10kg,玉米粉20kg,酵母适量。

(二) 工艺流程

选料→去黏液→磨浆→调粉→发酵→蒸制→切片→烘焙→成品

(三) 操作要点

(1)选料。选择鲜嫩的榆钱花,剔除枝柄及杂质,然后用清洗净。

(2)去黏液。先配制20%的碱水，将洗净的榆钱花放入后煮沸，用余温浸泡4~5小时。

(3)磨浆。将榆钱花从碱水中捞出，再次用温开水洗去表层黏液，然后加适量糖水，在磨浆机中磨成细腻的花浆。

(4)调粉。在磨好的花浆中调入配方中的玉米粉、黄小米粉，并加入2%的酵母，发酵10小时左右。

(5)蒸制。在发酵好的原料中，加入适量食用纯碱或小苏打中和到原料没有酸味即可。中和时须反复搅拌混合。然后将料倒入蒸笼中，用猛火蒸制40分钟即可。

(6)切片。蒸好的花米成蜂窝状糕体，扣出蒸笼后用刀切成厚薄均匀的饼片。

(7)烘焙。切好的饼坯入烤箱中，在180℃下，烤至表面色泽金黄，组织酥脆时可出炉。

(8)包装。剔除破碎、焦化，或含水量过高者，即可包装为成品。

（四）质量标准

成品色泽金黄，呈多孔结构，但组织酥脆，有天然清香。

（五）注意事项

(1)蒸制时原料要调成糊状，有一定的流动性较好，蒸制时间需根据蒸笼中料的厚度灵活掌握。

(2)切片须将蒸好的花米糕充分冷却后进行，否则糕体容易沾刀，切片难以平整光滑。

二、虞美人花粉口香糖

口香糖为胶基糖，是一种清洁口腔的耐嚼性糖果，一般以天然树胶或人工合成胶体为基础，同时加入甜味剂、香料等经混合压制而成，花粉口香糖在采用传统制作工艺基础上，配以花粉精、蜂胶等保健食品，花粉不但营养丰富，具有很多保健功能，也是一种优良的抗菌剂，蜂胶具有消炎、固齿的功效。花粉口香糖以其独特的配方和工艺，成为一种集营养、保健于一体的口香糖。

（一）配方

合成胶基20kg，花粉精2kg，淀粉糖浆18kg，白糖30kg，阿胶1kg，薄荷油750g。

（二）工艺流程

```
                花粉→花粉精
    白砂糖→粉碎→糖粉  ↘  ↓
胶基→切块 → 软化 → 调和 → 冷却 →压块→轧片→成型→包装→ 成品
                        ↑
             葡萄糖浆→溶化
```

（三）操作要点

(1)制花粉精。选用虞美人花花粉，用少量无菌水浸泡，搅动，使花粉球散开，在

30~38℃下，进行酶解处理48小时，达到花粉破壁、脱敏、消毒、除苦的目的，然后将花粉浸入50°白酒中，并立即加入100℃的热水，高速搅拌，24小时后取出上清液，即得花粉精。

(2)辅料预制。淀粉糖浆置于热水夹层锅上融化，白砂糖在粉碎机中粉碎。阿胶打碎加入花粉精，烧沸溶化备用。

(3)调和。先将合成胶基用切胶机切成小块，投入卧式调和机内，以夹层蒸汽加热，蒸汽压力为98~147kPa。待胶基软化，将配方中定量的淀粉糖浆投入调和机内，开动电动器进行均匀调和，同时也将阿胶花粉精溶液加入，白糖分三步加入，最后加入薄荷油停止加热，将加热物料进行充分的调和。

(4)成型。将调和均匀的混合料，倾倒在木盘上，当稍冷却后，在挤压机中挤出成糖坯。

(5)切片。将挤压成的糖条坯，在轧片机中轧片。轧片机的刀距，根据所需事先调好，一般口香糖的面积为7cm×2cm。

(6)包装。拣出不合格者，包装方法为裹身后两端折角复叠。

(四)质量标准

口嚼后，不黏牙。不糊口和不松散，保质期也不应有变苦及发黏现象，口嚼时甜味持久，有芬芳的香气，柔软滑润，爽口怡神，含水量在4%左右。

(五)注意事项

(1)每一锅在成型与包装过程中挑出的次品，可在下一锅调和时掺入。

(2)挤压时，糖坯上可撒上20%的玉米淀粉与80%的糖粉的混合粉，防止轧片时粘连。

(3)包装时注意包装室温度与湿度，室温以20~25℃为宜，相对湿度60%左右为宜。

三、茉莉花茶薄荷糖

茉莉花茶，为我国花茶中的名品，素以香气醇和芳香而著称。茉莉花主要产于我国南部省份，由于气候温暖，茉莉花不但产量高，而且香味浓。本品特采用茉莉花茶，配以薄荷油、白糖，加适量明胶冲压成型，质地坚硬，久含不软。具有莉花茶的特有茶香，又具薄荷的自然风味。夏季服用可消暑去热，是一种清凉型休闲食品。

(一)配方

白糖粉100kg，明胶2kg，薄荷油500g，柠檬酸600g，茉莉花茶2kg。

(二)工艺流程

```
        茉莉花茶→精磨  薄荷油
                   ↓  ↓
白糖→磨粉→熬糖→混合→冲模→压片→成形→包装
                   ↑
                 明胶液
```

(三) 操作要点

(1) 制茶液。选用优质茉莉花茶，在瓷器缸中，用70℃温开水将茶浸泡8小时左右，然后连同茶液在胶体磨中精磨，要磨至无肉眼可见的微粒后备用。

(2) 熬糖。将配方中1/3的白糖，加适量水和柠檬酸，在熬糖锅中熬到糖液温度为120℃，糖浆可抽丝时即可。

(3) 化明胶。明胶加适量水，在恒温沸水锅中溶化成明胶液，溶液浓度达到60%为宜。

(4) 混合。在熬糖锅中，将磨好的白糖粉(白糖须在粉碎机中磨成细粉)、茉莉花茶液、薄荷油、明胶液，要反复搅拌均匀，待糖粉完全溶化后，将混合料在压片机中压制，要压至质地坚硬，表面光滑。

(5) 包装。当糖体稍凉后，即可脱模，并迅速包装，防止吸湿返潮。

(四) 质量标准

成品呈圆形或五角形，外形整，表面平整光滑，为半透明，色泽浅绿，质地坚硬，酸甜适口，有茉莉花浓郁的茶香，具有薄荷的清凉感。

(五) 注意事项

(1) 茉莉花茶浸泡时，须用温水抽提，不可用沸水煮沸。

(2) 混合调料时，将糖粉调至成块而不粘软，糖粉须完全溶化，不可有肉眼可见的白粉，浇模时，须有一定的温度。

四、特质韭菜花

韭菜花是韭菜的鲜花。韭菜深受人们喜爱，但韭菜花在市场中并不多见。本品以韭菜花为主料，以辣椒、胡萝卜丝、白酒、红糖、精盐等为辅料。产品清香浓郁，咸甜辣适口，并具有生津开胃，助消化，增食欲的功能。由于选料讲究，制作精细，本品经储藏2年后，仍能做到色味不变，鲜美如初，实为咸菜中的珍品，又可作为休闲食品单独食用，也是面包、香肠等很好的佐餐。

(一) 配方

韭菜花20kg，白酒7kg，胡萝卜丝100kg，红糖5kg，辣椒19kg，精盐8kg。

(二) 工艺流程

选料→原料预制→配料→入罐储腌→包装→成品

(三) 操作要点

(1) 选料。韭菜花以色泽青绿鲜嫩的半籽半花为佳。胡萝卜要组织细腻、色泽金黄的小型品种为优，这种萝卜有"小人参"之称。辣椒需皮薄肉厚、籽少的鲜红辣椒。白酒要50°以上的粮食酒。

(2) 原料预制。将韭菜花去梗，加盐腌制，胡萝卜洗净，用切丝机切成细丝后晒干。红辣椒洗净，并剁碎加盐去除水分。

(3) 配料。将上述制作好的原料，按配方搅拌均匀，入罐压紧，用泥或塑料封严罐口，需储藏腌制半年。

(4)成品。可分装成50g塑料小袋，包装时注意卫生，防止污染。

(四) 质量标准

成品丝细油润，红绿黄相间，鲜香浓郁，味美可口，营养丰富。含水量50%，氨基酸0.22%，糖分16.3%，盐分9.8%，总酸0.85%，胡萝卜素0.095%。

(五) 注意事项

胡萝卜丝腌制前，先在醋、白糖、白酒配制的溶液中浸泡，这样成品丝不但颜色鲜艳，食之有一定脆感。

第六节 海洋休闲食品加工

一、烤鱼片

马面鲀肉质细嫩，色白，清鲜而不腻，营养丰富，蛋白质含量较高。用马面鲀为原料制成的烤鱼片，鲜香可口，肉质疏松，有嚼劲，颇受广大消费者的欢迎。

(一) 主要设备

调料灌，烘车，烘房，塑料周转箱，烤炉，拉松机。

(二) 配方

鱼片100kg，砂糖6kg，精盐1.6kg，味精1.2kg，山梨糖醇1.2kg。

(三) 工艺流程

鲜鱼→清洗→三去处理→剖片→漂洗沥水→调味→摊片→烘干→揭片→回潮→烤熟→二次滚轧→冷却→包装

(四) 操作要点

(1)原料选择。选用鲜度良好的冰鲜或冷冻马面鲀，剔除不合格鱼。解冻后的马面鲀，要注意低温保藏。

(2)原料处理。剥皮、去头、去内脏，并将鱼体腹腔内壁清洗干净，沿背骨剖取二片鱼肉，剔除鱼脊骨，要求鱼片形态完整不破碎。

(3)漂洗沥水。将剖好的鱼片浸入20℃以下的流动清水中漂洗45~60分钟(冰鲜原料为60分钟)，每隔10分钟搅拌一次，彻底清除鱼片上的黏膜及污物、脂肪和异味等，然后漂洗干净，捞出沥干10~15分钟。

(4)调味渗透。按照配方比例配好调料(糖6%，味精1.2%，精盐1.8%)，然后均匀地撒在漂洗沥水的鱼片上。根据冻鲜原料不同，适当加水进行拌和，拌和均匀后放入20℃以下的渗透间渗透1小时，为使调味品充分、均匀地渗透进鱼肉中，每20分钟要翻拌一次。

(5)摊片、烘干、揭片。经渗透过的鱼片，在尼龙网片上摆片，一般情况下两片鱼片拼成一片，如片小也可数片拼成一片，要求摆放平整，无明显拼缝，呈树叶状；然后放在烘车上推入烘房进行烘干。烘干温度控制在40℃左右，鱼片干燥后期可降至36～38℃，使鱼片水分含量控制在18%～22%，冷却至常温后进行揭片。

(6) 回潮。将鱼片装入有孔塑料周转箱内，再将塑料箱放入水池。当鱼片完全浸没水中后，随即拎起上下翻动鱼片，沥去余水。一般回潮时间为1小时左右，以鱼片表面无明显水渍为宜。经回潮处理后的生鱼片水分含量一般控制在24%～25%。

(7) 烘烤。将回潮的鱼片均匀摊放在烤炉的钢丝条上(一般鱼背部向下)，控制烘箱温度240～250℃烘烤3分钟左右，烤至鱼片呈金黄色，有纤维感即可。

(8) 鱼片轧松。由于鱼片经烘烤后水分蒸发，组织收缩而变硬，不便食用，经过拉松机两次轧松后使鱼肉组织的纤维呈棉絮状。

(9) 称重包装。根据一定的包装规格进行称量，并立即装入聚乙烯无毒塑料薄膜袋内进行封口包装。

(五) 注意事项

(1) 调味渗透时搅拌要轻避免拌得过软，使鱼肉碎裂。

(2) 高温季节，回潮时间相应缩短，时间过长会引起鱼片发酵变质。生鱼片回潮要大小分开，分别回潮以便分别烘烤。

二、香酥鱼丝

香酥鱼丝口感酥、脆、软，香味浓郁，呈诱人的焦黄褐色。

(一) 主要设备

腌渍缸，烘房，油炸锅，脱油机，真空包装机。

(二) 配方

梅童鱼100kg，胡椒粉0.1kg，姜粉0.1kg，黄酒1kg，酱油1kg，砂糖8kg，食盐1kg，味精0.3kg。

(三) 工艺流程

原料→去杂→清洗→剖片→漂洗→沥干→调味→摊片→烘干→切条→油炸→脱油→包装

(四) 操作要点

(1) 原料处理。选取新鲜的梅童鱼，去除头、尾、鳍、内脏等，再用流水清洗干净。

(2) 剖片。沿脊椎骨纵向剖成两片，剔除椎骨，然后放入10℃以下的水中漂洗20～30分钟，捞出沥干。

(3) 调味。按配方配制好调味料，与漂洗过并沥干的鱼片混匀。在10℃以下的调味间调味1小时左右，每隔15分钟要搅拌一次，以使调味料均匀渗透。

(4) 摊片、烘干。将调味后的鱼片干摊在塑料网片上，推入烘房，温度50～55℃，烘干8～9小时，直至水分含量为25%左右即可。

(5) 切丝。将烘好的鱼片切成0.3cm×5cm长的细条。

(6)油炸。控制真空油炸锅的温度在140~150℃,将鱼丝放入油中炸1分钟捞起。

(7)脱油、包装。油炸后的鱼丝放入脱油机中离心脱油。最后用铝箔袋真空包装即得成品。

(五)注意事项

(1)漂洗、调味时均应在低于10℃以下的环境中进行,并要充分搅拌。

(2)固体调味料必须调和均匀后方可使用。

三、鳀鱼脯

鳀鱼脯色泽淡黄、表面略带光泽,质地疏松、呈纤维状,口感酥、脆、香、无异味,干爽薄脆,入口化渣。

(一)主要设备

不锈钢桶,斩拌机,抹刀,烘箱,真空包装机,高压杀菌锅。

(二)配方

鳀鱼肉100kg,食盐2kg,黄酒2kg,味精0.2kg,白糖10kg,姜汁适量,淀粉3.0kg。

(三)工艺流程

原料处理→脱脂→脱腥→斩拌→调味→抹片→烘烤→切片→真空包装→杀菌→成品

(四)操作要点

(1)原料处理。选择符合国家二级以上标准的鲜鱼或冻鱼,冻鱼需先在自然状态下解冻。将鳀鱼浸入75~80℃、2%的Na_2CO_3溶液中浸泡5~10秒,立即移入冰水冷却。

(2)去除鳞、皮、内脏,斩去头尾,洗净黑膜及血污。

(3)脱脂、脱腥。将鳀鱼浸入0.3%柠檬酸、0.3%乙酸和0.5%NaCl的混合液中,浸泡20分钟,不断搅动脱去脂肪,流水清洗沥干水分;将鳀鱼浸入2%~3%姜汁中(用量以覆盖住鱼体为宜)浸泡15分钟脱除腥味,取出沥干称重。

(4)斩拌、调味。将鳀鱼置于斩拌机中,按配方加入食盐斩拌5~8分钟,然后依次加入黄酒、白糖、味精,继续斩拌3~5分钟,至鱼肉鱼骨呈糜状细腻为止,肉糜斩得越细,腌制剂渗透越快、越充分。最后加入淀粉搅拌均匀。

(5)抹片。在不锈钢板表面刷一层植物油,将腌制好的肉糜均匀涂抹于其上,用抹刀抹平,要求光滑、均匀一致,抹片厚度控制在2~3mm。

(6)烧烤。将肉片连同不锈钢板一起放入45℃的烘箱中烘烤1.5小时,取出翻面继续烘1小时,然后升温至65~70℃,烘3小时至含水量在20%止。

(7)切片、包装。根据产品要求将烘好的鱼脯切成适宜的片状,用蒸煮杀菌复合薄膜袋真空包装(真空度为0.093MPa)。

(8)杀菌。在110℃恒温下杀菌20分钟,即得成品。

(五)注意事项

(1)斩拌是影响肉糜脯品质的关键,肉糜斩得越细越好,且应在低于10℃环境下进行,以免肉糜变质。

(2)脱脂要充分,这对保证产品质量至关重要,否则成品容易氧化,储藏性差。

四、五香鱼干

五香鱼干是用生鲜淡水鱼为原料,经处理、调味、蒸煮、炒制而制成的淡水鱼的加工产品。它具有制造工艺简单、营养丰富、风味独特、携带和食用方便等特点,深受广大消费者的喜爱。产品肉质疏松,有嚼劲,无僵片,滋味鲜美,咸甜适宜。

(一) 主要设备

蒸煮锅,炒锅,烘箱,真空包装机。

(二) 配方

鱼肉片 1000g,酱油 50g,料酒 10g,白糖 50g,八角 1g,生姜 1g,葱 10g,精盐 15g。

(三) 工艺流程

原料处理→切片→煮制→炒制→冷却→装袋→封口→保温→检测→成品

(四) 操作要点

(1)原料处理。选取尾重 500g 以上的草鱼,去除磷、鳃及内脏,洗净鱼腹内腔黑膜及血污,得鱼精肉。

(2)切片。将鱼精肉切成长约 6.7cm×1.7cm×0.6cm 的鱼片。

(3)煮制。在锅中放入适量清水,按配方加入酱油、料酒、白糖、八角、生姜、葱段和精盐,用旺火烧沸。将鱼片放入后改用中火,轻轻翻动,烧至汤干后离火起锅,盛出摊开冷却。

(4)炒制。将鱼片放入平底锅中小火炒制,轻轻翻动,撒匀五香粉,将鱼片炒干后取出,放入味精,拌匀即可。也可在烘箱内烘干后放味精而制得。

(5)冷却、包装。经干制后的鱼片,放在室内摊开冷却,高温季节可用风机降温。将鱼片放入包装袋中,在 0.08MPa 真空度下进行封口。

(五) 注意事项

煮制和炒制过程中要轻轻翻动,避免鱼片碎裂,失去良好的外形。

五、美味鱼酥

鱼酥色泽呈诱人的焦黄褐色,口感香、酥、脆、软,营养丰富,食用方便。

(一) 主要设备

不锈钢桶,烘道,高压蒸锅,包装机。

(二) 配方

小白姑鱼、扁条鱼等 100kg,白砂糖 5kg,精盐(加碘) 1.6kg,姜粉 0.05kg,味精 0.8kg,米醋 0.8kg,柠檬酸 0.25kg,料酒 0.5kg。

(三) 工艺流程

原料处理→拌料腌制→摆网→烘干→高压蒸煮→冷却→包装→成品

(四) 操作要点

(1) 原料处理。选取新鲜的小白姑鱼、扁条鱼等，将鱼去头、鳍、内脏，用清水(水温不超过20℃)洗净。然后放入三倍于鱼重量的水中浸泡30分钟，捞出沥水20分钟。

(2) 拌料腌制。按配方将调味料倒入不锈钢桶内混合均匀，然后将处理好的鱼肉放入其中，充分搅拌后静置15分钟。每隔15分钟搅拌一次，腌制1小时。

(3) 摆网。将调好味的鱼一条条摆在不锈钢网片上，鱼体要沿同一方向摆放，且鱼尾均朝向同一方向。

(4) 烘干。将鱼连同不锈钢网推入烘道内，使鱼尾与风向相同，启动风机，调整烘道温度30~35℃，烘10~12小时。

(5) 高压蒸煮。将烘干的鱼装入高压蒸锅的隔层内，密封好蒸煮锅。通入蒸汽，控制压力0.2MPa，温度135℃，蒸40分钟即可取鱼。

(6) 冷却、包装。蒸好的鱼放在室温下凉透后按每袋装50g进行包装即为成品。

(五) 注意事项

浸泡过程中水温必须控制在10℃以下，并充分搅动，使浸泡充分。

六、麻辣扇贝裙边

采用扇贝裙边为原料蒸煮、烘烤等加工工艺制成。成品蛋白含量高，营养丰富，香味浓郁，色泽深红，口感脆爽，麻辣味浓。

(一) 主要设备

蒸煮锅，远红外烘箱，真空包装机，高压灭菌柜。

(二) 配方

1. 主料

新鲜扇贝裙边50~70kg，焦磷酸钠0.1kg，白砂糖25~50kg，苯甲酸0.1kg，山梨酸钾0.1kg，多聚磷酸钠0.15kg，味精0.5kg，柠檬酸钠0.15kg，黄酒2kg。

2. 各味辅料

精盐5kg，咖喱粉0.15kg，甘草0.5kg，八角0.1kg，辣椒粉0.5kg，胡椒粉1.0kg，花椒粉1.0kg，姜粉0.5kg。

(三) 工艺流程

原料预处理→加辅料蒸煮→浸渍→漂洗→烘烤→真空包装→高压灭菌→检验→成品

(四) 操作要点

(1) 原料预处理。选取经验收合格的新鲜扇贝(或冷冻扇贝用生理盐水解冻)，除去胃囊团及泥沙(性腺体单独留出),冲洗干净待用。

(2)蒸煮。按配方将原料及各味辅料加入夹层蒸煮锅中煮沸。

(3)浸渍。扇贝裙边浸泡12~24小时,使调味料充分渗入原料中,然后捞出用清水冲洗1~2次,除去调料粉,只保留裙边,沥干待用。

(4)烘烤。在竹筛上涂刷植物油,将洗净沥干的扇贝裙边单层摊开于其上,送入烘箱内,温度控制在50~60℃,烘干4~6小时,当水分降到10%~15%即成为半成品。然后将半成品送入远红外烘箱中于200~240℃下烘烤3分钟,至产生良好的香味、色泽深红为止即可出炉。

(5)真空包装。烘烤后立即装袋,真空包装机封口,真空度为0.06MPa。

(6)灭菌及冷却。将包装好的产品放入灭菌柜中,通蒸汽110℃、0.13MPa下高压灭菌10~20分钟,用自来水快速冷却,然后送检。

(7)检验。检验时将漏气及胀气袋剔除即为成品。

(五) 注意事项

(1)烘烤时,要掌握烘烤时间,以保证水分含量、外形、颜色,又能起到杀菌作用。

(3)为了提高保藏质量,灭菌后尽快用自来水水浴快速冷却。

七、多味贻贝

贻贝是珍贵的海产品之一,其肉质鲜美,含丰富的蛋白质、牛磺酸、维生素和人体必需的锰、锌、硒、碘等多种微量元素。经调味、烘烤制成的成品外酥内嫩、美味可口,可谓色香味俱全,具有方便、卫生、容易携带、储藏性好的特点。

(一) 主要设备

蒸煮锅,台秤,远红外烘箱,真空包装机,高压灭菌柜。

(二) 配方

糖6.0g,盐1.0g,味精0.2g,酒1.3g,酱油1.5g。

(三) 工艺流程

糖、盐、味精、各种香料
↓
新鲜贻贝→前处理→蒸煮→去壳、去足丝→拌料→浸渍→烘烤→真空包装→高压灭菌→检验→成品

(四) 操作要点

(1)原料处理。选取新鲜贻贝用清水冲洗干净,于蒸煮锅中煮到贝壳裂开,冷却后去壳去足丝等杂物,取出贝肉,用原汁冲洗干净,然后称重备用。

(2)拌料、浸渍。根据配方按一定料液比加入浸泡液,浸渍2~3小时,捞出沥干。

(3)烘烤。将浸渍后的贝肉单层摊开于烤盘中,送入远红外烘箱中,根据贻贝肉的

大小，采用相应的烘干温度和时间，烘烤过程为：105~120℃烤2~3小时；70~80℃烤1~2小时；90℃烤30分钟；经三次烘烤后即得到多味贻贝即食食品。

(4) 真空包装。烘烤后立即装袋，真空包装机封口，真空度为0.06MPa。

(5) 灭菌及冷却。将包装好的产品放入灭菌柜中，通110℃蒸汽、0.13MPa下高压灭菌10~20分钟，用自来水快速冷却，然后送检。

(五) 注意事项

烘烤时要分阶段进行，以保证产生良好的香味、颜色。

八、鱿鱼片

鱿鱼片系选用新鲜鱿鱼制作而成，口感有嚼劲，滋味可口，营养丰富。

(一) 主要设备

浸渍缸，输送式红外线炉，红外线杀菌机，拉松机，包装机。

(二) 配方

鱿鱼肉50.0kg，白糖3kg，味精0.4kg，精盐1kg，糖精适量姜0.1kg。

(三) 工艺流程

原料处理→干燥→调味浸渍→干燥→焙烤→拉松→包装→成品

(四) 操作要点

(1) 原料处理。选用体长10~15cm的新鲜鱿鱼，冲洗后剖开腹腔，去除头部、内脏、墨囊、软胃、内鳍等器官，剥去表皮，制成鱿鱼肉片。

(2) 干燥。将鱿鱼片洗净沥干后，放置在竹帘上翻晒至六七成干。

(3) 调味液浸渍。按配方称取调味料配成调味液(可根据个人喜好或市场需求添加辣椒等调味料加工成麻辣或原味等味道)，然后将鱿鱼肉片放入调味液中浸渍1.2~1.5小时。

(4) 干燥、焙烤。将浸渍后的鱿鱼片沥水后排列在竹帘上，进行第二次翻晒，晒至七八成干即可进行焙烤处理。送入输送式红外线炉中，在180~200℃温度下烘烤2~3分钟。在红外线炉的传送过程中鱿鱼片焙烤熟透，同时完成红外线杀菌过程。

(5) 拉松。焙烤好的鱿鱼片趁热插入拉松机两辊轮间隙，辊压拉松。

(6) 称重、包装。拉松好的鱿鱼片放置在无菌条件下散热至室温后，称量包装，每小袋鱿鱼片重量为10g。

(五) 注意事项

为保证鱿鱼的新鲜不变质，浸渍温度应控制在20℃以下。

九、海带酥

(一) 主要设备

80目筛，压面机，膨化机，烘箱，真空包装机，辐射灭菌机。

（二）配方

1. 海带酥

海带粉 5kg，甜菊糖 0.4kg，黏米粉 71.1kg，芝麻油 0.4kg，生粟粉 20kg，精盐 1.5kg。

2. 海带酥表面调味粉

海带粉 1%，糖粉 8%，虾粉 1%。

（三）工艺流程

原料处理→晒干→粉碎→加辅料→混合→成型→膨化→表面再调味→烘干→冷却→包装→辐射杀菌→成品

（四）操作要点

(1) 原料处理。选用含水量 20% 以下的海带为原料，洗去干海带表面的泥沙等杂物，将海带浸入 2% 醋酸和 95% 乙醇 5 分钟，使海带软化同时除掉腥味，然后洗净晒干。

(2) 粉碎。将海带用粉碎机粉碎后过 80 目筛。

(3) 加辅料混合。按配方将海带粉与辅料混合均匀。

(4) 成型膨化。将混合物用压面机压成条状，晒干后搓成小颗粒。先开膨化机 30 分钟预热机头，然后少量投料，待出料正常后加快投料。

(5) 表面再调味。按比例将海带粉、虾粉、糖粉混合均匀，把膨化出的膨化果放在混合调味料中进行表面调味。

(6) 烘干。将膨化果放入 70℃ 烘箱中烘 10 分钟。

(7) 冷却包装。取出稍冷，即可装袋真空封口，采用辐射杀菌。

（五）注意事项

原料处理时要将海带用醋酸和酒精浸泡以除去腥味。

复习思考题

1. 糖类休闲食品有哪几种分类方法？
2. 怎样生产花生酥糖？
3. 口香糖有哪几种？生产口香糖的原料一般有哪些？
4. 生产口香糖的一般工艺流程与操作要点是什么？
5. 果冻类休闲食品的操作要点是什么？
6. 菌类休闲食品加工一般工艺流程是什么？
7. 什么叫回潮？烤鱼片时为什么要进行回潮处理？要注意哪些事项？

实验部分

一、萨其玛

萨其玛为满语译音，又称金丝糕，属油炸类糕点的一种，这种糕点，食之糯软，再配以金丝蜜枣、红樱桃、瓜子仁点缀其间，其色、味皆佳，很受消费者欢迎。

（一）配方

面粉 17kg，川白糖 9.5kg，猪油 12kg，饴糖 9.5kg，鸡蛋 13kg。

（二）工艺流程

打蛋液→和面团→切丝→油炸→挂糖浆→压形→切块→包装→成品

（三）操作要点

(1)和面团。先将鸡蛋去壳后加适量水，在打蛋机中搅打起泡沫后加入面粉，再揉成面团。

(2)切丝。待面团静置 30 分钟后，可擀成薄片，切成宽约 0.5cm、长约 5cm 的细条，用筛子筛去浮面。

(3)炸制。把油烧到 140~160℃时，将筛好的面条放入油锅内炸到呈乳黄色，捞出沥干油。

(4)挂糖浆。将川白糖和饴糖在锅内烧开，熬到 116~118℃，将炸熟的面条放入糖浆中拌均匀。

(5)成型。先在木框底层铺上一层切碎的金丝蜜枣、蜜樱桃、瓜子仁，再将挂浆的面丝倒入木框内，铺平、压实，但不要过紧。

(6)切块。待成型的面丝稍冷却后，用小刀将面丝从木框中磕出，切成长约 4.5cm 的方块，包上玻璃纸，即为成品。

（四）质量标准

表面呈淡黄色，并有挂浆光泽和辅料颜色，块形大小一致，条粗细均匀，刀口整齐，不破不散，内部松软，断面有蜂窝，口味香甜适口，具有蛋香风味。

含水量不大于 10%，脂肪含量不小于 30%。

含糖量(以蔗糖计)不小于 30%，蛋白质含量不少于 5%。

(五) 注意事项

(1) 油炸时注意火候，防止油温过高炸焦。

(2) 熬浆时如气温高时，糖浆可熬的稠一点，冬春季节，糖浆可熬的稀一点。

二、奶油可可花生

奶油可可花生原是西式食品。它是欧洲及苏联人用于点缀花蛋糕所用，后来传入我国民间，并根据我国的食用习惯，改进了生产工艺和配方，采用琥珀花生的炒制方法，制成高蛋白、高脂肪的营养产品，现已成为深受我国人民喜爱的食品，也是招待宾客的名牌食品。

(一) 主要设备

主要设备有笊，大锅，电搅拌器或人工搅拌器，冷却台，炉灶，热合机等。

(二) 配方

花生米 10kg，人造可可油少许，蔗糖 8kg，香兰素少许，人造奶油 0.5kg，水 4kg。

(三) 工艺流程

花生米→挑选→清洗　　可可油＋奶油＋香兰素
　　　　　　　　↓　　　　　　　　↓
水＋蔗糖→化糖→过笊→炒花生→调文火搅拌返砂→武火紧炒→冷却摊凉→包装→成品

(四) 操作要点

(1) 原料选料。选择颗粒饱满、大小均匀、干净、不脱内衣、不霉变、虫蛀、发芽的花生米，用水清净。

(2) 化糖、过笊。按配方将水和蔗糖放到大锅内加热，至糖溶化。然后用笊过滤或用密制笊篱捞出糖液里的杂质，准备炒花生。

(3) 搅拌。把花生米加入糖水锅中，大火加热，并开动机器不停地搅拌，使花生熟制，并使花生表面充分而均匀地粘满糖液。继续加热、搅拌，至糖液水分大部分蒸发掉，花生表面所粘的糖因返砂而形成不规则的细小晶粒时，立即调至文火，继续搅拌 1~2 分钟，促使返砂均匀。这时加入可可油，然后用武火炒制并搅拌，返砂糖晶遇到高温又开始溶解。有 70%~80% 溶解时，即加入人造奶油，搅拌均匀，然后迅速加入香兰素，急速搅拌出锅。

(4) 冷却。花生米出锅后，倒在水流降温的冷却台上或有其他冷却装置的台面上，用铲子摊平。进行冷却，并把粘在一起的花生敲开，待产品凉透后进行包装。

(五) 质量标准

色泽：呈棕褐色。

外形：颗粒整齐，粘糖均匀、表面平滑、并略带细小晶粒的凹凸面，脱皮现象不超过 5%，颗粒粘连不超过 3 个，无煳粒。

滋味：酥、脆、香甜，具有巧克力、奶油和香兰素的诱人芳香及花生米的浓郁香味。

（六）注意事项

(1)奶油可可花生含油量大，夏季气候潮湿闷热，不宜久存。若放置时间长，产品表面光泽会全部消失，同时伴有明显的哈喇味(油脂氧化酸败造成)，不能再食用。因此，夏季保存期为3周左右，其他季节为3个月左右。

(2)库房要保持干燥、通风，温度在30℃以下，相对湿度75%以下为宜。

三、多味营养蛋

多味营养制品，保持蛋壳的完美(蛋壳打孔后由商标严封)，口味可按消费者喜好选制，熟蛋成品互碰不易碎，便于携带、储存、运输，是家庭、旅游的方便食品。

（一）主要设备

不干胶纸、微型钻头、注射器、锅、无毒耐高温塑料袋。

（二）配方

食盐36g，红糖或白砂糖80g，丁香180g，八角桂皮1000g，生姜500g，咖喱粉1000g，芥末500g，食用酒精20kg，水1000kg。

（三）工艺流程

洗蛋→打孔→抽取蛋液→配制辅料→混料→煮制→冷却→成品

（四）操作要点

(1)洗蛋。选择优质、新鲜、大小适中的禽蛋(鸡蛋、鸭蛋、鹅蛋等)洗净，晾干。

(2)打孔。打孔前用5mm×5mm的不干胶纸在打孔位置贴好粘牢，以防止打孔时蛋壳破裂，然后用微型钻头(也可用兽用针头捏转)在不干胶纸上钻引，孔形、孔径按需要而定。

(3)抽取蛋液。用注射器从蛋孔中抽出全部蛋液。

(4)配制辅料。根据各地方的口味配制辅料。一般的配方是：食盐36g，红糖或白砂糖80g，丁香180g，八角桂皮1000g，生姜500g，咖喱粉1000g，芥末500g，食用酒精20kg，水1000kg。

(5)混料。将上述配料液与蛋液按1:50的配比调匀，重新用注射器注入蛋壳中，注入量为抽取蛋液的85%为佳，也可注入肉泥，并轻轻摇动，使内容物混匀，封入无毒耐高温的塑料袋中。

(6)煮制。将封好的营养生蛋分别在30℃、50℃水中预热1~2分钟，再放入沸水，煮或蒸15分钟。

(7)冷却、包装。将煮熟的蛋取出放入冷水中浸泡4~5分钟，降温冷却，待壳干燥，除去不干胶纸，用食用胶把蛋孔封好，贴上商标进行真空包装。

（五）质量标准

不易碎，便于携带、储存、运输。

（六）注意事项

各种辅料配料适宜搅拌均匀，煮制是控制好温度，时间。

四、金丝蜜枣

金丝蜜枣因其表面有许多丝状的条纹而得名，呈深琥珀色，半透明状，丝纹清晰，韧性适度，吃糖饱满，不粘，不返砂，气味芳香。

我国枣的产地很多，因而加工方法也很多，主要分南式和北式，区别在于北式加工经熏硫处理，南式则直接糖煮。另外，在形状上也有不同，有长圆扁形、船形和圆形多种。南式为返砂蜜饯，北式为脯式。

（一）配方

鲜枣 40kg，硫黄 0.21kg，白砂糖 30kg。

（二）工艺流程

选料→分级→划级→熏硫→糖煮→糖渍→烘烤→整形→回烤→包装

（三）操作要点

(1) 选料。选用果形长圆，上下对称，肉质较酥松，皮薄而韧的鲜枣。成熟度以由青转白时为宜，枣子大小以每千克100～120个为好。

(2) 分级。按大中小等级来分，然后用水洗净。

(3) 划级。用排针或缝刀在鲜枣身上纵向划50～100条，视枣的大小而定，划破皮即可，一般深度为枣肉的一半，为1.5～2mm，纹距不超过1mm，划纹要整齐，不要重划，尽量要划到枣的两端，纹深的枣易烂。

(4) 熏硫。将划好纹的枣洗净、沥干后，放入竹筐内，厚26cm。然后将竹筐置于封闭的小房间，点燃硫黄，硫黄用量为枣重的0.3%，熏40分钟。

(5) 糖煮。选用白砂糖7.5kg，倒入17.51kg的清水中，配成浓度为30%的糖液，与枣一同入锅煮沸。待枣肉变软时，浇入浓度为50%的冷糖液(或前次煮枣的糖液)40kg，待糖液再次沸腾后，再浇入糖液。如此反复5次，直至糖液加完为止。这时枣坯表面开始显出细纹。待糖液再次煮沸后，可加入干砂糖7.5kg，用文火缓缓煮制，并用木铲来回翻拌，使糖均匀混入，以免烧焦。待煮沸后再加入白砂糖10kg，继续煮制约20分钟，待糖液浓度达65%时，糖已渗透到果核，枣面发生光泽时即可停火。整个煮制过程需100分钟。

在糖煮过程中，如泡沫多，可加50g生油消泡；如发现枣身起皱纹，糖吸不进去，说明糖液浓度高，可加少量水稀释；如有焦味，说明枣糖下沉，可撒些干糖粉加以解除，还可加少量柠檬酸以补充枣酸度的不足。

(6) 糖渍。将枣和糖液一同倒入缸中浸渍24小时。

(7) 烘烤。沥干糖液，入烘房烘12小时。前4小时烘房温度为55～65℃，后8小时控制在70℃左右，烘至枣韧性增强、不粘手，即可出烘房，此时枣脯含水量为20%～25%。

(8)整形。待果肉柔软,逐个压扁成形。

(9)回烤。整形后,将枣坯摊在竹屉上,送入烘房,在65℃左右温度下烘24小时便可。

(四)质量标准

呈棕黄或琥珀色,半透明,色泽基本一致,丝纹细密整齐,质地柔软,含糖饱满,香甜可口,有枣风味。总糖65%左右,含水分16%~18%。

(五)注意事项

蜜枣类制品 宜选果大核小,质地较疏松的品种。

五、香蕉脆片

香蕉为芭蕉科芭蕉属粗壮的草本植物。香蕉在我国栽培已有2000余年历史。香蕉果肉含有多种营养成分,每100g果肉含碳水化合物20g、蛋白质1.2g、脂肪0.6g,此外还含有灰分和多种维生素。香蕉性寒、味甘、无毒,果肉、汁等具有药用价值。香蕉有止烦渴、润肺肠、通血脉、填精髓的功效,适用于便秘、烦渴、酒醉、发热和热疮肿毒等症。

(一)主要设备

烘干机;真空油炸机

(二)配方

香蕉10份,奶粉1份,水5份。

(三)工艺流程

原料→预处理→切片→浸奶液→脱水→真空油炸→脱油→冷却→包装→成品

(四)操作要点

(1)原料。用于制作香蕉片的香蕉要充分成熟,无病虫,不腐烂。

(2)预处理、切片。将原料洗净去皮并切成0.5~1.0cm的薄片。

(3)浸奶液。将奶粉与水以1:5的比例冲调成奶液,将香蕉片倒入其中,充分搅拌,使所有片上均粘上奶液。

(4)脱水。将搅拌好的片,放在烘干机内,于80~100℃加热,使其脱水至含水量为16%~18%。为了便于从加热容器中取出,可在容器底部涂些植物油。

(5)真空油炸。在真空油炸机内完成。工艺参数为真空度0.08MPa、油温80~85℃,油炸时间根据香蕉品种、质地而定。油面基本平静,香蕉片呈茶色时油炸结束。

(6)分级包装。将油炸过的香蕉脆片进行脱油处理,去除碎片,按色泽一致,大小等进行分级真空充氮包装包装。

(五)注意事项

真空油炸是保证产品质量的关键。对油温的控制及真空度的控制一定要精确。

六、新型牛肉脯

新型牛肉脯是在传统肉脯的制作基础上，添加一定量的淀粉并采用绞碎工序制成。其特点是组织细腻，质地松脆，营养丰富，风味独特。又因其乳化性能、持水性能较好，能降低烘烤损失，增加制品的出品率，改善制品品质，并提高了原料肉的利用率。以靖江肉脯为代表，色泽赤红，薄而透明，片型整齐，甜中带咸，咸中带鲜，越嚼越有滋味，在国际市场上久负盛名。

（一）主要设备

切片机，斩拌机，竹筛，远红外空心烘炉，压平机，真空包装机。

（二）配方

牛肉 100kg，淀粉 4kg，食盐 2kg，白糖 2kg，五香粉 0.5kg，胡椒粉 0.5kg，辣椒粉 0.3kg，生姜 0.5kg，葱 0.5kg，味精 0.2kg，维生素 C 0.05kg。

（三）工艺流程

原料选择整理→斩拌→腌制→摊片→烘烤→压平→切块→冷却→包装→成品

（四）操作要点

(1) 原料肉的选择和整理。选用符合卫生标准的新鲜牛肉，剔除筋腱、淋巴、脂肪等后，再切成小块。

(2) 斩拌。将预处理的牛肉块和辅料一起放在斩拌机内斩成肉糜，斩拌时还需加入适量的冰水或冷水，一般斩拌 3~4 分钟。

(3) 腌制。斩拌结束后，10℃腌制 1~2 小时，让调味料充分渗入肉内。

(4) 摊片。在筛片上涂刷植物油，将腌制好的肉糜均匀涂抹于竹筛上，抹片厚度控制在 1.5~2mm，要求均匀一致。

(5) 烘烤。摊筛后送入 65℃左右的烘房中烘制 6 小时左右，使肉片烘干成坯。然后移入烤盘中，放在远红外空心烘炉上的转动铁丝上，用 200~220℃温度烧烤 1~2 分钟，至肉片熟度一致，呈橘红色即可。

(6) 压平、切块、包装。烘烤好的肉脯经压平机压平，自然冷却后，切成 8cm×12cm×0.15cm 的规格，用复合食品塑料袋包装。

（五）注意事项

(1) 斩拌是影响肉糜脯品质的关键，肉糜斩得越细，腌制剂渗透越快、越充分，盐溶性蛋白的肌纤维也容易充分延伸，成为高黏度的网状结构。这种结构的各种成分使成品具有韧性和弹性。在斩拌过程中，需加入适量的冷水或冰水，可增加肉糜的黏着性，调节肉馅硬度，另一方面降低肉糜温度，防止肉糜温度升高发生变质。

(2) 腌制时应放在不超过 10℃的冷库中腌制，以防肉糜温度升高发生变质。

七、牛皮糖

(一) 配方

白砂糖 16kg,猪油 2.75kg,饴糖 21kg,芝麻 5kg,面粉 5.75kg,桂花 0.75kg。

(二) 工艺流程

面粉→制粉浆→过筛　饴糖　猪油　桂花
　　　　　　　　↓　　↓　　↓　　↓
白砂糖、猪油、水→熬糖→熬糖→熬糖→熬糖→倒模→冷却→擀压→切块→包装→成品

(三) 操作要点

(1) 制粉浆。将面粉放入容器中,取冷水 19kg 逐渐加入,同时用铁铲不断地搅动调成粉浆,再用筛滤去粉渣,备用。

(2) 熬糖。将白砂糖与 1kg 的猪油投入锅中,加冷水 7kg 进行加热。待水沸、糖溶后,倒入制好的粉浆一同熬制。熬制大约 45 分钟以后,浓度为薄糯糊状时,倒入饴糖继续熬制。再熬制 1 小时,然后加入剩余的 1.75kg 猪油,继续熬约 30 分钟。起锅前,拌入糖桂花。整个熬制阶段,须用铁铲沿锅底不断地搅动,防止熬焦、熬煳。

(3) 成糖。在铁盘中(或台板上)撒上一薄层芝麻,将糖液倒在芝麻上面,再在糖液上撒一层芝麻。注意:撒芝麻时,尽量撒均匀。待糖温降低(冬季约 30 分钟,夏季约 1 小时,也可用凉风加速冷却或直接在冷却台上操作),用擀筒延压成厚约 0.8cm 的薄片,然后再切成宽约 19cm 的长条。糖条切好后,两侧向内叠进约 1/4,再对折起来成为 4 层厚的长条形,取木板尺 3 支,将糖条的两侧和上面轧紧,使其平整而有棱角,再用刀切成块,厚约 0.7cm,外包玻璃纸即为成品。

(四) 质量标准

牛皮糖周边芝麻均匀,切面棕色光亮,呈半透明状,有弹性,味香,细嚼也不粘牙。

八、鱼肉松

鱼肉结缔组织少而柔软,纤维细而短,蛋白含量高,营养丰富。用鱼肉制成的肉松味清香、纤维蓬松、易消化、松、酥、入口即化之。

(一) 主要设备

蒸煮锅,炒锅,充气包装机,不锈钢工作台。

(二) 配方

1. 主料

鱼精肉 100kg,料酒 5kg,葱 1kg,生姜 0.6kg,精盐 0.8kg。

2. 调味汤汁

桂皮0.3kg,八角1kg,花椒1kg,陈皮0.2kg,白糖0.5kg,生姜0.4kg,醋0.5kg,酱油5kg,精盐0.2kg。

(三) 工艺流程

原料处理→蒸煮→捣碎→调味→炒制→冷却→装袋→充气→封口→检验→成品

(四) 操作要点

(1)原料处理。选用新鲜、无变质、酸败的新鲜或冷冻良好的草鱼,在室温下自然解冻,去除鳞、内脏、鱼皮、鱼刺、斩去头尾,洗净黑膜及血污,去除血腹肉,得鱼精肉。

(2)拌料、蒸煮。把鱼肉放入蒸煮锅中,加精盐、料酒、生姜、葱,蒸制20分钟左右,熟透后取出。

(3)捣碎。将净鱼肉用爬叉捣碎。

(4)调味。先按配方将桂皮、八角、花椒、生姜等用纱布中包好,倒入适量清水烧沸,然后用小火熬汤1小时,弃取料包,把调味料汤汁倒入捣碎的鱼肉中,同时加入其他调料拌匀。

(5)炒制。将鱼肉置于炒锅,用色拉油小火翻炒,当鱼肉呈金黄色,发出香味时,加入五香粉。继续翻炒至鱼肉松散、干燥、起松即可。

(6)冷却。翻炒完毕后的鱼松可摊放在不锈钢工作台上自然冷却,筛去骨刺和结块的鱼松,送下道工序进行包装。

(7)充气、包装。按照$N_2:CO_2=7:3$的比例置换袋内气体,封口包装。放在(38 ± 2)℃的保温箱中保温7天。检验合格即可。

(五) 注意事项

(1)肉料煮制的烂度,是影响产品组织状态的关键,要控制好煮制火候和时间。

(2)炒松是影响质量最关键的一环,要定量、定时、定温,同时操作人员必须动作敏捷、规范准确,观察和判断要认真仔细,否则易出现次品。

九、雪花银耳

雪花银耳是选用新鲜银耳,经过先进的加工设备和工艺技术精制而成的。其味道鲜美,营养丰富,含有大量的蛋白质、维生素和无机盐,是理想的绿色天然小食品。

(一) 主要设备

真空渗糖机、烘烤设备。

(二) 配方

鲜银耳100kg,白砂糖40kg,琼脂5kg,柠檬酸200g。

(三) 工艺流程

选料→硬化→糖液配制→真空→渗糖→烘烤→上糖衣→成品

(四)操作要点

(1)选料。①选取无病害、无虫蛀、色泽白嫩的鲜银耳,剪除烂耳及耳蒂后备用。②硬化将银耳在清水中漂洗,除去杂质后,浸泡于质量分数为0.5%的氯化钙溶液中硬化,硬化时间约0.5 h,硬化后用清水漂洗表面的残留物,沥干水分待用。③糖液配制。按比例先将白砂糖和柠檬酸加热溶化,再兑入6倍量的琼脂溶液,在胶体磨中细化。糖液按加水量的不同,可配制成45°Bx与70°Bx两种糖液,其pH为5.6。

(2)真空渗糖。因银耳组织疏松,容易吸糖,故采用二段式渗糖工艺。第1次糖液的糖液浓度为45°Bx,抽空时间为15分钟,吸糖时间为20分钟,真空度为87kpa 第2次糖液的糖液浓度为75°Bx,抽空时间为20分钟,吸糖时间为20分钟,真空度也为87kpa,渗糖时糖液温度为40℃~50℃,若糖液温度过高,则色泽容易加深。

(3)烘烤。当银耳吸饱糖液、肉质变得透明时,沥去表面糖液,装盘进行烘烤,烘烤温度为55℃~65℃,待银耳不粘手、有弹性时停止烘烤。

(4)上糖衣。将烘烤好的银耳在雪花糖粉中滚过,表面粘满糖霜,吹去浮糖,冷却后即可包装。上糖衣时银耳要保持一定的温度,这样糖衣不容易脱落。

(五)质量标准

形状完整,组织透明,表面糖霜均匀且不落霜,有弹性,食之酸甜适口,有浓郁的银耳香味。

(六)注意事项

真空渗糖是保证产品质量的关键。严格按照真空渗糖操作条件进行操作。

十、珍味鱿鱼丝

鱿鱼加热后肌肉组织紧密、纤维性强且韧性好,特别适合加工成鱿鱼丝。成品鱿鱼丝呈淡黄色或黄白色,色泽均匀;其形态为丝条状,丝两边带有丝纤维,形态完好;肉质疏松,有嚼劲;滋味鲜美,口味适宜,具有鱿鱼特有的香味。

(一)主要设备

热风烘道、不锈钢桶、红外线烘烤机、滚筒式轧松机、搅拌机。

(二)配方

鱿鱼100kg。

1. 调味料配方Ⅰ

白糖4~6kg,山梨酸钾0.12kg,味精0.5~0.8kg,苯甲酸钠0.1kg,食盐1.8~2kg,三聚磷酸钠0.1~0.15kg,柠檬酸0.1~0.12kg,焦磷酸钠0.1~0.15kg。

2. 调味料配方Ⅱ

葡萄糖3~4kg,辣椒粉0.1kg,山梨糖粉8~10kg,胡椒粉0.1~0.12kg。

(三)工艺流程

原料处理→第一次调味→排片烘干→烘烤→轧松→撕丝→第二次调味→称量包装→

成品

（四）操作要点

(1) 原料处理。将新鲜鱿鱼用不锈钢刀除内脏、骨及头，在鱼体腹中间由尾部起剖割开，洗净后放入 2～2.5% 的醋酸钠水溶液中，30～35℃浸泡 5～8 分钟；然后捞出去皮洗净。

(2) 第一次调味。按配方Ⅰ将各种调味料混合，均匀地撒在鱼片中干拌，拌均匀后渗透 5～7 小时，使调味料充分浸入，温度不超过 15℃。

(3) 排片烘干。在无毒塑料网片上涂抹一层植物油，将调好味的鱼片单层平摊于其上，放入烘车，于 40～45℃ 热风烘道干燥，干燥时间 8～12 小时，控制含水量在 25%～26%。烘干后冷却至常温进行揭片。

(4) 烘烤。切除鱿鱼片两边的鳍肉后排放在钢丝网上，送入红外线烘烤机中，温度 180～220℃烘烤 4～6 分钟。

(5) 轧松、撕丝。趁热用滚筒式轧松机将鱿鱼片压轧两次，然后顺鱿鱼片的纤维撕成 0.3～0.5cm 宽的鱼丝。

(6) 第二次调味。按配方Ⅱ将各调味料混匀，加入鱿鱼丝中混匀，装入容器内密封 1～2 天，即得珍味鱿鱼丝。

(7) 包装。按要求称量采用真空包装即得成品。

（五）注意事项

(1) 第一次调味时应在不超过 15℃ 的环境中进行，以防原料温度升高发生变质。

(2) 烘烤时要控制好时间，保证良好的色、香、味及口感。

参考文献

[1] 郑友军,贺荣平. 新版休闲食品配方. 北京:中国轻工出版社,2002.
[2] 赵志强,万书波,束春德. 花生的食品加工与综合利用. 北京:中国轻工出版社,1998.
[3] 增强. 花色小食品加工法. 北京:中国轻工出版社,1999.
[4] 张国治. 方便主食加工机械. 北京:化学出版社,2006.
[5] 揭广川. 方便与休闲食品生产技术. 北京:中国轻工出版社,2004.
[6] 郑友军. 休闲小食品生产工艺与配方. 北京:中国轻工出版社,1999.
[7] 姜发堂,陆生槐. 方便食品原料学与工艺学. 北京:中国轻工出版社,1999.
[8] 陆启玉. 方便食品加工工艺与配方. 北京:科学技术文献出版社,2002.
[9] 何立梅. 休闲食品配方与制作. 北京:中国轻工出版社,2002.
[10] 葛文光. 新版方便食品配方. 北京:中国轻工出版社,2002.
[11] 高福成,陈洁. 方便食品. 北京:中国轻工出版社,2000.
[12] 郑建仙. 低能量食品典型配方和关键技术. 北京:科学技术文献出版社,2005.
[13] 薛效贤,张怀宁. 饼干桃酥加工技术及工艺配方. 北京:科学技术文献出版社,2004.
[14] 杜连起. 谷物杂粮食品加工技术. 北京:化学出版社,2004.
[15] 徐怀德. 杂粮食品加工工艺与配方. 北京:科学技术文献出版社,2001.
[16] 金征宇. 高福成. 挤压食品. 北京:中国轻工出版社,2005.
[17] 岑宁等. 猪产品加工新技术. 北京:中国农业出版社,2002.
[18] 陈有亮. 牛产品加工新技术. 北京:中国农业出版社,2002.
[19] 陈伯祥. 肉与肉制品工艺学. 南京:江苏科学技术出版社,1993.
[20] 陈典文. 猪肉松制作工艺. 肉类工业,1999,(12).
[21] 戴永利. 鱼丝(鱼面)加工技术. 保鲜与加工,2007,(3).
[22] 丁海标. 鸡肉脯的研制. 肉类工业,1994,(3).
[23] 董开发. 禽产品加工新技术. 北京:中国农业出版社,2002.
[24] 范江平,卢昭芬,李吉云,骆莉. 不同风味鱼肉松的加工试制. 肉类工业,2005,(10).
[25] 方焕东,朱康美. 新型牛肉松制品的加.工肉类工业,1997,(1).
[26] 国正. 咖喱猪肉干. 中国食品,1989,(2).
[27] 韩玲. 藏羊肉脯工艺研究. 甘肃农业大学学报,2003,(2).
[28] 何丽梅. 休闲食品配方与制作. 北京:中国轻工业出版社,2000.
[29] 黄德智. 新编肉制品生产工艺与配方. 北京:中国轻工业出版社,2000.
[30] 将爱民. 畜产食品工艺学. 北京:中国农业出版社,2000.
[31] 刘玺. 风味肉食品加工技术. 郑州:河南科学技术出版社,1997.

[32] 刘焱,马美湖,易兴建．新型牛肉脯加工工艺研究．食品工业,2001,(2).
[33] 鲁晓翔．美味鸡片酥的研制．食品工业,1995,(2).
[34] 罗永华,王若敏．重组鸡肉脯的研制．食品工业科技,2004,(8).
[35] 马俪珍．羊产品加工新技术．北京:中国农业出版社,2002.
[36] 马俪珍,等．羊肉松的加工．肉类工业,1997,(7).
[37] 马俪珍,等．风味羊肉干系列产品的研制．肉类研究,1997,(2).
[38] 毛建兰．猪肉脯的加工工艺．肉类工业,2000,(10).
[39] 南庆贤．肉类工业手册．北京:中国轻工业出版社,2003.
[40] 石永福．肉制品配方1800例．北京:中国轻工业出版社,1999.
[41] 王福红,刘伯钧．牛肉干生产工艺的研究．肉类工业,2006,(2).
[42] 王丽哲．兔产品加工新技术．北京:中国农业出版社,2002.
[43] 王敏．兔肉松加工工艺．山东食品科技,1998,(2).
[44] 王旭升,王绍春．牛肉干的制作工艺．河南科技,2002,(2).
[45] 王学斌．鸡肉虾条的研制．食品科技,1998,(5).
[46] 维佳．利用小型低质鱼类制作美味鱼酥的生产工艺．渔业致富指南,2004,(22).
[47] 吴成业,刘智禹,陈清溪,郭金海．美味鱼绒加工工艺的研究．水产科学,1998,(1).
[48] 吴大为．五香麻辣猪肉干．中国食品,1990,(11).
[49] 吴照民,王蔚芸,赖德华．富钙兔肉脯的研制．绵阳经济技术高等专科学校学报,1997,(1).
[50] 杨宪时．鳀鱼脯的研制．食品科学,1992,(7).
[51] 曾广兴．马面鲀烤鱼片制作技术．科学养鱼,2003,(7).
[52] 张勤．兔肉脯加工工艺．肉类研究,1998,(4).
[53] 张荣强,俞纯方,何世龙．风味兔肉干系列产品研制．肉类研究,1996,(1).
[54] 张志伟,李明静,贾凯峰,于红．休闲牛肉棒的加工技术与质量控制．肉类研究,1998,(4).
[55] 赵吉林．鸡肉松加工技术．农村新技术,2004,(10).
[56] 赵瑞香．肉制品生产技术．北京:科学出版社,2004.
[57] 郑友军．休闲小食品生产工艺与配方．北京:中国轻工业出版社,1997.
[58] 郑友军．新版休闲食品配方．北京:中国轻工业出版社,2002.
[59] 周光宏．肉品学．北京:中国农业科技出版社,1999.
[60] 蔡健．含气果冻的生产方法．广州食品工业科技,1994,(1).
[61] 迟玉杰,李妍,王丽娜．鸡蛋营养果冻的研制．食品工业,2000,(3).
[62] 杜为民．新型油炸鹌鹑的加工技术．食品工业,1997,(3).
[63] 高海生．山楂羊羹的生产技术．山西果树,1990,(4).
[64] 何丽梅．休闲食品配方与制作．北京:中国轻工业出版社,2000.
[65] 胡如国．虾片的制作技术．粮食加工,1987,(3).
[66] 季春平．香酥蛋松的加工．现代农业,2002,(5).
[67] 贾盛苹．柿子果丹皮的制作．山西果树,1997,(3).
[68] 李晓东．蛋品科学与技术．北京:化学工业出版社,2005.
[69] 刘国信．蔬菜纸的加工技术．当代蔬菜,2005,(8).
[70] 刘新刚．怪味胡豆制作技术．农村新技术,2004,(7).
[71] 陆启玉．方便食品加工工艺与配方．北京:科学技术文献出版社,2002.
[72] 宁司．豆酥糖．中国食品,1990,(1).

[73] 谭振．营养山楂冻加工技术．河北农业科技,1994,(11).
[74] 谭振,山钵．山楂饼制作工艺．现代农业,1996,(10).
[75] 汪敬吉,金静芳．植物蛋白素肉松的研制．食品研究与开发,1998,(4).
[76] 夏松养．鱿鱼丝生产工艺技术的研究．食品工业科技,2004,(1).
[77] 严奉伟,等．食用菌深加工技术与工艺配方．北京:科学技术文献出版社,2002.
[78] 阎亚梅,卢长润．即食贻贝加工技术．农村实用工程技术,1996,(1).
[79] 赵宝丰．虾类、蟹类制品892例．北京:科学技术文献出版社,2004.
[80] 赵希荣,王钰林．金橘羊羹的生产．食品工业,1998,(1).
[81] 郑炳生．鱿鱼产品加工技术．中国水产,1993,(7):35.
[82] 郑友军．休闲小食品生产工艺与配方．北京:中国轻工业出版社,1997.
[83] 郑友军．新版休闲食品配方．北京:中国轻工业出版社,2002.